JN044240

新しい地域をつくる
持続的農村発展論

小田切徳美……編

新しい地域をつくる

持続的農村発展論

つくる

岩波書店

はしがき

　農村が多様な観点から注目されている．この数年間を振り返ってみよう．

　2014 年に発表された「地方消滅論」は，地方部の人口減少を問題にして，896 市区町村を「消滅可能性都市」として名指した．リストには，一部の東京都特別区も挙げられていたが，ほとんどは農山漁村地域(以下では「農村」として，本書全体でも同様)であった．そのため，農村の住民には，「ここも消滅してしまうのか」という不安が広がり，一部は諦めにもつながった．政府は，この「地方消滅論」を契機として，地方創生という政策領域をごく短期間に立ち上げ，そのための法律(まち・ひと・しごと創生法)や大型予算を準備した．世の中には地方創生ブームがおこり，動揺する農村現場の期待も高まった．

　数年を経て，この地方創生の政策的効果については，否定的な評価も少なくない．全般的に農村の過疎化・高齢化に歯止めはかかっていないからである．だが，この地方創生ブームにより，それ以前にも顕在化していた若者等の地方部，特に農村への移住(田園回帰)が，世間的にハイライトされた．

　そして，2020 年より始まる新型コロナウィルスによる感染拡大は，大都市部おいて特に激しく，東京一極集中による過密問題が白日の下に曝された．それを避けるように東京都の人口が減少するという新しい傾向も生まれている．そうしたなかで，人口が低密度な農村が注目されている．だが，これにより田園回帰が飛躍的に増加するか否か等，ポストコロナ期の状況はまだ見通せない．

　このように概観する限りでも，農村部の在り方は多面的に話題にされており，その位置づけは慌ただしく変化している．そのため農村サイドは，その話題性に振り回されている．ただし，こうした状況の副産物として，農村部への人々の関心の高まりは間違いなく進んでいる．例えば，外国人を含めた農村移住や起業，遠隔地農村の孤立的定住者を取り上げるテレビ番組はいまや珍しくなく，むしろ最近の「定番もの」とさえ言える．

　しかし，このような国民的関心の高さのなかでも，「農村はほんとうに消滅

するのか」「田園回帰に可能性があるのか」「農村に仕事はないか」などの疑問は残されたままである．あらためて農村をめぐる現状を，客観的かつ体系的に分析し，その実態と課題を解明することが求められている．特に，若者には，農村研究の面白さとともに，それらの疑問の根源から展望までをわかりやすく伝えたい．この書物の素朴な目的はここにある．

このようにして，本書は，「農村問題」「地域問題」のテキストとして準備された．より具体的には，大学の地域系学部，農学部，経済学部，社会学部などで，専門課程の講義・ゼミのテキストとして利用されることを期待している．各章に付した文献紹介などもそのためのものである．

＊

同様の目的の書籍として，同じ岩波書店から 2013 年に出版した『農山村再生に挑む──理論から実践まで』(以下，『挑む』)があり，本書はその「続編」としても良い．出版から 8 年以上を経て，冒頭で述べたような農村をめぐる激しい変化が生じている．データや政策状況のアップデートが必要であった．しかし，それだけでなく，本書と『挑む』は次の 3 点で異なっており，いずれも書名に表現した．

第 1 に，対象を「農山村」から「農村」に広げたことである．農山村は一般的に，中山間地域や過疎地域といわれる地域と重なり，農村の中の条件不利な地域を指している．人口の社会減少はこの地域の象徴的傾向であった．ところが，いまや地方中核都市の周辺部農村でも当たり前に見られる現象である．様々な空洞化は山から麓に向かって広がっている．つまり，「農村の農山村化」が進行した状況下で，対象と領域の拡大は不可欠であった．

第 2 は，本書のタイトルの動詞を「挑む」ではなく，「つくる」にした．「挑む」には，「高みに向けて背伸びする」というニュアンスがある．かつては，農村における地域づくりは，確かに「挑む」であった．しかし，いまや「地域づくり」は全国に広がることにより，挑戦というよりも，「つくる」という一般的行為となった．また，その積み重ねにより，新しい社会を「創造」するという，より大きな取り組みにつながり始めている．つまり，農村は，住民をはじめとする多くの人々により「つくる」場となっている．それを「新しい地域をつくる」と表現した．

そして，第3に，副題に「持続的農村発展論」を掲げた．周知のように，「持続的発展」(サステイナブル・ディベロップメント)には，その訳語を含めて，多様な議論がある．その本来の意味は，将来世代と現在世代とのコンフリクトを乗り越える社会づくりを指している．単に，「継続的」「安定的」などの意味ではない．そして，それが国連SDGs(持続可能な開発目標)として取りまとめられ，世の中に浸透していくなかで，経済―社会―環境の3要素の調和的発展の側面が重視されている．農村でも，特に自治体の取り組みでは，当たり前に意識されるテーマとなっている．本書ではそのような時代の農村再生論を語っており，そのため「持続的農村発展論」を標榜している．

＊

　本章の構成は，「持続的農村発展」を具体化するものである．

　各章のタイトルは，「新しい」と「つくる」という言葉でテーマをつないでいる(第1章と終章は除く)．その上で，第2章から第7章の6章では「人材」「しごと」「経済循環」「コミュニティ」「地域資源利用・管理」「人の流れ」を各論として位置づけた．これらは持続的発展のための不可欠な実践的諸要素といえる．その上で，また，これらの諸要素を統合し，地域コミュニティ―地方自治体―国家の各レベルの取り組むべき方向性(広い意味での政策)を「再生プロセス」(第8章)，「(自治体の)政策」(第9章)，「国土」(第10章)として論じている．さらに冒頭には，その基礎となる「地域発展理論」(第1章)を配置している．

　このように理論―諸要素―政策という構成により，全体として，「持続的農村」を「新しい地域」として「つくる」ことを論じているのである．しかし，各章はそれぞれ独立した内容となっており，このような体系を意識せず，どこからでも読み進めることもできる．また，編者による終章は，各章の内容のポイントを紹介しつつも，農村問題の全体像を論じている．そのため，むしろ終章を先に読んでもよいであろう．

　各章の執筆メンバーにも触れておきたい．執筆は多様な専門領域をバックグラウンドとする研究者に依頼した．終章を除く各章のテーマに対応した専門分野は次のようになっている．

第1章　地域発展理論(経済地理学)　　第2章　人材(農業・農村経営学)

　こうした多彩な学問的背景を持つグループによる共同執筆は本書のひとつの特徴と言える．それは，農村の総合分析として，欧米では当たり前に存在している「農村学(Rural studies)」のわが国における確立への接近を意識している．

　それともかかわり，各執筆者は諸領域において次世代リーダーである．事実，ほとんどのメンバーがそれぞれの学会で重要な役職を担当している．「農村学」の最終的な確立は，国際比較などを含めて，彼らの世代によって完成されるであろう．本書がその踏み石となることを期待したい．

　また，もうひとつの工夫として，コラム欄を設置し，学界，ジャーナリズム界，地方自治界で活躍する論者に現場的なエッセイを提供いただいた．各章は，紙幅の制約のため，事例に触れることは最小限としているが，9本のコラムがそれを補完している．同時にその内容は，農村をめぐる「用語とデータ」，「生活と生産」，「自治体とその政策」において，鋭角的な主張にもなっている．

　先に本書を大学等の学生向けとしたが，ここで追究した「地域をつくる」という次元では，当然，現場に近い視点からの論述が求められている．そのため，大学「テキスト」だけでなく，地域づくりの「実践ハンドブック」の性格をおのずから帯びている．地域再生を願い，実践にかかわる自治体やNPOの職員，そして地域リーダーにも本書を紐解いていただきたいと願っている．それを通じて持続的農村発展の実践的前進に少しでも貢献できれば幸甚である．

　本書の企画・編集・出版に当たっては，『挑む』に引き続き，岩波書店編集部副課長の中山永基氏にお世話になった．原稿への鋭いコメントを含む，氏の全力での伴走により，編者を含む執筆者に，落ち着いた環境を確保していただいた．記して感謝したい．

　2022年正月

編者　小田切徳美

目　　次

第1章 | 新しい地域発展理論

立見淳哉

1 本章の課題

　この章では，資本主義という少し大きな観点から時代の変化を捉えつつ，持続可能な新しい地域発展理論の方向性について考えてみたい．

　資本主義というのは市場経済と似たような言葉に思えるかもしれない．それは狭い意味での経済だけではなくて，私たちが暮らす社会と経済を広く含む概念である．経済と社会は密接につながっているため，時代の変化を追うには，両方に目配りすることが望ましい．ちなみに，資本主義というのは改めて考えると難しい言葉だが，ここでは，フランスの社会学者であるボルタンスキーとシャペロを参考に，「富(お金で測られる豊かさ)の無際限な蓄積へと人々を駆り立てる仕組みのこと」，くらいに理解しておきたい[ボルタンスキー・シャペロ 2013：原著 1999]．

　しかし，その性格から，資本主義は放っておくと利益の追求がいきすぎてしまい，労働や暮らしの基礎を壊してしまうものでもある．したがって，地域経済の成長だけではなく，経済と社会のバランスをどうとっていけばよいのか，そのための制度的な仕組みにはどのようなものがあるのかということを考える必要がある．しかも，今日のようにほとんど経済成長しない時代にあってはいっそう，社会とのバランスが重要な課題となる．雇用の喪失・不安定化・質の劣化から気候変動問題に至るまで，解決すべき問題が山積しているのが現在の状況である．この章ではこうした認識に立ち，時間軸を少し長くとって，戦後の地域発展を支えた考え方をたどりながら，今の時代にあった地域経済の発展理論を探りたい．結論を先取りすると，連帯経済という取り組みの中に一つの可能性を見出している．

本章の構成は次のとおりである．まずは資本主義の変化を「資本主義の精神」を軸に確認する（2節）．ここでの「精神」とは，その時々の資本主義経済の中で尊重される考え方や行動規範のようなものである．特に，地域経済の発展を考える上では，その時々の資本主義を支える，この「精神」の変化に着目することにより，地域発展理論や政策の特徴がわかりやすくなる．

次に，高度成長期の地域発展理論の基本的な考え方を紹介する（3節）．この時期のキーワードは「地域開発」である．基本的には国が国土全体を見渡して，国の経済成長を考えながら拠点を開発するという発想である．それは地域間格差を埋めることも重視していたが，現実には格差が拡大し，さまざまな批判を招いた．さらに，1970年代以降，地域外の資本による開発ではなく，地域の個性や暮らしに着目し，地域独自の特徴を生かして地域発展を実現しようという「内発的発展」論の登場までの流れを追う．その上で，新しい地域発展理論として，内発的発展の具体化とも言える連帯経済の理論を提示する（4節）．連帯経済は，参加型民主主義の力で経済を統治し，「皆にとって善いこと」（「共通善・財 bien commun」と呼ばれる）へと経済を方向づける．連帯経済は，フランスでは社会連帯経済と呼ばれ 2014年に法制化されている．社会連帯経済法の全体枠組みと，制度の中身について検討し，地域発展理論としての特徴を描く（5節）．

最後に，市場経済の今日的変化を扱う諸議論を検討することで，市場経済の力を利用しながら，連帯経済など経済と社会のバランスをとった地域発展を進める可能性について検討する（6節）．

2 資本主義の発展と地域——「資本主義の精神」の視点から

資本主義の精神

ここでは，まず，ボルタンスキーとシャペロが1999年に出版した『資本主義の新たな精神』を基に，資本主義を支える精神とその変化を見てみよう．

ボルタンスキーとシャペロによると，資本主義は，「皆にとって善いこと」という点から資本主義を正当化し，人々を活動に巻き込んでいくような精神を必要としている．「皆にとって善いこと」は，共通善と呼ばれ，この章のキー

ワードになる言葉である．正当化すると言うと何か言い訳がましい印象を受けるかもしれないが，ここにはそうしたニュアンスはない．「正しいことである」と判断できる基準を示すことである．

　資本主義の精神は，資本主義を正当化するだけではない．興味深いことは，それは同時に，資本主義の「あるべき姿」を定めることで，人々の行為に制約を課す役割も果たす．つまり，ルールを打ち立て，資本主義に歯止めをかけるのである．「あるべき姿」と実態とのズレから，資本主義を批判もしやすくなる．資本主義は批判を受けて改良・改善を加えたり，批判をかわすためにそれを精神に取り込んでしまい，姿を変えていく．批判は，資本主義の持続にとって重要な意味を持っている．しかしながら批判は，資本主義に完全に回収されることなく，一度は取り込まれたとしても再活性化し，4節以降で詳述するような試みを生み出す動力にもなる．

　ボルタンスキーとシャペロによると，資本主義への批判はこれまで種々行われてきたが，大きく分けると2つのタイプが存在するという．「社会的批判」と「芸術家的批判」である．第一に社会的批判は，労働運動によって行われてきたタイプの批判で，資本主義が生み出す搾取・貧困・不平等，そして社会的連帯の破壊を問題にし，安定的な雇用環境など生活上の安全を要求する．これに対し，第二の芸術家的批判は，19世紀のパリのボヘミアン（自由奔放なライフスタイルの知識人や芸術家）に由来し，「世界の合理化と商品化の過程」から生じる幻滅と真正性（本物であること）の喪失，それから自由・自律性・創造性の抑圧を問題にし，あらゆる束縛からの解放を主張する．

資本主義の精神の変化と地域発展

　資本主義の「精神」のアイデアは，ボルタンスキーがテヴノーと一緒に定義した「シテ Cité」という概念を基に考案されている［ボルタンスキー・テヴノー2007：原著1991］．シテとは，実はなかなか難しい概念だが，ごく簡単に言うと人々が自分の主張を正当化するときによって立つ世界観のようなものである．それはこれまでの政治哲学の著作が煮詰めてきた高度な一貫性と完結性を持った論理で，共通善とは何か，あるべき行いとは何かを示すものである．

　シテは歴史的に形成されるもので，今日，7つのシテが特定されている．家

表 1-1　資本主義の３つの

	人物像	自主性	安全性
第一の精神 (19 世紀末)	• ブルジョワ • 個人起業家 • 家族企業	• ゲーム，リスク，投機，イノベーションの重視 • 賃労働，コミュニケーションツールの発展に伴う，地理的ないしは空間的な解放	• パターナリズム • 家族，遺産，従業員との扶養関係という家父長的特性につながっていることの重要性
第二の精神 (1930〜60 年代： 高度成長期)	• ディレクター(管理者) • 工業部門の大企業 • 合理的な労働組織	• 権力を持つポジションへのアクセス • 必要からの解放 • 大量生産大量消費を通じた欲望の実現	• 合理性への信仰と長期の計画化 • 労働法と社会保障の発展
第三の精神 (1970〜90 年代)	• 可動的であること • 地方分散 • ネットワーク化した諸企業	• 目的への志向 • ヒエラルキーの拒否と自己管理	• 能力主義 • 未来の制御 • 個人的な開花 • 信頼

資料：立見[2019]を加筆修正し，「地域」の列を追加

内的シテ，工業的シテ，インスピレーションのシテ，世論のシテ，商業的シテ，市民社会的シテ，プロジェクト志向のシテである．そして，それぞれのシテが独自の共通善を持つ．たとえば，商業的シテはアダム・スミスが描いた世界で，私的利益の追求は社会の富の増大に通じることから善であり，成功者が偉大な人物となる．他方で，市民社会的シテは，ルソーの社会契約論の世界で，個人の利益を離れて一般利益を追求する意思(一般意思)へと近づく市民こそが偉大であるとする．

　表 1-1 のように，資本主義にはこれまでに３つの精神があった．19 世紀末から 1920 年代の工業経済の勃興期は第一の精神，1930 年代から戦後の高度成長期は第二の精神，そして 1970 年代から 1990 年代にかけて現れてきた新しい資本主義は第三の精神を基盤とする．本章に関わるのは，このうち第二と第三である．

　まず，第二の精神は，フォーディズムと呼ばれる大量生産・大量消費を基調とした経済成長体制を支え，社会的批判に応える形で工業的シテと市民社会的シテの妥協として形成された．その結果生まれたのが福祉国家であった．それは効率性・パフォーマンス・官僚制機構など工業の論理と，不平等の解消へと

精神と地域

共通善	妥協	地域
• 功利主義 • 進歩, 科学, 技術への, そして工業の恩恵への信念	• 家内的シテと商業的シテの妥協	• 賃労働化と人口移動 • 人口と産業の都市への集中
• 制度的で集団的な連帯 • 社会正義を目指した, 財の再配分と富の共有	• 工業的シテと市民社会的シテの妥協	• 国土の均衡ある発展 • 成長の極 • 中央集権
• ニュー・テクノロジーへの信頼 • 新しい正義感覚の登場	• プロジェクト志向のシテ＋？	• グローカル化 • ネットワーク • 地域資源の結合 • 地方分権

向かう公平性の論理の融合であった. たとえば, チャップリンの映画『モダン・タイムス』で描かれた規格化・画一化された労働や商品の大量生産・消費は工業的シテの論理に, また利潤分配の平等性, 福祉国家を支える生活保障制度の整備,「国土の均衡ある発展」を目指す国土政策のスローガンなどは市民社会的シテの論理に従うものである.

これに対し, 第三の精神は, フォーディズムの特徴であった官僚制的なヒエラルキーや権威, 量産に基づく機械化・合理化・画一化を拒否し, 個性, 創造性, 美の回復と, あらゆる束縛からの解放を目指す芸術家的批判に応えて形成されたものである. とりわけ 1990 年代以降に各国で顕在化した「プロジェクト志向」のシテに基づく. 今日, さまざまな場面で, 個々人がプロジェクトを通じて自由に結びつき創造性を発揮することが求められるが, これはこのシテの「結合主義的」な論理に従うものである. 個人の起業, 新結合によるイノベーション, デザイン思考の推奨なども同様である. 近年のプラットフォーム・ビジネスの興隆は, 人々の出会いと結合の場を創出するというニーズを背景にする.

地域発展との関わりで捉えると, 第二の精神は, 経済地理学者のブレナーが

呼ぶ「空間的ケインズ主義」政策に，第三の精神は「グローカル化」政策に対応すると考えてよい．「グローカル」とは，グローバルとローカルをかけた造語である．前者は，次節で詳述するが，フォーディズム期のケインズ主義的経済政策のいわば地理的投影で，「国土の均衡ある発展」を目指す．これに対し，後者は成長と福祉国家が行き詰まりグローバル化が進展する1980年代以降の動向で，地域の資源を活用しながら，地域の境界を超えたネットワーク形成や価値にも開かれた発展を重視する．しかし，これには両面性があり，地域競争力の拠点が作られる一方，それとは一線を画する，独自の地域発展を目指す潮流も生み出されていく．

3 地域発展理論の原型——成長の極

成長の極と地域開発

まず，「空間的ケインズ主義」を支えた諸理論を紹介しよう．それらは，国が主導して有効需要と雇用を創造したり生活保障の仕組みを整備する必要を説くケインズ主義的なマクロ(＝一国)経済政策と補完的な関係にある．そして，工業化によって国の経済成長を支える地域拠点を開発する(地域開発)というスタンスをとった．なかでも世界各地の地域開発計画に直接・間接に影響を及ぼしたのが，「成長の極」という考え方だった．

この言葉の提唱者であるペルー[Perroux 1955]は，基本的な考えを次のように提示した．「成長は至るところで同時に生起するものではない．成長は，成長の点あるいは極において現れてくるもので，その強度もまちまちである．成長はさまざまな経路で波及し，経済全体に多様な最終効果を及ぼす」．これはよく引用される言葉で，当時の地域開発のポイントを簡潔に表現している．

第一に，まずは成長力の高い産業(推進力産業)を振興するための工業拠点を整備すること．第二に，局所的に得られる成長の成果をその他地域へと波及させていくこと，である．

ここで，初期開発経済学におけるハーシュマン[1961：原著1958]の不均整成長論を見ておくのがよい．不均整成長論とは，低開発国や地域では各産業が等しく成長していくことは困難で，特定の産業への集中投資から開始し，徐々に

6

関連産業を育てていくのを良しとする考えである．投入産出構造(＝産業連関構造)の中で連関効果の高い産業に集中投資する戦略である．当初は，成長の見込まれる特定産業に絞って，その後，連関効果(波及効果)で底上げを図っていく．

　ちなみに連関については，前方連関と後方連関という2つのタイプに区別される．前方連関は，サプライチェーン(素材→部品→組立)で川上に位置するA産業の生産する財が，それを投入物として使用するB産業の発展を促す場合である．たとえば，素材を提供する鉄鋼業の発展が，鉄を素材(投入物)として使用する機械工業の発展を促進する．もう一つは後方連関で，川下に位置するB産業の発展が川上のA産業にもプラスに影響する場合である．たとえば，自動車産業の生産規模の拡大は，部品産業ひいては鉄鋼産業の需要と生産の拡大をもたらす．

　ハーシュマンもまた，地域発展に関しては地理的な極の形成が必要であると考えた．ペルーに言及しつつ，距離の摩擦を克服する必要や，マーシャルの外部経済／産業雰囲気の存在から，成長は「地理的な意味では，必然的に不均整的」であるとした[ハーシュマン 1961, p. 321]．これらは要するに集積利益として知られる効果である．なお，外部経済は企業の外部で発生する諸種の利益(たとえば，果樹農家と養蜂家が近接していることで，受粉が進み果樹の収穫高が増えるようなケース)で，産業雰囲気は人々の考えや行動に影響を及ぼすような産業集積地域で生まれる独特な雰囲気(起業家精神や品質への職人のこだわりなど)を指す．

成長の極の終焉

　しかしながら，成長の極は波及効果だけではなく，地域間不平等をも助長する．ミュルダール[1959：原著1957]が定義した逆流効果である．実際，日本でも起きたのは，高度成長期を通じて人口が大都市・工業地域に吸収され，農村地域の過疎が深刻化したことである．当時，地域間格差は世界中で問題となっており，中心・周辺論として論点化された．特に，フランクやアミンに代表される従属理論が，中心・周辺関係における不等価交換や搾取など資本主義に内在する空間的諸問題を明るみに出した．

日本の農村では，かつての自給自足経済に代わって商品経済や大量消費生活様式が浸透し「生活様式の「都市化」」が進んだことで生活上の不便がいっそう深刻化した[宮本 1973]．これは，中心と周辺の分極化として捉えられる事態であった．岡橋[1997]が述べるように，特に農山村は，高度成長期を通じて資本主義の商品経済に組み込まれることで，生態系との結びつきや社会の自律性を失い，国の地域構造の中で中心地域に従属する周辺地域として再編された．農山村は，「市場経済に統合されているものの都市の波及効果に欠ける非自律的な地域」へと変化をとげた[岡橋 1997, p. 81]．1960 年代を通じて，理想と現実の落差から，地域開発に対しては不平等や搾取の告発など多くの社会的批判が展開された．

　しかし 1970 年代以降，世界の事情は一変する．工業が斜陽化し成長が止まるなかで，成長の極理論に基づく思考や政策は放棄されることになる[Benko 1998]．ベンコによると，西欧諸国では「上からの」開発モデルは終焉し，代わって，内発的発展，地域発展，下からの発展，まちづくり，自力による発展などを強調する「ローカルな発展」という考えがこの時期に登場する．フランスのような国では 1980 年代初頭の地方分権の推進を追い風に，新しい理論構築が模索される．この中で，1980 年代の「柔軟な専門化」論に始まる新しい産業集積論が形成されていく．これにはさまざまなバリエーションがあるが，共通して，地域企業による地域資源（技術，素材，産業文化など）を活用した地域発展を重視し，地域内外のネットワークを通じた結合とイノベーションの環境として地域を捉える．

　こうした変化は，資本主義の第二の精神から第三の精神への移行の中で理解できる．すなわち，その過程で地域開発の有する画一性，中央集権性，硬直性が否定され，地域固有の資源，柔軟性，分権・ネットワーク・結合が重視されるようになったと言える．第三の精神に基づく地域発展論は，1990 年代以降のイノベーション重視の地域産業政策へと帰着する．しかし，芸術家的批判の要求は，この流れへと完全に回収されたわけではなかった．それは，他方で社会的批判と結びつくことで，本章が探究する「もう一つの経済」への試みも形成していったのである．

4 新しい地域発展理論──連帯経済

内発的発展の視座

　ボルタンスキーとシャペロの枠組みから解釈すると，日本においても 1970 年代以降，主にエコロジーを重視する芸術家的批判の観点から，内発的な地域発展が模索されるようになる．ポランニーの訳者でもある玉野井芳郎は，中央集権に基づく画一化や生態系の忘却を批判し，地域分権の必要を唱えた[玉野井 1977]．そして，地域主義として，住民が地域の風土的な個性を背景に地域の共同体に対して一体感を持ち，行政的・経済的自立性と文化的独立性を追求するべきであると主張した．宮本憲一は，さらに「外来型開発」(＝地域開発)への社会的批判も踏まえて，「土着の技術や経済のなかから，新しい自立の方向」を探す試みとして内発的発展論を提起する[宮本 1980, p. 163]．内発的発展論はその後精緻化され，地域経済学をはじめ多分野に大きな影響を及ぼす．

　要約すると，第一に，そこでは「土着の技術や経済」の活用のほか，地域住民による学習・計画・経営が目指される．ただし，それは地域主義に比べると，地域の自立を過度に強調せず，地域外部との関係を考慮する．第二に，その中で，自然環境や美しい街並みの保全，福祉・文化の向上による住民生活を豊かにするような開発がなされ，第三に，域内の多様な産業連関構造の構築と付加価値の地域への帰属を実現すべきと考える．そして第四に，住民参加の制度に基づく自治権を自治体が持つことである．

　このうち，第三の産業連関の構築に関しては，基本的に，輸入代替(輸入していた財を自国の生産に置き換えていくこと)や波及効果を重視する初期開発経済学者たちと類似の発想である．その意味ではむしろ，第二点目に示されるような市民社会の共通善に向けて，地域住民の学習と参加によって開発の中身や方向性をガヴァナンスする仕組みづくりに，内発的発展論の特徴を見ることができる．

　内発的発展論は，1990 年代以降，「地域づくり」と呼ばれる潮流をはじめ，さまざまな形で受容されていく．しかし，地域経済において，内発的発展の具体像とはいかなるもので，どのような諸制度によって支えられるものなのであ

ろうか．小田切[2018]が述べるように，特に日本の農山村の文脈において，内発的発展論の踏み込んだ検討は進んでこなかった．以下では，連帯経済の理論と制度に具体的な回答を探ってみよう．

新しい地域経済論としての連帯経済

連帯経済は，南欧やラテンアメリカを中心に 2000 年代以降世界的に広がってきた実践で，環境破壊，社会的紐帯の崩壊，不平等の拡大など，資本主義の限界を乗り越え，「もう一つの経済」を作ることを目指す．連帯経済は，自由な個人の自律的・民主的なつながりのもと，共通善（皆にとって善いこと）とは何かを探求し，共通善に寄与する財・サービスの生産を担う．2 節で見たようにさまざまな共通善がありうるが，ここで探求されるのは基本的に一般利益への寄与を目指す市民社会的シテの善であると考えてよい．イメージしやすい活動は，生協など協同組合や NPO といった非営利組織，貧困者に金融手段を提供するマイクロファイナンス，周辺地域との取引において買い叩かず適正な価格を支払うフェアトレード（公正な貿易），社会課題に取り組むソーシャルビジネス／イノベーションといったものだろう．

しかし，連帯経済は，個別企業や個人の単体の活動を単に意味するわけではない．これは強調しておきたいポイントである．連帯経済は，「どのように共有するか（共通善）」，「どのように参加するか（参加型民主主義）」を常に問いながら，共通善・財の生産に向けて生産・流通・消費の連関を創りながら，「もう一つの経済」の具体的なカタチを探る．共通善の実現に向けて，一人一人が自発的につながり，自由に意見を述べ合う場の存在が不可欠である．これは公共空間 espace public と呼ばれ，企業もまた公共空間としての役割を担う．

営利目的の株式会社であれば，株式をより多く持っている人がより大きな発言力（意思決定権）を持つ．しかし連帯経済では，企業は協同組合のように一人一票の原則で民主的にガヴァナンスされる必要がある．企業を運営する権力が，分散され人々の間で共有されている状態である．したがって，ある企業が環境問題への貢献など社会課題に対応する活動を行っていても，運営が民主的でなければ連帯経済には含まれない．企業経営には従業員・地域社会・顧客など非常に多くのステークホルダー（利害関係者）がいるが，彼らが企業に出資し経営

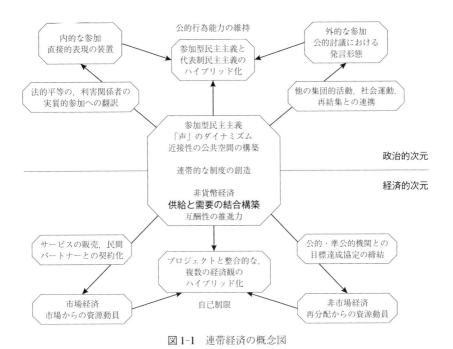

図 1-1　連帯経済の概念図
資料：Laville［2016］

に参加することができる制度も存在する（次節で述べる SCIC）．

　図 1-1 は連帯経済理論をリードしてきたラヴィルによる連帯経済の概念図である［Laville 2016］．これを見ると，連帯経済は政治と経済という 2 つの次元を含む．市場経済では，一般的に，自分の利益を追求する人々が，売り手あるいは買い手として市場を通じてのみ関係を持ち，価格の変化を見て独立に売り買いの意思決定をする．これは自己調整的市場とも呼ばれる経済活動の調整方法であり，そこでは人々が連帯し社会的な利益あるいは共通善について考えるような機会は一切排除されている．

　これに対し，連帯経済では，お互いに支え合う互酬性を原理とし，人々が経済の仕組みやその社会的な結果について学習し価値判断することで，共通善の拡大を目指す．自己調整的市場では，財やサービスに関する質的情報は価格に集約されるが，いくら機能性が高く値段が安いものであっても，実際には児童労働やブラック企業での不当な労働によって生産されたモノかもしれない．連

帯経済は，質的情報を共有し経済活動の社会的背景を見える化することで，経済の暴走に歯止めをかけ，共通善・財の拡大を通じて社会をより良くしようと考える．これはいわば参加型民主主義の原理によって経済を統治する試みであり，政治的な次元が重んじられる理由となっている．

かくして連帯経済では，売り手と買い手がともに財やサービスの価値(＝質)の決定に関与する過程が重視される．これが図 1-1 の中心に描かれる「供給と需要の結合構築」である．公共空間の中で，売り手と買い手，さらに広範なステークホルダーが連帯し，互いに試行錯誤，学習するなかで社会的課題のありかが突き止められ，提供される財・サービスの価値が生産されていく．公共空間はさまざまで，それは企業かもしれないし，まちづくり組織かもしれない．

連帯経済の特徴は，これだけではない．異なる原理を持つ「経済」から資源を動員し，ハイブリッドに運用することである．特に市場経済の力を活用しようとする．経済には自己調整的市場だけではなく，歴史的に 3 つの原理が存在してきた．すなわち，互酬性，再分配，交換である．資本主義社会で支配的なのは市場交換(売買)だが，農村社会にはお金を介さないやりとりなど互酬性の原理が残る．また，補助金や生活保障など政府による所得再分配に基づいた格差是正も存在する．連帯経済は，贈与や相互扶助など互酬性を原理としながら，市場経済での交換／営利企業との連携，補助金の活用などをハイブリッドに組み合わせて一つの経済を成り立たせる．

連帯経済が目指す共通善・財とは，より具体的にどのように理解したらよいか．図 1-2 はフランスの連帯経済のアクターによって利用されている説明図である．共通善・財は「コモン commun(s)」とも呼ばれている．このうち，「資源」というのが共通財の性格を持ち実際の生産の対象となるものである．そこには，知識，公共空間，自然，文化的景観，フリーソフト，ポピュラー文化，ヒトゲノム(遺伝子情報)などに加え，ジェンダー間の平等や労働者の安全性など社会的権利も広く含まれる．これはいずれも，さまざまな人々の関与のもとに生産・利用されるとともに，共有されることによってはじめて共通善・財として価値を持つものである．さらに，資源をめぐって価値を共有するコミュニティが形成され，連帯経済の原理で生産・利用がなされる(ガヴァナンス)ことではじめて，共通善・財となることが重要である．共通善・財は，生産やそこ

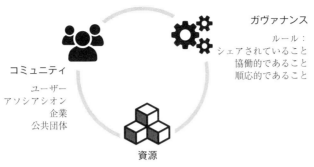

図 1-2　共通善・財の概念図

資料：La chambre des communs の HP（http://chambredescommuns.org
2021 年 9 月 26 日閲覧）の図より筆者作成

へのアクセスの仕方を含めて成立するものとして考えられている．

　ここで，互酬性や共通善・財（コモン）の理解をめぐって注意しなくてはならないのは，連帯経済と伝統社会との明確な違いである．シテの違いと言ってもよい．伝統社会の考え方（家内的シテ）では，一般的に，女性よりも男性に，個人よりも集団に，若者よりも年配者に優越性を与える．これに対し連帯経済は，対等で自由な個人が自律的に結合し，民主的に自治を行うことを重視する．連帯経済を支えるシテについては慎重な検討が必要だが，シェアリング・エコノミーへと進む主流の経済が「プロジェクト志向」のシテ＋商業的シテであるとすれば，連帯経済はおそらく「プロジェクト志向」のシテを共有するが，社会的批判を担う市民社会的シテの価値によって強く支えられた世界であると考えられる．シェアリング・エコノミーとは，食事宅配サービスのウーバーイーツのようにインターネットの専用アプリを使って，モノやスキルを誰でも自由に交換したり共有できる仕組みを言う．しかし，それは私的利益に基づく市場経済の拡大に他ならず，しかも労働法で守られた「労働者」をその対象外の低収入「個人事業主」に変えることで経済格差を助長する面も持つ．連帯経済はこれを批判的に捉え（社会的批判），人々の連帯と共通善・財への寄与を強調する

のである.

5 連帯経済の実例——フランスにおける政策形成

社会連帯経済と社会連帯経済企業

　以下では，連帯経済の具体的な制度化として，フランスの社会連帯経済の取り組みを紹介する．ここから，地域経済を支える具体像が見えてくるはずである.

　フランスでは，もともと社会的経済，連帯経済，社会的起業家という3つの異なる概念が，緊張関係を持ちながら並存してきた．2000年代以降，それらが徐々に接近し，連携関係を持っていく．そして誕生したのが，社会連帯経済（ESS：Économie Sociale et Solidaire）である．2014年には，社会連帯経済関連法（ESS関連法）が成立し，企業形態や融資制度など制度化が進むことで広がりを見せている．ESSは2016年現在でGDPの10%，総雇用の12.7%を占める．日本でも2020年に労働者共同組合法が成立したが，ESSは一つの経済を支える原則を法制化しており，より包括的な内容となっている.

　ESS関連法では，社会的有用性（効用）utilité sociale という言葉で共通善への寄与が盛り込まれている．同法第1条の定義によると，ESSとは，特定の産業部門ではなく，資本よりも人間を優先するような「人間活動のあらゆる領域に適用されるところの，企てならびに経済発展の方法」である．そしてESSを支える企業，すなわち社会連帯経済企業（ESS企業）は，利益配分以外の目的，民主的ガヴァナンス，責任ある経営という3条件を満たした企業から構成される.

　図1-3は，ESS関連法の枠組みを図式的に示したものである．まず想定されるアクターとして，社会的経済と呼ばれる非営利組織（協同組合・アソシアシオン・共済組合・財団）と商業企業（あるいは商事会社）がある．社会的経済の企業は，当初から上記の3条件を満たしESSに帰属するとみなされる．ESS関連法ではさらに，第11条において，特定の社会的課題に取り組む，とりわけ強い社会的効用を生み出す企業に対して，「社会的効用を持つ連帯企業（Entreprise Solidaire d'Utilité Sociale）」認証を付与する仕組みを設けている．これが，

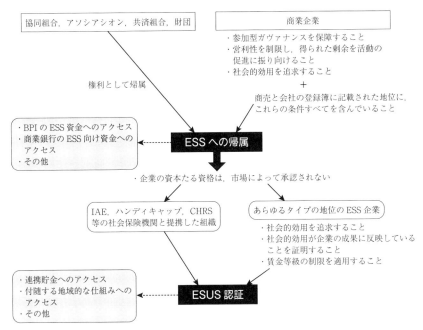

図1-3 社会連帯経済関連法の図式
資料：Lacroix et Slitine［2016］より作成

その頭文字を取って「ESUS」認証と呼ばれる制度である．ただし，この認証を取得するためには，国と社会保険提携をしている企業(経済活動を通じた社会参入企業，住居・社会的再参入センター等々)を除き，一定の追加条件を満たすことが必要である．「ESUS」認証を得ると，連帯貯蓄の融資を利用できたり，公共の仕事を優先的に受注することができる(ESS関連法第13条)．

　すでに見たように，ESS企業はさまざまな組織形態を含むが，協同組合会社は，諸資源のハイブリッドな動員というESSの特徴を端的に表している．協同組合会社は，協同組合の一形態として協同組合の原理(＝アソシアシオンの原理)による参加型ガヴァナンスが採用されると同時に，株式会社等の商法が定める法人形態をとることで市場経済の資源を動員(財・サービスの販売，営利企業との連携など)することを促進する．

　協同組合会社には，SCOP (Société Coopérative et Participative：協同・参加会社)とSCIC (Société Coopérative d'Intérêt Collectif：集合的利益のための協同組合

会社)という2つのタイプが存在する．SCOP は，日本の労働者協同組合に相当する組織で，従業員が大半の資本を保有することでガヴァナンスの権力を共有するのに対して，SCIC は，従業員のほか生産者，顧客・ユーザー・サプライヤーなどの利益受給者，さらに地方自治体，ボランティア，アソシアシオンなどの第三者といった，複数のステークホルダーが出資する．地域発展にとって，SCIC には大きな期待が寄せられている．というのも，従業者，製造業者，サービス受給者，第三者など多様な人や組織を，地域発展のもとに協力させるのに適しているからである．地域発展にとって地方自治体の参加は重要で，全国の34% の SCIC で地方公共団体が資本参加している．ただし，SCIC では特定の利益団体が強い発言力を持たないよう，出資の上限が定められており，地方自治体も例外ではない．

社会連帯経済と地域発展

ESS は，「もう一つの経済」を生み出そうとする運動であるが，何よりも近接性に基づき，地域に根ざした実践である．政策的にも地域レベルでの展開が重視されるなど，「もう一つの地域経済」を目指す試みとなっている．

なかでも，地理的な近接性を意識的に盛り込んだ政策として，ＰＴＣＥ（Pôles Territoriaux de Coopération Économique：経済協力のための領域拠点）（ESS 関連法第9条）がある．ラクロワとスリティーヌ[2016]によると，PTCE が着想された背景には，産業政策の分野で世界的に影響を及ぼしたポーターのクラスター論や，フランスにおけるペクールらの「近接性の経済」など経済地理学の影響がある．これらは，3 節で述べた「ローカルな地域発展」を支える諸理論であり，ローカルに形成されるアクター間のネットワーク（クラスター）や近接性が，イノベーションや雇用創出を促進すると考える．これらは産業政策の領域において，2005 年から「競争力の極」と呼ばれる政策（フランス版産業クラスター政策）の理論的根拠ともなった．「競争力の極」政策では，地域の知識・技術基盤をもとに，地域内の企業や機関，さらに域外のアクターを結びつけることでイノベーションを促進し，地域経済の成長を創出しようとする．

PTCE は，同様の発想を ESS に応用したものである．ESS 企業を中心に，中小企業，自治体，研究機関，教育機関など域内の多様なアクターが日常的に

協働し，社会的・技術的に新奇なイノベーションを起こす枠組みとして構想された．2013年に国によってPTCEの募集が開始され，第1回目で23件が採択され3年間の補助金が交付された．PTCEは地域のアクターが結集し協働するための枠組みであり，実際の活動領域や目的は多様性に富む．たとえば，農業，文化，ツーリズム，リサイクル，失業対策，社会的包摂，地域活性化，競争力の強化，遺産や環境の保全など，である．PTCEは手続きの簡便さからアソシアシオンとして立ち上げられることが多いが，最終的にはSCICに移行することが望ましいとされる[立見ほか2021]．前述したように，SCICが地域内のさまざまなアクターが結集する枠組みとして優れた特徴を有するからである．なお，PTCEは多様なタイプの公共団体によって支援されるが，資金面では州が果たす役割が大きい．

6 連帯経済から「地域の価値」へ

　前節で見たように，新しい地域経済理論である連帯経済はフランスをはじめとするいくつかの国では現実に政策として実践されている．地域経済にとって連帯経済の魅力の一つは，そのハイブリッドな資源利用であり，特に市場経済の力を活用することで現実味のある発展モデルを提供していることである．しかし，今日の地域経済をめぐる状況の中で，それは果たして可能なのだろうか．これに対し，市場経済の変化がこれを後押ししている，というのが本章の主張である．

　第一に，市場で交換される財・サービスの価値基準の多様化である．かつては，工業製品のように価値はモノの属性に帰属し数値で測られるものであった．しかし今では，価値は，「プロジェクト志向」のシテにおいて，財やサービスの「個性」を形作る何らかの「物語」によって決まるようになってきた．個性とはある財が生産され，消費される瞬間に至るまでの来歴である．フェアトレードや旅先での交流など，物語への共感や真正性が価値を生む．この中で，連帯経済が提供する価値（共通善への貢献）が市場経済における商品価値としても受容されることで，市場経済の力を活用する余地が広がっている．

　第二に，「豊穣化の経済」の進展である．この概念を提起したボルタンスキ

ーとエスケレによると，先進諸国における価値の生産は，すでにあるものの豊
穣化に依拠する傾向を強めている［Boltanski et Esquerre 2017，立見 2019］．「豊
穣化」とは，博物館のキュレーターやコレクターが行うように，テーマ別にモ
ノとモノとを体系的に関連づけて物語の文脈（コレクション）を作り上げること
で，すでに価値を失ったものに新しい観点から価値を再付与する作業を言う．
「豊穣化の経済」においては，地域という空間が，コレクションを収納する容
器の役目を果たす．地域は，固有の歴史・文化・自然・立地等々に満ちており，
新たな観点から域内の諸資源を（再）結合し，コレクションを構築する格好の素
材を提供する．「豊穣化の経済」の中で地域の個性を高めることで，農村や斜
陽工業地域などの衰退地域に新しい発展の可能性がもたらされている．創造都
市政策とも呼ばれる，欧州におけるアートや文化を通じた斜陽工業都市の活性
化策はこうした背景から理解される．

　こうした地域への価値付与と地域発展という主題は，近年，地域経済学や経
済地理学で「地域の価値」論として展開されている［除本・佐無田 2020］．地域
発展にとって，「地域の価値」は二面性を持つ．それは一方で，「農村空間の商
品化」（本書第 10 章）やツーリズムにおける生活文化の商品化のように，商品価
値へと変換されて経済的利益を生み出すが，他方では，その結果，真正性（「つ
くり物」ではない，暮らしに根ざした物語や景観）が失われ，価値の基盤が突き崩
されてしまう恐れも招く．

　しかしながら，「地域の価値」，あるいは小田切［2014］が述べる環境・文化・
地域の絆（社会関係資本）などの「重要な地域的価値」は，完全に商品化されて
しまうわけではない．ここで，個性や真正性に価値を与える「プロジェクト志
向」のシテの内部には，次のような矛盾があることを想起するのがよい．すな
わちこのシテでは，値段をつけた途端に真正性は疑いの目に晒されてしまうた
めに（芸術家的批判），商品化は，物語の真実を裏づけようと，商品化とは本来
「隔絶」した世界（市場的シテとは異なる諸価値）と共存を図らざるを得ない．こ
の意味では，イメージの消費にとどまらず，学習を通して真正性を追求してい
くような顧客の市場とつながることが，「地域の価値」の喪失を防ぐ上で重要
である．

　「地域の価値」は，さらに共通善・財（コモン）として適切に扱われることで，

新たな地域発展の展望をもたらす. この点に関連して，除本[2020]は，深刻な公害被害から回復の「物語」を集団的に紡ぐことで地域再生に取り組んできた水俣の事例を検討した後で，次のように述べる. すなわち，「誰が「地域の価値」を商品化するか. それによって誰が利益を得て，その利益がどのように分配されるか. そこに，行政や企業を含む地域外の主体がどう関わるか」(p. 12)と問う. 少し抽象的に表現すると，ここで争点として提起されているのは，価値づけに関わる媒介者たちの権力と利益の分配をめぐる問題である[ベッシー・ショーヴァン 2018，立見 2019]. 価値づけの主体と利益の分配の関係は現代資本主義の争点でもあるが[山本 2021]，特に「地域の価値」をめぐっては，佐無田[2020]が指摘するように真正性を評価し地域の価値づけを担う「社会的装置」を地域で作り出していくことが重要なポイントになる.

　これは言い換えると，「地域の価値」を民主的にガヴァナンスする仕組みづくりの問題であり，まさに連帯経済が切り拓く地平であると言ってよい. 連帯経済は，「供給と需要の結合構築」の中で，共通善・財の価値づけと公平な利益分配の仕組みを制度的に構築することを目指す. 「連帯経済の推進のもとで，市場の変化を味方につけながら地域の諸資源を関連づけて「地域の価値」を創造していく」，これが社会と経済のバランスのとれた，持続可能な地域経済発展の道筋として本章が描く展望である. しかし，現実を作るのは，「常識」を破り，試行錯誤の中で「可能性」を紡ぎ出す人々の実践である. 皆さんが新しい地域経済の現実を切り拓いていくことを期待したい.

【文献紹介】

立見淳哉・長尾謙吉・三浦純一編(2021)『社会連帯経済と都市──フランス・リールの挑戦』ナカニシヤ出版

　フランスの斜陽工業都市リールでの8年間にわたるフィールド調査をもとに，社会連帯経済の理論と実践を詳しく描いている. この章での連帯経済関連の記述のもとになった本である. ぜひ手に取ってもらえると嬉しい.

ハーシュマン，A.，矢野修一ほか訳(2008)『連帯経済の可能性──ラテンアメリカにおける草の根の経験』法政大学出版局

　正直感銘を受ける本. 変化の芽を潰すのは，「前提条件」の欠如などではなく，「現実的じゃない」として拒否する思考回路だと気づかせてくれる. いろいろな物事の糸を手繰り寄せて連鎖の流れをつむぎ，新たな可能性と現実を作っていくヒントが得られる.

除本理史・佐無田光(2020)『きみのまちに未来はあるか？──「根っこ」から地域をつく

る』岩波ジュニア新書

6節で述べた「地域の価値」の考え方が，豊富な事例とともにとても平明に述べられている．住民と専門家が一緒になって知恵を出し合い，「地域の根っこ」から「地域の価値」を作っていく姿勢の大切さを教えてくれる一冊．

【文献一覧】

岡橋秀典(1997)『周辺地域の存立構造——現代山村の形成と展開』大明堂

小田切徳美(2014)『農山村は消滅しない』岩波新書

小田切徳美(2018)「農村ビジョンと内発的発展論——本書の課題」小田切徳美・橋口卓也編著『内発的農村発展論——理論と実践』農林統計出版

佐無田光(2020)「「地域の価値」の地域政策論試論」『地域経済学研究』38(0)

立見淳哉(2019)『産業集積と制度の地理学——経済調整と価値づけの装置を考える』ナカニシヤ出版

玉野井芳郎(1977)『地域分権の思想』東洋経済新報社

ハーシュマン，A.，麻田四郎訳(1961)『経済発展の戦略』巌松堂出版

ベッシー，C.・ショーヴァン，P.-M.，立見淳哉・須田文明訳(2018)「市場的媒介者の権力」『季刊経済研究』38(1・2)

ボルタンスキー，L.・シャペロ，E.，三浦直希ほか訳(2013)『資本主義の新たな精神(上・下)』ナカニシヤ出版

ボルタンスキー，L.・テヴノー，L.，三浦直希訳(2007)『正当化の理論——偉大さのエコノミー』新曜社

宮本憲一(1973)『地域開発はこれでよいか』岩波新書

宮本憲一(1980)『都市経済論——共同生活条件の政治経済学』筑摩書房

ミュルダール，G.，小原敬士訳(1959)『経済理論と低開発地域』東洋経済新報社

山本泰三(近刊)「価値づけと利潤のレント化——現代資本主義への視角」『経済地理学年報』

除本理史(2020)「現代資本主義と「地域の価値」——水俣の地域再生を事例として」『地域経済学研究』38(0)

Benko, G. (1998) *La science régionale*, PUF.

Boltanski, L. et Esquerre, A. (2017) *Enrichissement: une critique de la marchandise*, Gallimard.

Lacroix, G. et Slitine, R. (2016) *L'économie sociale et solidaire*, PUF.

Laville, J.-L. (2016) *L'économie sociale et solidaire: pratiques, théories, bébats* (nouvelle édition), Editions du Seuil.

Perroux, F. (1955) "Note sur la notion de pôle de croissance" *Économie Appliquée*, 1 (2), 307-320.

　農村とはどのようなところか？

橋 口 卓 也

　そもそも，農村とはどのようなところか．先に結論めいたことをいうと，その問いに答えるのは非常に難しい．イギリスの農村研究の大家であるマイケル・ウッズも，「「農村」は，つかみどころがない概念であることが明らかにされた」（『ルーラル』農林統計出版，2018 年）と述べているぐらいである．日本の農林水産省の資料にも「農村の明確な定義はない」と記載されている．しかし，もちろん，農村を定義づける，あるいは概念化する試みもないわけではない．以下，いくつかの視点から見た農村の捉え方について紹介する．

　まず，日本の代表的な国語辞典『広辞苑』（岩波書店，2018 年）では，「住民の多くが農業を生業としている村落」と記され，農業に従事する労働力という面での産業構成に着目している．「村落」とは，「都市に対する農村・漁村などの集落の総称」とされ，「農業集落」の概念に近い．そこで，農林業センサスで定められた全国約 15 万の農業集落を，農業従事者割合別に集計すると，50% 以上の集落は約 9000 で 6% 程度である．国語辞典の定義に沿った農村は，ほとんど存在しないことになってしまうが，日本全体での農業従事者割合は僅か 3.6%（2015 年）であり，これは，どの先進国にも共通する現象でもある．

　別の考え方として有力なのが，土地利用状況に着目するもので，代表的なのが，「農林統計上の地域区分」である．農林水産省が公式に定義したのは 1991 年で，現在の市町村と，市町村合併が急速に進んだ「昭和の大合併」前の 1950 年時点の市町村を，都市的地域，平地農業地域，中間農業地域，山間農業地域の 4 つの地域類型に分けている．おおまかにいうと，耕地率と林野率，そして耕地が傾斜地に展開しているかどうかで区分しているが，このうち農業という言葉も用いられていない都市的地域を除いたところが，農村と位置づけられよう．なお，この中間農業地域と山間農業地域を合わせて，「中山間地域」と呼ぶ場合も多い．

　また，農村はまばらに人が住んでいるところ，逆に都市は密集して住んでいるところ，という認識も一般的だろう．国勢調査では「人口集中地区（Densely Inhabited District = DID）」が把握されているが，この DID でないところが，逆に農村と捉えられる．1960 年以降，概ね 1985 年までは地区数と面積の拡大傾向が続いてきた．しかし，1990 年以降は頭打ち状態となっており，都市の拡大（＝農村の減退）は概ね終わったといえそうである．

　さらに，法律上の農村の位置づけも重要である．農村に財政的な支援を行ったり

するためには法的根拠が必要だからである．しかし，現在の日本の法律の中で，農村という言葉を冠したものは少ない．食料・農業・農村基本法は，農業分野における法律の最上位に位置づけられるが，実は農村は定義されていない．他に「農業振興地域」が設定された市町村に，当該法律を適用するというものがいくつかある．農業振興地域とは，農業振興地域の整備に関する法律（農振法）によるもので，圃場整備事業などの農業関連の公共事業が行われる．この農振法に対峙する位置づけとして都市計画法があり，農業振興地域に指定されるということは，農村と位置づけられたことの証ともいえる．他にも，世の注目度が高い過疎法（現在は，過疎地域自立促進特別措置法）をはじめ，「地域振興立法8法」と括られる法律があり，これらの指定地域と農村の重なりも多い．

　以上は，主に日本のことについてであった．当然ながら「農村」という概念は諸外国にも存在する．英語では「rural」である（日本語の「田舎」のニュアンスに近いのは「countryside」）．それでは，rural はどのように定義されているのであろうか．国際連合では，毎年「World Population Prospects」という人口レポートを公表しているが，農村人口と都市人口という2区分が示されている．その際の都市（それ以外が農村ということになる）の定義は，イギリスのイングランドとウェールズについては，1万人以上の市街地，スコットランドでは3000人以上の居住地域といった具合に，国によって，また一国の中でも定義が異なったりする．それだけ各国共通の定義を採用するのが難しいということであろう．

　このように，農村を定義するために，産業構成や土地利用，人口密度など様々な指標に基づいた試みがあるが，決定的なものはない．そこで，様々な観点から，「農村らしさ」を表現することも重要であり，英語でいえば「rurality」という言葉を使って，農村の性格づけを行おうとする議論が諸外国でも盛んである．

　その際，土地利用と結びついた景観，慣習や伝統，生活様式，家族形態，人々の結びつきのあり方などに注目しつつ，都市との対比を考究することになるが，しかし，これらに注目すると，農村の多様性もまた明らかにされる．そして「農村らしさ」も時代によって変化するということも分かってくる．さらに，本書の終章で詳述されているように，農村は「課題地域」から「価値地域」へと，社会における位置をも変えつつある．これまで多くの人が抱いていたかもしれない農村のネガティブなイメージにも変革を迫られる時代が到来しており，本書全体でもそのことが明らかにされている．

第2章 新しい人材をつくる

中塚雅也

1 本章の課題

　農村のあらゆる活動やそれを支える組織の持続的発展において，人材の確保と育成が課題となっている．背景には，高齢化と人口減少の進展による絶対的な人手不足と，それに伴う農村問題の深刻化がある．その中で人々を強く導くリーダーもしくは，地域を劇的に変える"イノベーター"や起業家の出現への期待が高まっている．こうした農村における人材の枯渇と切望は，いまに始まったことではない．明治期から振り返っても，戦前戦後期，高度経済成長期を通して，農村から人材は一貫して流出し続け，農村は産業界と都市への人材供給源としての役割を果たしてきた．この間，農業・農村の置かれる環境は厳しさを増すばかりであり，その変化も激しい．

　農業・農村をめぐる内外の情勢が激動するなか農村リーダー育成や人材育成の必要性に対する指摘は，言葉を変えながら何度も繰り返されている[七戸1987など]．皆さんも「地域づくりは人づくり」，「人材でなく人財」といった呼びかけを，一度は聞いたことがあるだろう．また，近年の農業・農村政策においても「担い手育成」は継続的な課題であるとともに，2014年から始まる地方創生政策は，「まち・ひと・しごと創生」と，人に焦点を当てたものとなっている．これらからも人材育成への期待の大きさがみてとれる．

　ところで，農村の人材育成とは，第一義的には，地域で生まれた人を，地域社会の一員として，またはリーダーとして活躍する「人材」として育成することと言ってよいだろう．従来，こうした人材育成は，地域コミュニティを中心としたインフォーマルな学習機会と，学校教育や社会教育といったフォーマルな学習機会を通しておこなわれてきた．しかしながら，地域コミュニティの弱

体化に伴う地域としての教育力の低下，地域に関わる人々の価値観の多様化，リーダーに求められる能力の変化等により，これまでの仕組みが機能しなくなっている．この再生は喫緊の課題である．

　他方で，近年では，「外部人材」に対する関心も高まっている．地域内の人材不足が進むなか，地域外の人材を積極的に取り入れ，地域の諸活動の維持発展と，新たな活動や価値の創出を期待したものである．総務省が2009年から進める「地域おこし協力隊」は，その具体的な促進方策として広がりをみせ，外部人材の活用制度として知られるようになっている．2020年度に任期を終了した隊員は，全国累計でおよそ6500人に及び，当該地域で起業する人も少なくない．また，副業・複業といった新たな働き方も提唱されるとともに，移住を伴わなくとも地域と持続的な関わりをもつ「関係人口」と呼ばれる人々の存在にも注目が集まっている．さらには，2020年からの新型コロナウイルスによる感染拡大を契機として，Ｕ・Ｊ・Ｉターンの動きも活発化している．こうした動きの帰結として，農村側では，どのように人材を育成するかでなく，「関係人口」も含め，どのように人を獲得するかに関心が偏重している様相もみてとれる．

　いずれにしろ，この先，農村にとって人材の価値はますます高まり，その確保と育成の重要性は増すであろう．そうした背景を踏まえ，本章では，農村における新しい人材とその育成に着目する．新しい人材は，昨今では外部人材に焦点が当たることが多いかもしれないが，ここでは内―外は大きな問題でないと考える．後に触れるが，移住・定住も関係なく広く捉えたい．本章では，まずこうした農村の「人材」に関する概念整理をおこない，対象とする「新しい人材」の位置づけを確認する．その上で，農村において人材育成を進めることの難しさを企業の人材育成との比較の中で確認する(2節)．次いで，人材を育成するための基本的な枠組みを検討していく．その検討には，人と地域をつなぐ上でキーとなる概念を押さえておく必要があるのでともに確認したい(3節)．そうして，地域として人材を育成するシステムを構築することの必要性とそのモデルを事例を通して示すとともに(4節)，人材を巡る今後の動向と課題をまとめたい(5節)．

2 農村における人材

人材とは

　一般に何らかの活動をおこなうためには，能力，時間，資金，資材などの資源（Resource）が必要となる．経営という視点からは，ヒト，モノ，カネ，情報は，基本的な経営資源である．中でもヒト，すなわち人的資源は，最も重要なものであり，人がいて初めて他の資源を動員することが可能といえよう．農村の再生においても，人が重要な要素であることは疑いない．人材という言葉を巡っては，「材」という字が，人を資材のごとく扱うように伝わるという批判から，財産や財宝という意を表す「財」という字を用いるべきという意見もある．農村の現場でも「人財」という言葉が使われることも実際多い．ただし，この点については，企業経営をはじめどこの分野においても，もはや人を単純な資材や手段とみる時代ではないのも事実である．漢字として「人材」であろうと「人財」であろうと，その意図することに違いはないと考えてよいだろう．

　改めて，辞書にて「人材」を調べてみると，「才知ある人物．役に立つ人物．人才」などとある．このまま解釈すると，才知の有無，役に立つ・立たないが人材かどうかの大事な点となるが，その判断をしようとすると目的が必要となる．これに従えば，人は目的に応じて人材として認定されるものである．目的のレベルが様々であることを考えると，理屈上，人材でない人は存在せず，そもそも役に立たない人などいない．その意味で言えば，地域に居住し，普通に日常を暮らす人々も地域の社会経済に役立つ一員であり，存在自体をもって人材と言ってよいであろう．「関係人口」と称される人々も，何をするかにかかわらず，地域と継続的な関係を持つだけで人材として貴重である．ここで改めて前提として確認しておくことは，根本的に，地域社会においては（地域社会でなくとも），人を地域の材料（Material）や資源（Resource）という側面だけでみるべきでなく，単純な視点で，人を役立つ，役立たないと区別すべきでないということである．

　そうした前提の一方で，地域づくり活動の推進や地域経営的な視点からは，狭い意味で役に立つ人材の存在が求められる．具体的には，主体的な活動をお

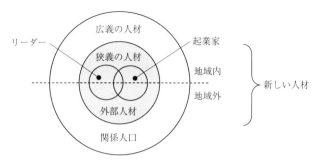

図2-1　農村における人材の位置づけ

こない，そこから価値を生み出し，自ら地域社会をつくり，農村の持続的発展に寄与する人々(アクター)である．本章では，こうした人々，すなわちアクターを，「新しい人材」と位置づけ，その育成を図ることに焦点を当てて考えていきたい．地域で日常を暮らす人々や地域と関わる人々(広義の人材)の存在は基本であるが，地域に新しい動きや価値を生み出す人々(狭義の人材)の存在と育成が強く求められている．ここにおいて，従来渇望される農村のリーダーは，アクターが，あるときに果たす一つの役割とみる．つまり，いわゆる「リーダー育成」は，農村における人材育成の一部である．農村の人材育成＝リーダー育成と矮小化して捉えるべきでない．また，雇用機会の少ない農村では，新しいビジネスの創出も大きな課題となっているが，その担い手となる起業家の育成も人材育成の一部とみる．ただし，リーダー育成同様に，農村の人材育成＝起業家育成ではない．

　ところで，これまでの人材育成は，その地域内部の住民を無自覚に対象としてきた．対して，これからの「新しい人材」は，外部の人々を積極的にその範疇に入れたものであるべきであろう．人々の動きが流動化し，地域の内外の境界が曖昧になるなかでは，地域の内―外という概念を超えた存在として位置づけることが適切である．

　図2-1は，以上に述べた「人材」の関係性を図示したものである．色づけされた範囲が，本章で取り上げる「新しい人材」である．また，その上で，外側の「広義の人材」から色づけされた中心部の「狭義の人材」への移動を促すことを“新しい人材づくり”と考えたい．

農村での人材育成の難しさ

　では，どのように新しい人材づくりを進めることができるのであろうか．こうした課題への対応は，企業等を対象とした一般の経営学では，人的資源管理（Human Resource Management）と呼ばれ研究が重ねられている．経営学においては，古くは，企業の目的のために，人をどのように雇用し，働かせるのかという考え方が主流であり，その活動を人事管理，労務管理などと呼んでいた．しかしながら，1980年代に入ると，人をコストや労働力といった面で捉えるのでなく経営資源として捉え，開発と活用を図ろうという考えが広がり，その活動を人的資源管理と呼ぶようになった．つまり，人材は使うものでなく，育成するもの，育成できるもの，という考え方が基軸となっていった．また，人的資源管理については，労働者の持つ自律性と他律性を組織目的にむけて統合しようとする諸制度のこと，という説明がなされている［奥林ほか2010］．ここで言う自律性とは，労働者は雇用契約を結ぶにあたって，一人の人間として判断でき，どこでどのように働くかは個人の自由であるという側面のことであり，他律性とは，一旦組織に入ると上司等の指示に従わないといけないという側面である．人的資源管理に関する理論は，これらの相反する労働者の2側面を統合するため体系づけられてきた．次に述べる仕事や組織への動機づけやコミットメントなどもその一つである．

　我々は，こうした人的資源管理に関する研究蓄積から，農村の人材育成に役立てられる多くのヒントを得ることができる．しかしながら，そのためには根本的な前提がいくつか異なることを理解しておかなければならない．1つ目は管理の主体についてである．企業組織の場合は，雇用契約関係があるなかで，管理の主体が存在することが想定されている．農村の場合も，地域内に企業や事業組織は存在し，その組織における人材育成は経営学が示すものと同じ論理が適応できることが多い．しかし，地域の人材育成と言ったときには異なる．大きな違いは「地域」という主体は存在しないことである．当然，地域と人々との間に契約関係などない．地域の主体の一つとして，行政，学校，NPOなどの公共的な機関が，地域の人材育成を担うことがあるが，企業におけるものと比べると強制力はなく，管理をおこなう主体は不在と言っていいだろう．関連するもう一つの違いは，「目標」についてである．人的資源管理とは，ある

組織目標に人のもつ自律性と他律性を統合すること，と先に示したが，農村においては，まず統合する目標が不確かである．そして他律性はほとんどなく自律性が優位になっている．

　地域に関わる人々は，どこでどのように住み，働くかは自由であり，本質的に管理の対象とはならない．このことを踏まえると，そもそも地域において人材を管理するという考え方自体が適切でないかもしれない．そこに農村に人的資源管理を当てはめる際の難しさがある．であれば，地域で人材育成はできないかと言えばそうではない．先に触れたとおり，行政をはじめとする地域の様々な主体が，それぞれ互いに連携しながら，地域の人材育成を進めることは可能である．ただし，ここでの人材育成は，人的資源管理という言葉が持つある種，強いイメージの活動より，人々の成長を支援したり助けたりするゆるやかな活動とみる方が適切であろう．そのような理解と認識に立つことにより，人的資源管理の知見を活かしながら，地域の人材育成を進めることが可能となる．

3　人材育成の論理と枠組み

地域へ関わる「気持ち」の理解と対応

　一方，地域の人材育成を考えるにあたって，対象となる「人」についての理解を少し深めておきたい．まず考えたいのは，人はなぜ地域での活動に関わろうとするのかということである．それを紐解く視点の一つとして，ここではモチベーション論を取り上げる．モチベーション論では，人の行動は欲求を満足させようとするモチベーション（動機づけ）によって引き起こされるという前提に立つ．その際の人の欲求については様々なモデルが示されているが，古典的かつ有名なのは，マズローの欲求階層説であろう．マズローは，人の欲求は，「生理的欲求」「安全欲求」「親和欲求（社会的欲求）」「自尊欲求（承認欲求）」「自己実現欲求」の5段階に分けられ，下位の欲求が満たされて初めて上位の欲求を欲するという階層的な関係にあると説明している．関連して，後に，アルダファーはERG理論を提唱している．ここでは欲求は，「生存欲求（Existence）」「関係欲求（Relationship）」「成長欲求（Growth）」の3つに分けられ，それらは階層的でありながらも相互に影響しあう関係であると示している．

これらの理論から，新しい人材が地域に関わる動機について考えてみたい．農村の新しい人材は，欲求階層説やERG理論で言う高次の欲求，つまり自己実現や関係性や成長によって動機づけられていると考えてよいだろうか．たしかに，"意識が高い"という言葉が当てはまるように，高次の欲求に動機づけられていることが多いかもしれない．しかし，実際はそればかりではない．たとえば，会社を辞めて「地域おこし協力隊」として活動する人の中には，低次の欲求が十分満たされなくとも自己実現や成長などの欲求を重視する人もいるだろう．一方，生理的欲求や安全欲求，生存欲求に近いと思われる，地域での不自由ない生活を送ることが，農村との関わりを促す最重要の動機になることもある．現実は理論で言われるほど単純でない．

　これらから考えると，重要なのは高次と言われる欲求を満たすことでなく，各々の欲求を理解し，それに応じた行動が地域の求めにマッチすることである．受け入れたり支援したりする側としては，個々人の自律性や主体性を尊重すること，適切なフィードバックをおこなうことが重要であろう．

　たとえば，地域おこし協力隊員をうまく受け入れている地域では，あらかじめ用意する活動とその成果に注目した体制でなく，隊員の内面的な欲求を尊重した受け入れ体制をとっていることが多い．採用前に隊員候補者がその地で何を実現したいのかしっかり確認し，それと地域課題・地域資源との適応によって採否を決定する．活動中も行政をはじめとする受け入れ側は，地域との調整や相談・助言を通して協力隊員の活動をサポートする．またその成果が内外で評価され，フィードバックされるような仕組みもある．そうした地域では，隊員は内発的な動機のもと，やり甲斐をもって活動しており，結果としてパフォーマンスも高い．逆に，人が離れていく地域においては，こうした人の「気持ち」に対する理解が少し足りないのかも知れない．

　もう一つ，地域へ関わる気持ちに関して押さえておきたい概念に，コミットメント（Commitment）がある．地域へのコミットメントとは，やや強引に換言すれば，地域へ関わる気持ちの強さのことである．個人と特定の場所との間にあるポジティブな心理的なつながりを指すプレイスアタッチメント（Place Attachment）なども類似の概念である．また，組織論では組織コミットメントを，愛着や誇りなどといった「情緒的コミットメント」，義務感や忠誠心からなる

「規範的コミットメント」，機会損失や居続けることによるメリットなどからなる「継続的コミットメント」などに分けた整理がなされている［鈴木・服部 2019］．

　こうしたコミットメントが，地域に対して高ければ，地域の諸活動の参加や主体的で継続的な関わりなどが促されると考えられる．また，定住人口であれ関係人口であれ，単なる「人口（広義の人材）」と「新しい人材（狭義の人材）」を分けるのがコミットメントの強さとも言えるのではないだろうか．そう位置づければ，地域へのコミットメントの向上は，人材育成のための重要な指標となる．

　ではどのようにして，コミットメントは高めることができるであろうか．組織論においては様々な要因が検討されているが，その一つの指摘に，強い組織文化や価値の共有がコミットメントを引き出し，組織への貢献を誘発するというものがある．地域への貢献においても同様の関係性があると考えられるが，会社における組織文化と異なり，総体として地域文化を捉えるのは難しい．「地域らしさ」として語られることはあっても，人々の中で共有されにくい．近年の地域ブランド強化の動きは，地域文化を確認し共有する機会となってはいるが，特産品販売等と紐づけられ商工会や JA などが主導するためか，ときに，消費促進に着目した表面的なものであることも多い．地域の文化や価値の共有は，地域ブランド化の取り組みでよくみられるトップダウンによるものではなく，集落レベルや諸団体の活動の中でおこなわれ，それがより広域の単位でも共有されていくという，ボトムアップにより重層的に形成されるものと考えた方がよい．また，地域へのコミットメントは，地域コミュニティにおけるフォーマル，インフォーマルな活動を断続的に重ねることで高まることが確認されている［柴崎・中塚 2017 など］．コミットメント向上には，当然，活動の質が重要であるが，その前に地域と関わる「接点」がないと始まらない．祭り，共同での農作業，学校行事，自治会活動などが接点として重要であることは変わらないが，人材の広がりに応じた活動の見直しや創出を進め，接点を増やすことが今日的な課題となってくる．

2つの人材育成活動

　農村における人材育成は，地域に関わる人々の気持ちを理解した上で進めるべきであるが，実際，人材育成は，どのような活動によって成り立つのか．その活動は，大きくは次の2つに分けられる．一つは「人材の確保」，もう一つは「人材の能力開発」である．

　人材の確保とは，人材の発掘，募集，定着などを図る活動である．会社組織では，人材を集め入れるリクルートに関する活動と，人材の流出を防止するリテンション（Retention）と言われる活動がそれに当たる．この人材確保に関して農村では，体系的な取り組みはなされてこなかった．ふるさと教育や郷土教育などは長期的な視野に立った定着促進の活動と言えるが，学校教育の場で重視されてきたかと言えばそうでない．2017年の学習指導要領改訂などを契機に，改めて地域学習に対する注目が高まっているが，その方法については，連携・協働による実施体制の構築も含めて，試行錯誤の中にある．

　また，地域として人材を集めるというのも従来にない視点と言って間違いないだろう．地域の人材不足の深刻化が進むとともに，2010年以降の地域おこし協力隊をはじめとする外部人材活用の動きの広がりによって，初めてその必要性が認識されてきた．そこから時を経て，いまや地域間での人材争奪合戦と言っていいほど，人材を集めることへの関心は高まりをみせている．しかしながら，ここで大事なことは，優れた人材を集めるという視点に偏重するのではなく（それはそれで必要ではある），地域の中で発掘し，人材として育てるという視点である．そこでは次にみる人材の能力開発が重要となる．

　人材の能力開発とは，人の保有している能力を確認し，その能力を高める活動のことを指す．一般に人材育成と言えば，このことをイメージする人が多いかもしれない．これを狭義の人材育成とする．具体的な活動は，研修や現場経験などを通しておこなわれ，育成する側としてはどのような研修や経験を積むように促すか，それをどう支援するかなどが課題となる．また，企業では，職場においてどのような経験を積みながら能力を開発するかというキャリア開発という考え方も浸透しているが，これもここで言う能力開発の一環として位置づける．

　この能力開発については，農村でも以前からいくつかの活動がなされてきた．

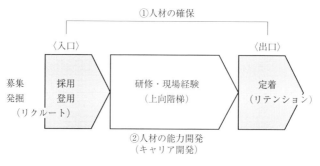

図2-2　農村人材育成の枠組み

　そのうち我が国における特徴的で重要な活動の一つは，社会教育の一環として
おこなわれてきた住民の能力開発である．それは，公民館を拠点に全国各地で
おこなわれており，地域づくり先進地の裏には，必ずと言っていいほど，活発
な公民館活動とそれに伴う人材育成があった．また，地域コミュニティの中で
も，キャリア開発とも言うべき地域のリーダー育成の仕組みがあった．地域内
組織の各種の集団活動や事業活動で役割を歴任するなかで，リーダーとしての
能力を高めていく「上向階梯」が地域コミュニティに内在されていた[七戸
1987]．しかしながら，これらの仕組みは，今回示すような「新たな人材」に
十分適応できておらず，新たな仕組みを再構築，創出することが現代的な課題
となっている．とはいえ，繰り返しになるが，企業とは異なりどこかの部署が
先導して管理できるわけでない．行政が中心的な役割を果たせる立場にあると
考えるが行政だけでは困難である．公・民にかかわらず地域の各種団体と連携
しながら全体的なシステムを構築することが今日的課題と言える．

4　人材育成のエコシステム

地域で求められるシステム

　地域として，新しい人材をどのように育成できるのか．先に述べたとおり，
地域が有していた人材育成機能はほとんど失われている．求められる人材，さ
らにはリーダー像が変化してきたこともあるが，何よりも従来のシステムは，
基本的に，そこに居住する住民だけを対象としたものであった．近年目が向け

られるようになった外部の人材には対応しておらず，ましてや人材リクルートの機能は備えていなかった.

　こうしたことから，現在の人材育成のシステムにおいて，まず求められるのは人材確保の仕組みである. 先に整理したとおり，確保には関心を持って入ってくる人を増やす視点と，外に出て行かない，もしくは出て行っても関係性を維持するという，いわば入口と出口の2つの戦略が必要である. どちらの視点においてもキーとなるのは，人々が地域と関われる「接点」または「関わりしろ」の存在である. その具体的なものの一つは，目にみえる拠点的な施設である. 国土交通省も「小さな拠点」として地域の交流拠点施設の整備を推進しているところであるが，廃校や古民家など遊休施設を利用したカフェや宿泊施設，シェアオフィスやインキュベーションオフィスなどが，その機能を果たす可能性を秘めている. 地域の人々が自らつくり出した，とある施設が，地域のシンボル的な拠り所となって，「入口」を広げ，滞留を促し，流出をとどめているという事例は全国各地でみられる.

　こうしたハードとともに，ソフトの充実は言うまでもなく重要である. 地域づくりに関する研修や生涯学習のプログラムなどは，行政が中心となって全国的におこなわれてきた. また，移住促進，起業者育成といったどちらかと言えば外部者を取り込もうとするプログラムも近年，各地で実施されるようになっている. これらのプログラムは，直接的な接点，関わりしろとして機能している.

　ここで大切なのは，ハードとしての拠点とソフトとしてのプログラムをしっかり車の両輪として連携させて設計することである. そして，地域内の拠点やプログラムが個々に孤立した状態で存在するのではなく，それぞれの主体性を維持しながらも互いにつながるように促すべきである. また，拠点やプログラムだけでなく，様々な立場のアクターが，セクターや地域の範囲にとどまらず連携し，地域ぐるみで人材を育成するという考え方が，これからの人材育成には求められよう. なお，このような多様なアクターによる相互連携のシステムは，自然界の生態系になぞらえてエコシステムとも呼ばれる. そうすると目指すべきは人材育成のエコシステムの構築と言える. もちろん実際に人材育成のエコシステムを構築することは容易でない. その形は多様であるが，次にその

一事例として，兵庫県丹波篠山市における試みを取り上げ，具体的な拠点やプログラムや設計，そこで創出しようとしているエコシステムの形と現状の課題について確認していきたい．

人材育成エコシステム構築の実際

　丹波篠山市は，兵庫県中東部に位置する農村地域である．ここでは神戸大学との連携による人材育成のエコシステムづくりの試みがおこなわれている．拠点およびプログラムは，農村イノベーションラボと篠山イノベーターズスクールという．ラボは，JR 篠山口駅改札横の丹波篠山市所有のスペースを改修して 2016 年に開設された交流・人材育成の拠点施設である．ここでおこなわれる中心事業が，篠山イノベーターズスクールとなる．スクールは起業・移住の促進を目的として運営されており，開講以来，2021 年度までの 6 年間で延べ190 名もの人々が受講している．これまでの受講生を概観すると，7 割以上が近隣都市圏に住む市外の人々であり，受講生の約 2 割が何らかの形で起業・創業を果たし，約 1 割が丹波篠山市へ移住をしている．その成果は数字だけでみても決して小さなものではない．では何がこれを可能としたのか，地域としてはどのようなシステムが構築されているのか，少しみてみたい．

　まずは，プログラムの内容であるが，定員 30 名，約 1 年間の期間で，次の3 つの形態の組み合わせにより構成されている．教室でおこなわれる「セミナー」，地域に密着した事業課題を実践的に学ぶ「CBL（Community Based Learning）」，ビジネスプラン作成や事業化にむけた伴走的な支援をおこなう「起業継業サポート」である．一般に，こうしたプログラムは座学中心で知識，または起業にむけた事業計画作成に偏りがちである．しかしここでは，CBL や起業継業サポートなどを通して地域との直接的な接点をつくるとともに，受講者間の対話を通して，自らの地域でのキャリアや生活を考えることを促すものとなっている．つまり，自己の価値観や欲求などを掘り下げ，そこからキャリアや事業を考える内省的な学習プログラムとなっていること，これが大きな特徴となっている．

　また，この取り組みのもう一つの特徴は，この篠山口駅における拠点およびプログラムと，市内各地の課題や資源そして拠点施設との連結を進めている点

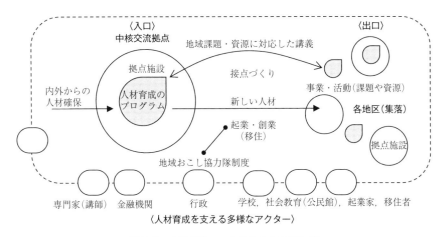

〈入口〉
中核交流拠点

地域課題・資源に対応した講義

〈出口〉

拠点施設

接点づくり

人材育成の
プログラム

事業・活動（課題や資源）

内外からの
人材確保

新しい人材

各地区（集落）

起業・創業
（移住）

拠点施設

地域おこし協力隊制度

専門家（講師）　金融機関　　行政　　学校，社会教育（公民館），起業家，移住者

〈人材育成を支える多様なアクター〉

図 2-3　人材育成エコシステムのモデル例

にある．CBL は，極力，地域課題に対応したテーマで設定することを目指している．たとえば，ある営農組織で新たな担い手を欲していれば，その業務改善をテーマにしたり，空き家や遊休農地があれば，その活用をテーマにしたりして，受講生が終了後，そのまま活用できるような機会をつくっている．また，各地の拠点施設については，事業を開始する際のインキュベーションオフィスや店舗として使えるように連携を図っている．

　結果としての人的ネットワークの拡大は大きな資産となりつつある．年月を重ねるなかで，講師として招聘した専門家の数は 50 名を超える．それに加えて，何よりもスクール修了生とそこから実際に起業・移住する人たちは年々増加していく．これらは弱い連結のネットワークではあるが，偶然または必然の結合によって事業創出や問題解決につながる例も生じている．それは新たな人材を呼び込む接点をつくり出すことにもつながっている．人が人を呼ぶとはこのことである．なお，2020 年度からは地域おこし協力隊制度の統合が進められている．優れたアイディアや起業プランをもった移住・起業の希望者を協力隊員に任命する制度とすることで，起業時の不安定さを軽減し，移住と起業の後押しをすることが図られている．

　課題がないわけでない．疎遠となっている修了生や講師との関係づくり，市内各地区の拠点や活動との更なる連携，小中高の学校，社会教育，農業関係等

の人材育成に関する地域機関との連携，それらを進めるコーディネーターとなるスタッフの育成などは今後の課題と言えるだろう．

　以上から，丹波篠山市における人材育成が，どのような地域システムによって進められ，一定の成果を得ることができているのか少し分かったのではないかと思う．図2-3は，丹波篠山市の取り組みを少し抽象化して，エコシステムモデルとしてまとめたものである．図では，便宜的に中核交流施設・プログラムと各地区の関係性をこのように示しているが，中核となる施設・プログラムは一つである必要はないし，地区側の中にそれがあってよい．人が関わる接点は多様な方がよい．人材育成のエコシステムは未だ確立されたものではないが，拠点とプログラムを地域レベルで連結，連携することで人材の獲得と能力開発が進められるというこの事例は，目指すべきモデルの一つと言って間違いなかろう．

5 これからの人材育成——「地域の人事部」の必要性

　本章では，持続的農村発展のための新しい人材育成について，まず対象とする「人材」を整理し，その「育成」を図るために押さえておくべき理論と枠組みを確認した．その上で，地域として人材育成を図っていくことの重要性とその構築課題について検討するとともに，事例を通して，人材育成エコシステム構築のモデルをみてきた．

　この章で標榜する「新しい人材」は，自ら考え行動することにより，農村に新たな活動や価値を生み出す人材である．人口減少が進むなかで，地域におけるこうした人材の重要性はいっそう高まる．また同時に，その育成はさらに難しくなることが予想される．人材をめぐる環境は目まぐるしく変化するであろう．特に，地域の人材の流動化はますます進行する可能性がある．若い世代を中心とする田園回帰現象の中で顕在化しているように，副業，複業，パラレルワークといった働き方が一般化し，リモートワークも定着しつつある．同時に，地域へ関わる人々は，人種，国籍，年代など，表面的なレベルと，価値観や地域への関わり方といった意識や行動の側面の，両面での多様化が進むと思われる．

そしたなか，地域の人材に対する認識を根本的に転換していくことも求められる．これまでの人材育成は，地域に住み，全面的に地域に関わる人を育てることを理想としてきたはずである．しかしながら今後は，地域への関わりは時限的であり，部分的であるというのも一つの像として見据える必要があるだろう．人材育成の仕組みも，それに対応したものに再構築しなければならない．要するに，人材はストックでなくフローであると認識を改めないといけないのである．そう転換することで，見えてくる人材やその育成の形が変わってくる．実際の活動も，地域の枠を超えた活動，必要に応じて離散集合を繰り返すようなプロジェクト型，ネットワーク型の活動が増えるだろう．それは，新たな結合やコミットメントを育む「接点」が地域内に存在することの重要性をさらに高めることにつながる．一方，流動性や多様性は，様々な軋轢（コンフリクト）の増加にもつながるであろう．しかしながら，そのデメリットを包摂し，それをメリットに変え，新結合，すなわちイノベーションにつなげるという方向性を模索しなければならない．

　このような近い未来を標榜するなかで，新しい人材育成の「管理」は，誰に委ねられるのであろうか．理想的には地域に関わる全てのアクターが自律的につながり，相互に連携するシステムが望ましい．しかし，それには全てのアクターに高い能力が求められ，すぐに実現することは難しい．繰り返しになるが，農村では人材を管理する明確な主体は存在しにくい．そのような状況下では，行政や公的機関の果たす役割はやはり大きい．行政等が先導し，地域全体の「人事部」のような機能を果たす組織やプロジェクトを立ち上げることが人材育成エコシステム構築の出発点となるのではないかと考える．事例でみた丹波篠山市でも行政が果たしてきた役割は大きいのが事実である．

　また，農村での起業・創業においては，スタートアップに必要とされる経営資源が不足しがちである．ここでは行政がベンチャーキャピタルのような機能を果たすことも期待される．もちろん，これらを行政内部で直接的に担う必要はない．むしろ行政が率先して，外部の人材や資金などの経営資源を取り込みながら，そうした組織やプログラムを，行政の外に新たに生み出すという発想が求められよう．実際，全国の起業・移住先進地と言われる地域は，このようなプロセスで新たな組織やプログラムがつくられていることが多い．ただし，

さらなる発展のためには行政だけでなく，既存の関連機関と連携して地域全体を巻き込んだエコシステムへと進化させることが重要である．JA，商工会，学校，公民館をはじめ，地域内を見渡すだけでも人材育成に関連するアクターが数多くある．これらはそれぞれの使命や課題に従った活動を長く実施してきているが，横のつながりは弱いことが多い．「人材育成」は，各アクターを横断する共通課題であることから，そのテーマ自体が，地域の連携を取り持つ「関わりしろ」となる可能性もあると考える．

　一足飛びに，上から人材育成のエコシステムを構築するのは難しい．各アクターの自律性を尊重しながらも，地域全体を俯瞰し，アクターを一つずつつなげるような働きかけを進めていくことが，エコシステムをつくり上げるポイントではないだろうか．行政の役割を強調したが，その成否を握るのは，行政をはじめとするほかの誰かではなく，その地域へのコミットメントを強くもち，その地域をより良くしようとする人々の存在である．皆さんもその一人となってほしい．そして，あなただけの地域との関わり方をつくってほしいと願う．

【文献紹介】

上林憲雄，厨子直之，森田雅也(2018)『経験から学ぶ 人的資源管理〔新版〕』有斐閣
　　やはり人的資源管理の基礎はテキストを通して押さえておいた方がよい．企業と農村は前提が大きく異なる一方で，社会と企業と農村の変化はつながってもいる．国内外の人材をめぐる新しい実践と理論を横で見ながら，農村の「人的資源」を考えてほしい．
七戸長生(1987)『新しい農村リーダー──求められる資質と機能』農文協
　　待望と表裏一体にある「リーダー不在」問題と「新しい農村リーダー」の姿を，人間関係・社会関係の中で描く．既に35年の月日が経つが豊富な資料に基づく論考は色あせない．ここから何が変わり，私たちは何を変えることができただろうか．
シャイン，エドガー・H.，金井真弓訳，金井壽宏監訳(2009)『人を助けるとはどういうことか──本当の協力関係をつくる7つの原則』英治出版
　　原著のタイトルは，*Helping: How to Offer, Give, and Receive Help.* 邦題が内容を端的に示している．農村での人材育成の本質は Management (管理)でなく，Helping (支援)ではないかと思っている．「支援学」の入門書．学生・研究者も実務者も一読してほしい．

【文献一覧】

奥林康司・上林憲雄・平野光俊編著(2010)『入門 人的資源管理〔第2版〕』中央経済社
小田切徳美・橋口卓也編著(2018)『内発的農村発展論──理論と実践』農林統計出版
忽那憲治・山田幸三編著(2016)『地域創生イノベーション──企業家精神で地域の活性化に挑む』中央経済社

佐藤厚(2016)『組織のなかで人を育てる』有斐閣
柴崎浩平・中塚雅也(2017)「地域おこし協力隊員の地域コミットメントの特性」『農林業問題研究』53(4)
図司直也(2014)『地域サポート人材による農山村再生』筑波書房
鈴木竜太・服部泰宏(2019)『組織行動——組織の中の人間行動を探る』有斐閣ストゥディア
中塚雅也・内平隆之(2014)『大学・大学生と農山村再生』筑波書房
中塚雅也(2018)『拠点づくりからの農山村再生』筑波書房
牧野篤(2018)『公民館はどう語られてきたのか——小さな社会をたくさんつくる①』東京大学出版会
松尾睦(2011)『職場が生きる人が育つ「経験学習」入門』ダイヤモンド社
若林直樹(2009)『ネットワーク組織——社会ネットワーク論からの新たな組織像』有斐閣

コラム 2　世論調査による農村へのまなざし

橋口卓也

　内閣支持率など，マスコミの世論調査が世間を賑わすことも多いが，日本の中央省庁の中で，重要政策に関する企画・調整を行う内閣府が，年に10回程度の各種の世論調査を行っている．同府のウェブサイトでは，第二次世界大戦後間もない1947年以降の1200回以上にも及ぶ調査結果を見ることができる．中には「外交に関する世論調査」として，近年では毎年実施されているものもある．アメリカ，ロシア，中国，韓国といった国々に対する親近感などを聞いており，各種報道などで結果を知ったという人も多いのではないだろうか．

　また，「気候変動」(2020年)，「男女共同参画社会」(2017年)など，時代の要請に応じた新しいテーマの調査も実施されている．他には，「薬局の利用」(2020年)，「公共交通機関利用時の配慮」(2020年)など，対象範囲は相当広い．

　この世論調査において，農村に関する調査も何度が実施されている．その実施年，調査名称などを整理すると，表1のようになる．このうち，食生活に関する調査とともに実施されている回もあるが，概ね10年弱に1回，農村への移住の意向につ

表1　農村に関する内閣府の世論調査の一覧

調査年	調　査　名　称	農村移住	調査間隔
1949	農村		
1965	農村青少年の志向		
1977	農村地域の定住環境	○	
1984	食料及び農業，農村		10年間
1987	食生活・農村の役割	○	
1990	食生活・農村の役割		9年間
1993	食生活・農村の役割		
1996	食料・農業・農村の役割	○	9年間
2005	都市と農山漁村の共生・対流	○	
2008	食料・農業・農村の役割	○	9年間
2014	農山漁村	○	7年間
2021	農山漁村	○	

注：調査名称の「～に関する世論調査」の部分は省略した

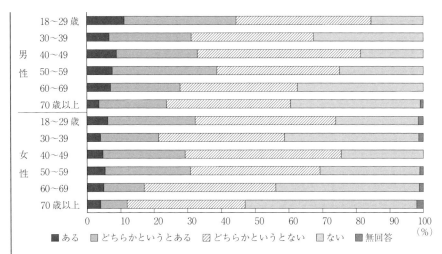

図1 性別・年齢層別の農村移住志向
資料：内閣府「農山漁村に関する世論調査」(2021年6月実施)結果より作成

表2 移住する農山漁村の生活への期待の内容

性別	年齢層	自然	農林漁業	近所づきあい	新しい仕事	行事への参加	子育て
男性	18〜29歳	90.0	35.0	35.0	25.0	35.0	20.0
	30〜39	100.0	42.1	10.5	47.4	21.1	52.6
	40〜49	66.7	40.0	20.0	30.0	23.3	10.0
	50〜59	87.1	38.7	35.5	35.5	19.4	12.9
	60〜69	55.0	25.0	15.0	30.0	15.0	10.0
	70歳以上	81.5	33.3	33.3	14.8	14.8	11.1
女性	18〜29歳	85.7	28.6	23.8	38.1	28.6	52.4
	30〜39	81.3	25.0	12.5	25.0	12.5	31.3
	40〜49	77.4	32.3	32.3	25.8	19.4	19.4
	50〜59	72.4	24.1	27.6	24.1	13.8	10.3
	60〜69	78.6	35.7	50.0	21.4	28.6	7.1
	70歳以上	44.4	27.8	44.4	0.0	27.8	0.0

注：網掛け部分が回答割合1位，太字が2位のもの(複数回答)
資料：図1と同様

いても尋ねている．本書のテーマからしても，人々の農村への移住志向については，大きな注目点でもある．そこで2021年6月に実施された最新の調査結果から，農村へのまなざしの一端を覗いてみることにしたい．

　図1は，農村への移住志向を男女別，年齢層別に整理したものである．「ある」「どちらかというとある」と答えた割合が，男女とも一番多いのは18-29歳の年齢層である．逆に「ない」「どちらかというとない」と答えた割合は，30-39歳を除いて，年齢が上がるにつれて多くなるという傾向がある．

　次に，表2は，農山漁村への移住志向のある人が，どのような生活を期待して移住したいと考えているかということについて整理したものである．男女かつ年齢層を問わずに圧倒的に多かったのは，「自然」を感じられることであるが，男性の30-39歳と女性の18-29歳および30-39歳では，都市地域とは異なる環境での「子育て」が2番目に多い．

　先の図1では，子育て世代とも言える30-39歳の年齢層で，前後の世代と比較して移住志向が低かったが，これらの世代では，いずれにせよ農村の子育て環境の問題が，移住を考えるに当たっての重要な要素だと言えそうである．

第**3**章 新しい「しごと」をつくる

筒井一伸

1 本章の課題

　筆者は 21 世紀になって間もないころ，愛知県のある村役場に籍を置いて移住希望者に対応する業務をしていた．村のありのままの姿を実体験のなかで知ってもらおうと，当時ではめずらしい移住希望者のための移住お試し施設を村が建設したのだ．しかし，「移住希望者が来ても "仕事はないよ" としかいえないよね」と同僚とは話をしていた．当時は林業不振に加えて，公共事業の削減により土木建設業などの "基幹産業" も瓦解し始め，特に雇用型の就業を前提にした在来の「仕事」探しは 21 世紀に入り，あてにならなくなっていた．

　それから約 10 年後，2010 年代に入り農村でのしごとの新しいあり方がクローズアップされるようになってきた．それは第 7 章で詳述されるとおり，田園回帰の潮流の下で，都市から地方への移住希望者の増加だけではなくその年齢層の変化がある．例えば移住者サポートを行う NPO 法人ふるさと回帰支援センターの利用者が，定年後を見据えた 50 歳以上を，49 歳以下のいわゆる現役世代が 2011 年に 51.3% と初めて上回り，その後 2017 年には 72.7% にまで増加していった．一方，政策的にも 2014 年には「まち・ひと・しごと創生法」の制定，および「まち・ひと・しごと創生長期ビジョン」と「まち・ひと・しごと創生総合戦略」が閣議決定され，地方創生が本格的にスタートする．まち・ひと・しごと創生法では第 2 条 5 に「地域の特性を生かした創業の促進や事業活動の活性化により，魅力ある就業の機会の創出を図ること」と基本理念に入れ込まれるなど，「地域」がひとつのキーワードとなる．政府の調査報告（「移住等の増加に向けた広報戦略の立案・実施のための調査事業報告書」内閣官房 まち・ひと・しごと創生本部事務局，2020 年 3 月）でも，地方圏でやりたい仕事の

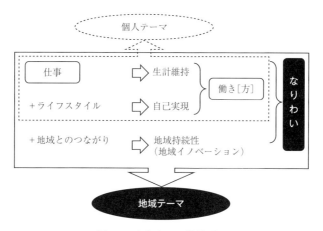

図 3-1　なりわいの位置づけ
資料：筒井ほか[2014, p.60]の図を加筆修正して作成

イメージとして，①自分の能力やキャリアを生かした仕事がしたい 49.0%（移住を具体的に計画している層の回答，以下同様），②地域に密着した仕事がしたいが 45.0%，③自分で起業したい，または個人事業主になりたい 32.0% が高い割合を示す．この結果から新しいしごとは，①や③から自己実現を目指すライフスタイルが，②からは地域とのつながりが浮かび上がる．

　ところで「仕事」ではなく地域との関係性を加味したとらえ方は，「なりわい」として提示されてきた[筒井ほか 2014]が，本章ではその後の社会動向を踏まえて図 3-1 のように示してみたい．すなわち，移住者を想定すると，生計を維持するための仕事に加えて，自己実現をめざすライフスタイルとしての「働き（方）」という視点が加わる．さらに広い意味での地域資源の活用やコミュニティとの関係など地域とのつながりを加味するなりわいというとらえ方によって，地域持続性という意図だけでなく，一歩踏み込んで今後の地域イノベーション（価値創造）への足掛かりとする“攻め”の意図もある．つまり仕事や働き（方）といった個人テーマ（個人の就労問題）に矮小化せず，農村を持続させていくための次世代の地域テーマとして捉える視点の転換がなりわいには含意され，このとらえ方で農村側が積極的にかかわることが求められている．

　本章では，移住者のなりわいづくりの実態から得られた知見を基礎にしつつも主体を移住者に限定せず，地域における「しごと」づくりとして，今後展開

が期待される新しいコミュニティビジネスのあり方を考えてみたい.

2 "働き口" と "働き手" の縮小——地域労働市場をめぐって

戦後日本の農村は，復興から高度経済成長への経済段階の推移のなかで，基幹産業である第一次産業の経済的衰退，大都市圏への大規模な人口流出(労働力供給)とそれに伴う地域社会の崩壊といった過疎問題にさらされてきた. その対応として「地域間格差の是正」,「国土の均衡ある発展」をスローガンに外来型開発による地域産業化が展開された一方，社会的分業と地域間分業が進むことによって，地域での生活を物質的に支えてきた伝統的で「生業」が衰退し，兼業農家としての就業形態が一般的な特徴であった，かつての農業や林業と多様な副業との組み合わせをなし得る地域経済の特性は失われていった[藤田1981, p. 148-151].

1971 年には農村地域工業等導入促進法が制定(2017 年に「農村地域への産業の導入の促進等に関する法律」に改正)され，工業等の立地を促進し，新たな雇用を創出するための支援をめざした. これに呼応するように，全国スケールで企業内地域間分業を発展させた製造業の大手企業は，非大都市圏に立地させた分工場や生産子会社を頂点とする地域内での階層的な下請け構造(地域的生産体系)を築き上げ，この地域的生産体系に対応した階層的な労働力需要と，主として農家の供給する労働力とが結びつく場である「地域労働市場」が展開した[田代1975, p.31-35]. また生活基盤の改善をめざした公共事業は建設業を成長させ，地域での雇用の場の創出，すなわち生計を維持するための仕事を創り出した. しかしこの "働き口" はある程度の男性労働力を吸引しつつも，相対的に低賃金の女性労働力の受け皿として機能することとなり，農村からの特に若年層の人口流出が止まったわけではなかった. 農村に立地した工場の多くは，都市を頂点とする製造業の地域間分業システムの末端に位置づけられた. また建設業においても，発注の多くは中央政府からの財政措置(補助金)に依存しており，都市や中央政府といった「中心」に依存する「周辺地域」としての農村経済の自律性の喪失が，地理学では議論されてきた[岡橋1997, p.65-96].

このような外来型の経済に問題があることは早くから認識されており，1980

年代に「むらおこし」という地力自助型の経済発展戦略が注目をあびたのもそのためであった．さらに安定成長が終わりを告げ，低成長期に入ると製造業や建設業でも成長の鈍化が，とりわけ80年代半ばよりみられはじめる．製造業も円高不況のなか海外生産にシフトする傾向が強まり，低賃金労働を求めて農村に立地してきた工場の多くが縮小，撤退に追い込まれていった．例えば過疎地域での製造業の立地数は1977年には115であったのが1983年には230，1990年には430と，高水準となったあと減少を続け，1999年には75と昭和50年代の水準に戻った．その後，21世紀に入り過疎地域における企業立地は増加に転じていて2018年には697，そのうち非製造業は520を占めているが，この非製造業のなかで10人未満の規模が236(45.4%)を占めているなど，就業先の非製造業かつ小規模化が進んできたといえよう(令和元年度版「過疎対策の現況」総務省，2021年3月)．

　一方で，過疎問題は依然として深刻であり，特に高度経済成長期に農村に残った人々が高齢化し，人口が流出することによる社会減少から，死亡数が出生数を上回る自然減少へと移ったのである．1980年代中頃を転換期に農家がもはや農外労働力供給の機能を失い，地域労働市場は縮小に拍車がかかるばかりか，担い手不足という新たな問題に直面することとなった[山崎2020, p. 30-32]．

　ここまでみてきたとおり"働き口"の縮小から"働き手"の縮小への変化が，農村の地域労働市場の実態である．しかし仕事がないから人が出ていくという固定観念に基づく政策と，実際には仕事はあるが人がいないという現場での認識は交わることがほぼなく，議論の深化も十分ではなかった．このギャップもあり，雇用を前提にした就業先の創出をめざす20世紀型の仕事づくりの志向が21世紀に入ってもしばらくは続いてきた．しかし就業先として期待されてきた製造業をはじめとする既存の産業が縮小したこともあり，おおよそ2010年代に入り潜在的な需要や新たな需要をターゲットにした，オルタナティブな農村でのしごとづくりの形が模索されてきた．それがなりわいというとらえ方と，現場での模索を通して見出されてきた「地域起業」，「継業」，「なりわい就農」という新しい概念である．そこで3節と4節ではそれぞれの概念を紹介しつつ，ネットワークやコミュニティの関わり，小規模からはじまる意義を読み解きながら，持続可能な地域をめざすなりわいのポイントを考えてみよう．

3 地域起業と継業

ネットワークがうみだす地域起業

2014年1月に産業競争力強化法が施行されて以降，起業支援が広がっており，中小企業庁を中心におこなわれている市区町村別の創業支援等事業計画は2019年12月現在，1443市区町村で認定されている．

一方，移住希望者の増加を踏まえて市町村や都道府県などによる地域の状況に応じた独自の取り組みも進められており，地域資源を活用した新たななりわい創出をめざす地域起業も展開されている．このような地域のなかでの新たなビジネスの発掘をめざした議論をさかのぼると，1990年代後半から2000年代前半に注目されたコミュニティビジネスがある．地域課題の解消や地域活性化の営みを雇用や就労の増進と結びつけて概念化や活動領域などの議論が行われた一方，どのようにコミュニティビジネスの仕組みをつくり上げるかといった議論は必ずしも広がらなかった．その後，社会の多種多様な課題に取り組む事業活動と幅広く位置づけたことからソーシャルビジネスの議論に包含されていった．しかし地域的な課題を焦点化するだけではなく，農村の地域性でもある相互扶助的な関係を重視する場合には，コミュニティビジネスの概念はいまなお有用である．

ところで本章では農村への移住者が，地域とのつながりを重視するなりわいに携わる際の知見から，新しい「しごと」づくりの本質を探ろうとしている．この視点はコミュニティビジネスの議論の延長線上に位置づけられる一方，2000年代前半までのコミュニティビジネスの議論のあとに広がった田園回帰という潮流のなかで，後述する多業化など今日的な新たな工夫も加味される．これらは農村への移住者による地域起業でも特徴となっており，福島県二本松市の農家民宿，秋田県三種町の農園リストランテ，鳥取県大山町の海産物加工などの実態調査から地域起業に至るプロセスと，その結果として地域起業を支える地域側の「バトンリレー」モデルが明らかになった[筒井ほか2014]．

地域起業は図3-2のようにサポートをバトンリレーしていくかのごとく進められていくが，そのベースにあるのはサポート主体のネットワークである．移

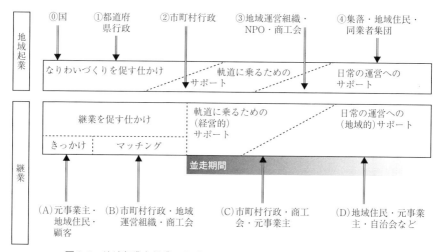

図 3-2 地域起業と継業におけるサポートのバトンリレーとその主体
資料：筒井ほか[2014, p. 43]および，筒井・尾原[2018, p. 46]の図を参考に作成

住者の地域起業への地域側のサポートは大きく「なりわいづくりを促す仕か
け」，「軌道に乗るためのサポート」，「日常の運営へのサポート」という 3 つに
分けられる．促す仕かけはいわばきっかけづくりであり，国や都道府県，市町
村などの行政を中心に起業支援金などの形でサポートが行われる．軌道に乗る
ためのサポートは，閑散期や起業前の臨時の雇用を市町村行政や地域運営組織
などの新しいコミュニティから得ることなども当てはまる．日常の運営へのサ
ポートは，そのなりわいに応じた多種多様な支えが，集落や地域住民，同業者
といった既存のコミュニティによっておこなわれる．

　例えば兵庫県丹波市における分析からは，起業者が移住する以前から支援者
等とつながりを有している場合や，支援者自らも丹波市で起業した結果，現在
は支援者としてネットワークをもち続けているなど，多様なケースが見出され
る[酒井ほか2020]．バトンリレーの議論に即せば，これらは日常の運営へのサ
ポート，あるいは軌道に乗るためのサポートを示しているが，移住者の地域起
業のサポートは制度的なものだけではなく，地域の多様な主体がどのように支
援をしているのか，そのネットワークの総体を把握することが重要である．

　一方，第 2 章で議論される，地域全体で人材育成と起業の両方を進めるエコ
システムとしての理解も進められている．例えば，主要産業である林業や木材

産業を軸にした「起業の村」として知られている岡山県西粟倉村の分析から，地域課題を解決するため，外部人材と資本を取り込み，地方自治体が有するリソースをアウトソーシングしながら連携事業を行うことで民間を育てるシステム構築の重要性が指摘されている［中塚ほか 2020］．そこでは起業ステージを「関係づくり」→「試行・事業化」→「拡大・定着」とする一方，起業家となる人材も「関わりを持つ人」→「起業する人」→「成長する人」と育成するような支援の実態が描かれている．いずれの議論からも地域内外の多様なアクターがネットワークを組んでサポートすることが，地域起業の誘発を持続するうえで重要であることが示されている．

地域の関わりにより展開する継業

　地域起業が促進される一方で，農村に限らず，事業を取りやめる中小企業や個人事業主が増加している．私たちは事業を取りやめることを「潰れた＝倒産」と無意識のうちに認識することが多いが，実際には倒産以外で事業活動を停止した休廃業・解散が多い．例えば 2019 年では倒産が 8383 件であるのに対して休廃業・解散は 4 万 3348 件と 5 倍以上あり，休廃業・解散をした企業の 61.4% が直前期決算で黒字である一方，代表者年齢が 60 歳以上は 83.5% を占めている．つまり，経営的には成り立つが後継者不足を背景に休廃業・解散が増加しているのである（「2019 年「休廃業・解散企業」動向調査」東京商工リサーチ）．この後継者不足という課題に対して，中小企業分野の「事業承継」では親族内，親族外（従業員等）による後継ぎや第三者売却（M & A）を想定し，税制優遇，民法特例，融資・保証制度などの充実などが行われてきた．2014 年度には，後継者不在の小規模事業者と承継希望者をマッチングする「後継者人材バンク」事業が開始され，近年では親族以外の第三者への事業継承も視野に入れはじめている．制度的に展開される事業承継では具体の経営資源の引継ぎに焦点があてられており，ビジネス的な観点からの取り組みである．

　一方，「農村の後継者不足×農村への現役世代の移住者増加」と 2 つの現実を掛け合わせて生まれてきた発想が継業である．継業とは筆者らの造語であるが，単に事業の後継ぎづくりだけを指すものではない．狭い意味での経営資源だけでなく，農村ならではの地域とのつながりも意識しながらなりわいを継ぐ

ことが強調される.

　継業においても，地域起業と同様に多様な主体がバトンリレー（図3-2）のごとくサポートをしていく．しかし「なりわいづくりを促す仕掛け」の部分では様子が異なり，地域起業では一からなりわいをつくることからはじまるのに対して，既にあるなりわいからはじまる継業では，事業主と引き継ぎ手を結びつけるマッチング，そしてより重要なのがきっかけづくりである［筒井・尾原 2018］．

　きっかけづくりのポイントは3つあり，まず①家業意識との対峙がまず挙げられる．「私の店なんだから自分の意思でたためばいいんだよ」との言葉を耳にするが，その言葉の裏腹には「残したい」という本音もみえ隠れする．定期的に巡回する経営指導の場を利用して，丁寧に家業意識からの"解放"を試みている地域もあり，フェイストゥフェイスの関係が大切な農村では地道なコミュニケーションが不可欠である．また②地域住民の声からスタートすることも大切である．「集落最後の商店を残したい」など，生活インフラを維持するためにあがった地域住民の声が継業への後押しになった例も存在する．高知県香美市香北町猪野々地区では，酒販店であった「猪野々商店」を移住者が継業した際に食堂機能を追加して「田舎食堂猪野々商店」となったが，きっかけは地域住民の声であった．③地域の声からは地域づくりの場の継業も生まれる．例えば地域住民主体の農産物直売所やキャンプ場などは，収益性や季節性などの課題から事業承継の対象からは漏れ落ちることがある．しかし地域のアイデンティティとしての意味をもつこれらの活動も継業の対象となる．地域の協同組合が運営していたキャンプ場を移住者が継業した岐阜県郡上市の「めいほうキャンプ場」などはその一例である．

　筆者は②や③のポイントを踏まえて，富山県氷見市，南砺市，朝日町の集落代表者（自治会長，町内会長等）に回答をしてもらい，集落ごとにその地域にある"なりわい"の現状を把握した．その結果，地域に残したい（残すべき）なりわいとして合計330の具体的な活動が挙げられた．それらについて「なぜ残したいかの理由」と，後継者がいた場合に「地域としてのサポート意向」を複数回答で尋ねた結果は表3-1のとおりである．理由ごとでサポート意向の回答数が多いのは「地域で唯一のものだから」，「住民同士のコミュニケーションの場」であり，農村における継業では，利益が出るという経営的な判断だけではなく，

表3-1 残したい理由別の地域サポートの意向（複数回答）

なぜ残したい（残すべき）かの理由	地域としてのサポート意向			
	したい	しない	無回答	合 計
1 地域で唯一のものだから	136	27	31	194
2 地域で伝統的なものだから	22	12	4	38
3 まだ利益が出そうだから	28	4	1	33
4 地域にとっての誇りだから	33	7	3	43
5 住民同士のコミュニケーションの場	58	8	6	72

資料：「地域の"なりわい"の現状調査」（2019年11月実施）より筆者作成

唯一のものという希少性に加えてコミュニケーションの場といった地域コミュニティにおける機能の有無が，マッチングを終えたあとの地域としてのサポート意向に影響を及ぼしていることがわかる．

また継業では，マッチング後に並走期間が必要であるのも特徴である．元の担い手から新しい担い手へのバトンタッチはある日を境にいきなりできるものではない．引継ぎが必要であるがそれは経営資源だけではなく，そのなりわいへの「思い」なども含まれる．引継ぎのための並走期間をつくるために行政施策が用いられることもあり，例えば総務省が展開する地域おこし協力隊制度や移住者を雇用した事業主への人件費支援制度などを利用した例がある．

このほか地域起業と同様に経営的な軌道に乗るためのサポートだけではなく，行政や中間支援組織，そしてコミュニティなどによる地域的な日常の運営へのサポートが必要である．マッチングや経営的サポートなどは，事業承継における第三者継承への関心の高まりもあり活用可能な制度も充実してきたが，きっかけづくりや日常の運営へのサポートなどは制度化しにくい．制度として継業をとらえるのではなく，地域づくりとしての継業を進めることが大切である．

4 小規模からはじまるなりわい就農

「担い手不足」は第二次産業や第三次産業に先駆け，第一次産業において発生した．例えば『朝日新聞』での担い手不足の初出は「89年度九州農業白書」について（1990年7月4日朝刊）であり，「2015年農林業センサス」によれば販売農家戸数132万9591戸のうち，同居農業後継者も他出農業後継者もいない

のは 68 万 2016 戸(約 51.3%)にのぼるなど,いぜん担い手不足は深刻である.

　非農家子弟の新規参入問題が農政の対象として取り上げられたのは 1982 年の農業白書であり,1985 年に農林水産省が「農業への新規参入に関する実態調査」を実施した[松木 1992, p. 178-179].農林水産省「新規就農者調査」によると,新規就農者数は 2007 年の 7 万 3460 人(49 歳以下 2 万 1050 人／28.7%)から 2020 年には 5 万 3740 人(49 歳以下 1 万 8380 人／34.2%)と減少傾向にある.新規就農の実態にはいくつかのタイプがあり,①非農家出身者が開墾地に新たに農業基盤を築き農業経営を開始する場合,②農家出身者だが,分家などによって既存農業経営継承を受けることなく新たに農業基盤を築き農業経営を開始する場合,③既存の農家へ嫁入り,婿入り,夫婦養子に入る場合,④農家・農業法人へ雇用される場合,⑤収入の基盤はほかの職業におきつつ,自給的農業を新たにはじめる場合,と区分する[秋津 1993].

　そのなかで①や②といった土地や資金を独自に調達し,新たに農業経営を開始した新規参入者は,2007 年 1750 人(49 歳以下 820 人／46.9%)から 2020 年 3580 人(49 歳以下 2580 人／72.1%)と増加傾向にあり,特に 49 歳以下の若手の新規参入者が増加している.また新規参入者の就農した理由をみると,「経営」に関する理由,「自然・環境」に関する理由の割合が高くなっており「自然・環境」の理由を細かくみると,農業が好き(40.4%)が最も割合が大きい一方,自然や動物が好きだから(18.8%)や農村の生活(田舎暮らし)が好きだから(16.2%)など,農業以外の理由もそれなりの割合で存在する(「新規就農者の就農実態に関する調査結果──平成 28 年度」一般社団法人全国農業会議所・全国新規就農相談センター,2017 年 3 月).

　しかし新規就農に関わる議論では農業を専業で担う主体の育成に主眼がおかれる傾向があり,まずは農村に赴き,そこから農業に出会っていく,就農より手前のステップで農村を志向する人たちへのまなざしは弱いとされる.農業以外の興味から農村へ移住することを「就村」と呼び,そこから農業の技術・ノウハウ等を継承しつつ,地域の共同作業にかかわることで信頼関係を構築し,就農者としての価値創造活動を成し遂げていくプロセスとして「なりわい就農」という概念も提示されている[図司 2019].

　このなりわい就農を後押しするような取り組みも農政のなかでおこなわれて

表 3-2　農地取得の際の下限面積要件緩和の設定状況(2021 年 3 月 25 日現在)

	都道府県	市区町村数	下限面積要件における別段面積設定市町村数	%	空き家とセット取得に関する特例がある市町村数		都道府県	市区町村数	下限面積要件における別段面積設定市町村数	%	空き家とセット取得に関する特例がある市町村数
1	北海道	179	46	25.7	2	25	滋賀県	19	14	73.7	5
2	青森県	40	22	55.0	6	26	京都府	26	26	100.0	6
3	岩手県	33	28	84.8	6	27	大阪府	43	43	100.0	0
4	宮城県	35	19	54.3	9	28	兵庫県	41	40	97.6	20
5	秋田県	25	17	68.0	9	29	奈良県	39	37	94.9	5
6	山形県	35	25	71.4	8	30	和歌山県	30	29	96.7	3
7	福島県	59	47	79.7	22	31	鳥取県	19	18	94.7	3
8	茨城県	44	10	22.7	3	32	島根県	19	19	100.0	12
9	栃木県	25	14	56.0	6	33	岡山県	27	26	96.3	18
10	群馬県	35	23	65.7	3	34	広島県	23	23	100.0	13
11	埼玉県	63	23	36.5	5	35	山口県	19	19	100.0	8
12	千葉県	54	24	44.4	3	36	徳島県	24	18	75.0	2
13	東京都	62	17	27.4	0	37	香川県	17	17	100.0	0
14	神奈川県	33	31	93.9	0	38	愛媛県	20	20	100.0	6
15	新潟県	30	23	76.7	4	39	高知県	34	33	97.1	2
16	富山県	15	10	66.7	2	40	福岡県	60	50	83.3	14
17	石川県	19	18	94.7	3	41	佐賀県	20	17	85.0	16
18	福井県	17	17	100.0	8	42	長崎県	21	19	90.5	5
19	山梨県	27	27	100.0	0	43	熊本県	45	33	73.3	14
20	長野県	77	70	90.9	34	44	大分県	18	18	100.0	16
21	岐阜県	42	36	85.7	17	45	宮崎県	26	18	69.2	10
22	静岡県	35	33	94.3	6	46	鹿児島県	43	33	76.7	16
23	愛知県	54	48	88.9	4	47	沖縄県	41	26	63.4	0
24	三重県	29	20	69.0	11		全国計	1741	1244	71.5	365

資料：農林水産省「農地の権利取得における下限面積要件について(https://www.maff.go.jp/j/keiei/koukai/wakariyasu.html)」各種資料(2021 年 5 月 9 日閲覧)より筆者作成

注：下限面積要件における別段面積設定は市町村全体ではないこともある

いる．例えば全国 1244 市町村において 2009 年の農地法の改正で可能になった，地域の実情に応じた農地取得の際の下限面積を引き下げている．都道府県別の引き下げ設定の市町村数は表 3-2 のとおりであり，さらに全体の約 20% にあたる 365 市町村では，移住政策とも連動させて空き家とセットで農地を取得する場合に下限面積の特例を定めている．

産業として農を考えると，農地という地域資源の管理が独立して主題化されるが，集落など生活の場では空き家問題も深刻化している現実から考えると，

移住者のすまいとセットにした農地管理の方法はひとつのアイデアとして興味深い．また"地域の実情に合わせて判断"できる主体性の確保もまたポイントであり，農業政策のみでは切り捨てられる小規模農地を，農業"生産"ではなく農的な暮らしという田園回帰のひとつの潮流に重ね合わせることで隘路を抜け出そうとする発想そのものが，現場における農村政策のひとつのあり様を示している．なりわい就農は比較的小規模なものを想定しており，例えば所得の不充足など小規模ならではの課題について，2020年の「食料・農業・農村基本計画」では多業・副業，そして半農半Xを提示する．半農半Xとは，小規模ながら食料の自給をしていく「農的な生活(半農)」と自身の個性，特技，長所，役割を活かした社会的使命(半X)を実践するライフスタイルであり[塩見2003, p.18-20]，マルチワークといった働き方のみを示すものではない．改めて農業という生産機能からみた農村ではなく，生活の場からみた農村，そこからどのように農地，そして農業に結びつけていくのかという方向性と，なりわいとして小規模からスタートする農業の意義にも注目しておきたい．

5 なりわいが支えるコミュニティレベルの産業構造

　なりわいは地域とのつながりを活かしながら生計を維持し，同時に自分の生活を充実させていく，農村での衣食住のさまざまな要素にかかわるものであるが，生活と一体化した個人事業に近いものが多い．このような個々人の一つひとつのなりわいは，地域の産業構造への影響は微々たるもので意識しなくていいものなのであろうか．ここでは移住者受け入れの先発地域である和歌山県那智勝浦町色川地区の例から，移住者の多様ななりわいが結果として，コミュニティレベルの産業構造を維持している実態をみてみたい[筒井2019, p.45-60]．

　色川地区における1995年から2015年の20年間の国勢調査の産業別従業者数の推移をみると，農林業の割合が4割台と高いが，それ以外にも建設業や製造業，そして卸売業・小売業や宿泊業・飲食サービス業も5%前後で，ある程度存在することが確認でき，当然のことではあるが地域のなりわいはそもそも多様なのである．田園回帰の傾向がより強まってきたあとの色川地区への移住者をみてみると，以前にもまして多様ななりわいをもっている(表3-3)．農業

表 3-3 　色川地区の移住者の職業（人）

2007 年 4 月 1 日現在		2018 年 6 月 30 日現在	
農業	20	農業	14
林業	13	林業	11
土木業	1	土木業	0
建築業（大工）	1	建築業（大工）	1
介護福祉自営	1	介護福祉自営	0
経営コンサル自営	1	経営コンサル自営	1
サービス業自営	1	サービス業自営	1
製塩業自営	1	製塩業自営	0
無職	5	無職	13
主婦	1	主婦	0
観光業会社員	1	観光業会社員	1
製塩業従事	1	製塩業従事	1
その他会社員	1	その他会社員	0
僧侶	1	僧侶	1
看護師	1	看護師	1
介護師	1	介護師	1
保育士	1	保育士	2
潜水士	1	潜水士	0
店員	1	店員	0
医師	1	医師	1
画家	1	画家	1
パート	1	パート	6
		アルバイト	4
		宿泊業自営	2
		小売業自営	1
		農機具販売自営	1
		飲食業自営	1
		編集業	1
		NPO 職員	1
		公務員	1
		集落支援員	1
		地域おこし協力隊	2
不明	1		
合　計	58	合　計	71

資料：色川地域振興推進委員会資料より作成
注：網掛け部分は 2018 年 6 月 30 日現在ゼロになった
　職業

表 3-4 過疎指定地域(全国)と色川地区の産業別就業者割合(%)

	過疎指定地域(全国)			那智勝浦町色川地区		
	第一次産業	第二次産業	第三次産業	第一次産業	第二次産業	第三次産業
1995	20.0	31.8	48.4	47.1	10.5	52.9
2000	17.5	30.5	52.0	45.1	15.0	54.9
2005	16.8	26.5	56.8	38.9	13.4	61.1
2010	15.5	24.6	59.9	45.6	10.4	54.4
2015	14.5	23.9	61.6	40.6	10.9	58.6

資料：国勢調査報告「産業(大分類)別及び従業上の地位別就業者数」
注：秘匿値などがあるので合計が 100 にならないものがある

や林業が多い一方，宿泊業や農機具販売などの自営や編集業など移住者のもつスキルなどを活かした新しいなりわいが展開されている．パートやアルバイトなども増加しているが，色川地区の移住者のなかには依然として農的暮らしへの志向があり，農業をしない移住者は珍しいことから，可能な規模での農業と兼業のなかでのパートやアルバイトの存在がある．

　全国の過疎地域では第一次産業人口が減少を続け，この 20 年間で約 14% にまでなったのに対して色川地区は，おおよそ 4 割台を維持している．そして注目すべきは第二次産業や第三次産業で，20 年前の 1995 年と比べて過疎地域全体では第三次産業の拡大(サービス経済化)がより鮮明になっているが，色川地区では第二次産業が 20 年前と同程度の割合を維持している(表 3-4)．つまり色川地区における移住者の多様ななりわいづくりは，全国的には衰退傾向にある第一次産業の維持を支えつつ，バランスのとれた産業構造をもつコミュニティレベルの多様化の実現に寄与してきたといえるが，決して偶然ではなくそこにはメカニズムが存在する．それは移住者受け入れの窓口である色川地域振興推進委員会の存在であり，移住者とコミュニティとの接点づくりに力を入れてきたことにある．コミュニティを"結節点"としてそれぞれの移住者がもつ多様ななりわいの相互連関と支え合いがうみだされており，その結果，個々のなりわいと色川地区の産業構造の維持の双方をもたらしてきたといえよう．

　2020 年の「食料・農業・農村基本計画」では農村政策の見直しが論点となり，「地域政策の総合化」が改めて謳われることになった．それは農業地域政策ではなく農村政策を志向することを意味するが，同時に「多様な農への関わ

り」と産業としての農業政策との両輪化などの課題が提示された．この色川地区に限らず，4節でみたなりわい就農の例からもわかるとおり，産業としての農業の規模はないまでも農的暮らしの志向性は比較的高い．農村においては"農"を介して地域と結びつき，その関係がなりわいづくりにも影響し，それがさらに地域を維持することにもつながる．これこそが"農"があるという農村ならではのアドバンテージであることを確認しておきたい．

6 なりわいからコミュニティビジネスへの展望

本章で概観してきた，なりわいとしての地域起業や継業，そしてなりわい就農など，おおよそ2010年代以降の移住者による新しいしごとづくりは，個人が始めやすい身の丈に合ったものであった．一方，事業規模としては小さいことが多いため，一見すると個別的であり，メカニズムを把握することが困難にも思えるが，5節でも確認したとおり，その個別の集合がコミュニティレベルの産業構造を支えている実態も読み取れる．モノカルチャーのようにひとつの産業のあり方に焦点をあてた政策は適切ではないし，そのことが農政における「農村政策と農業政策との両輪化」の含意でもある．

だがなりわいの小規模性に対して不安は依然として存在する．それへの対応を現場で観察していると2つの重要なキーワードがみえてきた．それが地域内に眠る新たな需要にチャレンジする多角化と，多様な副業を組み合わせる多業化である．3節でも紹介した高知県香美市香北町猪野々地区の田舎食堂猪野々商店では地域内の景勝地近くでの弁当販売や，休止していた地元運営の轟の滝の「滝の茶屋」の復活，さらには地元農産物を使用した柚子シロップや柚子みそなどの特産品づくりへと多角化が展開された．

また沖縄県国頭村安田地区では移住者が，沖縄ならではの地域共同売店である「安田協同店」を継業した一方，移住した目的でもある国産コーヒーの生産にチャレンジする農業生産法人アダ・ファームを運営して，2016年にはスペシャルティコーヒーの認定を受けた．農村はそもそも多業で生活を成り立たせてきた歴史があり，農業とサラリーマンとの兼業や，農閑期の杜氏としての仕事など，複数のなりわいを組み合わせて生活を成り立たせる工夫がなされてき

た．半農半 X のようなライフスタイルが成り立つのもまた農村ならではといえるが，このような今日的な工夫と，かつての農林業と多様な副業との組み合わせをなし得る地域経済をヒントに，コミュニティからの新しい「多業型経済」のつくり直しが求められている［小田切 2018, p. 66-71］．

　その際に有益なのが，コミュニティビジネスの概念である．本章でみてきたなりわいは，地域の眠っている需要に対して，地域資源活用や相互扶助的な関係の重視など地域とのつながりを活かして応えることで地域持続性を高めることから，その意味でコミュニティビジネスと共通性をもつ．さらになりわいの実態からみえてきたコミュニティレベルでの新しい多業化経済の議論は，コミュニティビジネスが新たに展開するためのひとつ目の論点であり，そのための相対的なコミュニティビジネスの立ち位置を確認することが必要である．

　20 世紀の産業が主として大量生産・大量消費を基軸とする経済活動の世界をターゲットとしてきたのに対して，コミュニティビジネスは主として顔の見える関係としてのコミュニティを重視する経済活動の世界に立脚する．しかしコミュニティビジネスには拡張可能性もある．特に継業でわかりやすいが，元の事業主（高齢者が多い）から継いだ担い手（多くは年齢が若返る）は E コマースをはじめデジタル化など新しい動向に対応できるスキルなどを活かして，顔の見える関係としてのコミュニティには含まれないが，嗜好などが一致する少数の消費者に対して多様な財やサービスを供給する「術」をもつ．このような経済活動の世界へのアプローチは田舎食堂猪野々商店や安田協同店の多角化や多業化の例などから理解でき，このことからもコミュニティビジネスは狭い意味でのコミュニティにおける経済のあり方のみを議論しているのではないことがわかるであろう．

　そしてコミュニティビジネスのもうひとつの論点が仕組みづくりである．例えば 5 節でみた色川地域振興推進委員会の存在は地域の歴史と経験に基づく「地域の物語」からつくり出された仕組みであり，なりわいづくりの議論において，このような地域固有の仕組みは所与の存在としてとらえられてきた．コミュニティビジネスでもこの点については同様であり，前述のとおり 2000 年代前半の議論では仕組みをどうつくり上げるかは主題化されず，結果として，所与の条件の地域差がコミュニティビジネスの広がりを阻害してきたといえる．

しかし 2019 年から 2020 年にかけて相次いで 2 つの新たな協同組合の制度がうまれ，所与の条件のハードルを下げることが期待される．ひとつが特定地域づくり事業協同組合であり，農村など人口急減地域の地域産業の担い手確保をめざして設立されている．この制度は，雇用による就業を前提とした 20 世紀型の仕事づくりとの共通点も見出されるが，多様な地域の事業者の連携を促すという点で興味深く，また季節ごとの労働需要に応じて複数の事業に従事する個人レベルの多業のしやすさにも特徴がある．

　もうひとつが労働者協同組合であり，協同労働という働き方にその特徴がある．例えば株式会社などでは出資に比例して経営への株主の発言権が大きくなるが，協同労働では働き手が出資するため，一人一人が経営への発言権をもつことになる．本章の議論に基づくと，なりわいづくりにおいて相対的に高くなってしまう“個人”のスキルや思いへの依存に対して，“みんな”のスキルや思いに依拠しながら展開を可能にする仕組みともいえる．かつてのコミュニティビジネスの議論でも指摘されてきた，地域的な需要の追求と事業活動を通じた利益の追求とのバランスの課題が存在するものの，20 世紀型の仕事づくりとは異なる新しいしごとづくりの制度として注目されている．

　これら 2 つの協同組合は手法の違いや程度の差はあれ，新しいコミュニティビジネスに求められるネットワークや地域の関わり，小規模性といった要件を下支えしつつ，展開しやすくする仕組みとして期待される．先にみたコミュニティビジネスがめざす相対的な立ち位置を確認しながら，経済的な活動を通して地域コミュニティの形成や持続可能性を高めていくコミュニティビジネスのこれからの展開方向は，(社会)連帯経済の特徴とも重なる[北島 2014]．第 1 章でも紹介される社会連帯経済は，これまでの固定観念にとらわれない新しいしごとづくりの意義を理論的に位置づけるものであり，日本国内でも議論が深まりつつある．この議論を現実と結びつけていくためには，政策化で先行するフランスなど諸外国の動き[立見ほか 2021]により目を配りながら，運動論ではなく政策論としての社会連帯経済のあり方を考えていく必要がある．

【文献紹介】
岡橋秀典(2020)『現代農村の地理学』古今書院

本章でも紹介した，世界システム論を参考に日本の農村が周辺地域化されるメカニズムを追ってきた著者による，農村研究のテキストである．周辺地域化以降の地理学における農村をめぐる議論をコンパクトに理解するうえで一読をおすすめしたい．

筒井一伸編（2021）『田園回帰がひらく新しい都市農山村関係──現場から理論まで』ナカニシヤ出版

田園回帰という潮流，特に移住という狭義の田園回帰のなかで重視されてきた，すまい，なりわい，コミュニティの課題，そして「農村空間の商品化」や「社会連帯経済」といった理論的枠組みとの関係などを詳述しているので，発展として読んでみていただきたい．

倪鏡（2019）『地域農業を担う新規参入者』筑波書房

本章では十分に紹介できなかった新規就農を，より深く理解するためにおすすめしたい．新規参入者が地域農業の再編を担うまで成長する事例がみられるが，その成長プロセスと地域農業の実態から「地域での支援」の必要性を訴え，なりわい就農の議論とも通じる．

【文献一覧】

秋津元輝（1993）「農業にとびこむ人たち──新規参入農業者の生活と農業観」『三重大学生物資源学部紀要』9

岡橋秀典（1997）『周辺地域の存立構造──現代山村の形成と展開』大明堂

小田切徳美（2018）「新しい仕事づくり──農山村再生と「しごと」」小田切徳美・尾原浩子『農山村からの地方創生』筑波書房

北島健一（2014）「コミュニティ・ビジネスと連帯経済──買い物弱者問題から考える」三本松政之・北島健一編『コミュニティ政策学入門』誠信書房

酒井扶美・立見淳哉・筒井一伸（2020）「農山村における移住起業のサポート実態──兵庫県丹波市を事例として」E-journal GEO 15(1)

塩見直紀（2003）『半農半 X という生き方』ソニー・マガジンズ新書

図司直也（2019）『就村からなりわい就農へ──田園回帰時代の新規就農アプローチ』筑波書房

田代洋一（1975）「地域労働市場の展開と農家労働力の就業構造」田代洋一・宇野忠義・宇佐美繁『農民層分解の構造──戦後現段階 新潟県蒲原農村の分析』御茶の水書房

立見淳哉・長尾謙吉・三浦純一編（2021）『社会連帯経済と都市──フランス・リールの挑戦』ナカニシヤ出版

筒井一伸・嵩和雄・佐久間康富（2014）『移住者の地域起業による農山村再生』筑波書房

筒井一伸・尾原浩子（2018）『移住者による継業──農山村をつなぐバトンリレー』筑波書房

筒井一伸（2019）「プロセス重視の「しごと」づくり──"複線化"されたなりわいづくりのプロセス」小田切徳美・平井太郎・図司直也・筒井一伸『プロセス重視の地方創生──農山村からの展望』筑波書房

中塚雅也・谷川智穂・井筒耕平（2020）「中山間地域における起業促進の支援システム──岡山県西粟倉村を事例として」『農村計画学会誌』39 巻 Special Issue 号

藤田佳久（1981）『日本の山村』地人書房

松木洋一（1992）『日本農林業の事業体分析』日本経済評論社

山崎亮一（2020）『労働市場の地域特性と農業構造〔増補〕』筑波書房

　新たな後継者——多様な担い手

尾 原 浩 子

　地域や農業を受け継ぐ担い手が多様に広がっている．かつて「担い手」「後継者」といえばその地域の住民の子が中心だった．ここでは，人口が減り担い手不足が深刻化する中で，地域ににぎわいを取り戻そうと，いろいろな人を呼び込み新たな担い手育成に乗り出した現場や潮流を紹介したい．

　北海道小清水町．道東にある，小麦や砂糖の原料になるテンサイ，大豆，ジャガイモなどの産地だ．"じゃがいも街道"があるほど，農業が基幹産業である同町．見渡す限りの広大な畑が広がる．JAこしみずは2022年から，町などと連携し，これまでの農家の子どもによる後継者育成だけでなく，移住者，農業で通年働く従業員，短期雇用，農業研修生，農作業体験希望者ら農の関係人口，農福連携など多様な人材を担い手として呼び込み，育成し始める．住民だけを担い手とするのではなく，地域や農業の門戸を広げる試みだ．

　背景には，地域唯一の高校の閉校がある．農家の所得は2020年までの過去10年で140%に増えるなど，規模拡大を率先して行い，政府が進める"儲かる農業"を実践し所得向上を実現してきた．農業生産の規模は増す一方，人口は減少し続け，1960年に1万1000人を超えていた住民数は2020年には5000人を割り込むほどになった．さらに，同町唯一の高校である小清水高校が2018年に閉校してしまったのだ．かつては農業科もあり，住民や農家にとっては"地域のシンボル"のような存在だったという．「高校がなくなってしまうことが大きな衝撃だった．高校がなければ，中学を卒業してしまうとこの町を出ていく子どもたちもいて，その後ずっと故郷と関わりがなくなる恐れもある．地域に人がいなくなれば，農業もできない．農業が廃れば地域もなくなる」——．JAこしみずの安田和弘組合長は，危機感をこう明かす．安田組合長自身，この高校の卒業生だ．人が消え，高校がなくなるという町の事態を踏まえ，幾多の話し合いを重ね，JAと町，民間企業などが連携し，同高校跡地を再生し新たに多様な人材を農の担い手として受け入れる拠点とすることが決まった．この場所を多様な人材の確保，育成する場とし，2023年から運営を始め，新たな人を呼び込むだけでなく，地域住民が集い，農をきっかけに移住者や住民，関係人口らがつながり合う場にもしたい考えだ．具体的には①農家の農作業を支援，②農業担い手養成学校，③農に興味のある人の宿泊施設，④特産物加工商品開発室，⑤温泉熱を活用した園芸ハウス——などを運営する．

　これまでは農家の子弟でなければ町の農業を知る機会がなかったが，今後は道外

の移住者や関心のある人ら，いろいろな人が農業や地域を知り，関わる機会をつくることで，地域のにぎわいを再生させようという試みだ．地域の基幹組織であるJAは，これまで，町内の各地区で，地域の未来をどうしていくかを考える集会を重ねるなど，ボトムアップで地域づくりを率先してきた．未来を考える中で，農家の子弟だけではない多様な担い手とともに地域や農業を前に進めていこうという考えになったという．

　農業専業地帯の北海道．小清水町だけではなく，もともと担い手不足だった上に，コロナ禍で，外国人技能実習生が来日できないことなどによる人手不足が顕在化し，多様な担い手が注目されるようになった．田園回帰の潮流が広がり，農村の課題解決にボランティアで参加したり，高校生や大学生のインターン者が増えたり，テレワークの普及で二地域居住が増えるなどの働き方改革が広がったりといった都市側のニーズも追い風だ．JAグループ北海道では，新型コロナウイルス感染拡大が広がり，特に都市住民の働く意識や食や農山村への意識が変革した2020年から，「農業をするから，農業もする時代へ」をコンセプトに，パラレルワーカーと農家をもじった造語「パラレルノーカー」を提唱する．語源であるパラレルワーカー，パラレルキャリアは，オーストリアの経済学者であるピーター・ドラッカーが生み出した．本業と同時並行して他の仕事を手がけたり，非営利活動などに参加することを指した新しいライフスタイルを意味する．本業を持ちながら，第二のキャリアを築くもので，収入を得るかどうかに軸足を置いていない．パラレルノーカーも週末だけ少し農業を手伝うなど，コックや教師，新聞記者，会社員，アスリートをしながらでも農業に関わることができる仕組みをつくり，ウイングを広げようというものでライフスタイルの変化にもつながる．働き方の多様化に合わせ，農業との関わりも多様化させることは，農業や地域の垣根を低くすることにつながる．

　北海道だけではない．農水省の検討会は2021年6月，「半農半X」ら多様な担い手を育成することの重要性を指摘する中間とりまとめを公表した．実際に，ミカンづくりを軸に，古民家の宿，古本屋など"マルチワーカー"として徳島で生計を立て，地域づくりに関わる移住者もいるなど，多様な担い手は全国にいる．専業農家だけでは地域や地域農業は維持できない．多様な人がいなければ，学校や病院，商店，ガソリンスタンドなど地域のインフラがなくなり，専業農家も農業ができなくなる．また，地域おこし協力隊らは，「パラレルノーカー」や「半農半X」などのような農業との関わりと親和性が高い．こうした働き方は経営的にみるとリスク分散にもつながる．消費者と農家，都市と農村という境界線をくっきりと分けるのではなく，ゆるやかな境目とし，多様な担い手を育むことが，今後の農村，農業の大きな鍵になるといえる．

第4章 新しい地域内経済循環をつくる

重藤さわ子

1 本章の課題

　地域発展において，もっと地域内の経済循環に目を向けるべきではないか．こうした指摘は「内発的発展」の議論と共にされ始めた．内発的発展論は，地域が外来の資本や人材に依存するあまり，自律的な社会・経済基盤の衰退，さらには自然資源の破壊につながっていることに警鐘を鳴らし，自らの地域の将来に自らが責任を持つことの重要性を説く．そして，地域内経済循環はそういった発展を目指すうえでの経済的要素とされる．

　経済の自由化・グローバル化が一層進んでいくなかで，地域内経済循環は「地域を閉じ，経済も独立・自立を目指す，時代錯誤の論理」として批判されることも多かった．しかし，2020年に世界の日常を一変させたCOVID-19パンデミックで，その批判にも終止符が打たれたと考えるべきだろう．というのも，グローバルな経済合理性と生産性を過度に追求し，ローカルな生産・供給基盤を軽視したサプライチェーンが，世界的な人類の危機の前にいかに脆弱かが露呈したからである．

　国際的には，COVID-19の前に既に，地球温暖化と気候変動など世界規模の危機への緊急性の高まりを受け，SDGsやESG投資，脱炭素などの動きに見られるように，経済成長と持続可能性の両立を図る方向へ転換しようとしていた．そして，2020年10月についに日本も「2050年までにCO_2排出を実質ゼロにする」ことを宣言した．実は脱炭素宣言は，地域内経済循環の議論においても大きな意味を持つ．なぜなら脱炭素は，取り組む企業・家庭・自治体・地域に大きな経済的メリットがあるからである．

　このような時代を迎え，内発的発展や地域内経済循環は，これまでの対・外

来型開発論としてではなく，新たな切り口で議論され始めるべきであろう．

　これまでの地域内経済循環に関する議論を振り返りつつその課題を明らかに
し，今後の新たな考え方や論点を明確にするのが本章の目的である．

2 内発的発展論における地域内経済循環の位置づけ

外来型開発と内発的発展

　外来型開発は，地域外から企業などを誘致することによって，地域の発展を
図ろうとする手法であり，今でも地域でその依存傾向は根強い．

　日本で外来型開発が本格的に開始されたのは，1920年代半ば[岡田 2005,
p. 108]と，実は古い歴史を持ち，戦後復興期の太平洋ベルト地帯構想，高度経
済成長期の鉄鋼，石油，石油化学などの素材供給型産業のコンビナート誘致,
石油ショック以降の1970年代にはハイテク産業の誘致と続く．そして1980年
代後半には，リゾート法の下に，レジャー・スポーツ施設開発が全国的なブー
ムとなったが，バブル経済の崩壊で多くの施設が経営難に陥り，全国で環境破
壊と自治体財政難という大きな爪痕を残した．このように，誘致で地域は経済
的に豊かにならないどころか，一度失われてしまったら取り返しのつかない環
境・アメニティという地域固有の財産の損失を抱えることになる．

　宮本[1977]は，新産業都市に立地したコンビナートの立地地域とその周辺の
農山漁村地域への経済的波及効果が極めて限定的だったことを示している．ま
た，都市的工業地帯のみならず，農山漁村における観光・レジャー産業の開発
に伴う公害・環境問題にも注目し，そういった損失は経済的損失と違い，事後
的に補償が不可能な絶対的不可逆損失を含んでいることの重大性に警鐘を鳴ら
した[宮本 2007]．こうした問題意識から提起されたのが，内発的発展論である
（内発的発展論には，社会運動論から論じた，鶴見和子の系譜もある）．

　宮本は，地方自治体に「地域の企業・労働組合・NPO・住民組織などの団
体や個人が自発的な学習により計画をたて，自主的な技術開発をもとにして,
地域の環境を保全しつつ資源を合理的に利用し，その文化に根ざした経済発展
をしながら，地方自治体の手で住民福祉を向上させていく」[宮本 2007, p. 316]
ような自律的政策と，自律的経済力の形成の必要性を論じた．これは，地域の

人々が，地域の将来に対し，自主的な決定や努力を放棄し，中央政府主導あるいは外来資本・人材任せにしてきてしまったことへの反省と，そこからの脱却のために，地元の主体性を基に，地域内需給に重点を置き，地域内産業連関の形成に努める「自力更生(self-reliance)」[西川 1989, p. 4]の意味合いを持つ.

地域産業振興論としての地域内経済循環

ミクロ経済学・マクロ経済学を基礎とする地域経済学の分野でも，地域内経済循環の重要性は，衰退する地域経済の新たな振興方策とセットで議論されてきた．例えば中村[2014, p. 4]は，まちづくりは「まちに仕事を作る，雇用を生み出すという産業振興の基本的要素」であるとし，持続可能な地域経済を実現するためには，地域の比較優位性や競争優位性を検証し，比較優位を活かした財やサービスを創出し，移出力や循環力を高める重要性を説く.

比較優位は，経済学者デヴィッド・リカード(David Ricardo, 1772-1823)が提唱した概念である．自由貿易体制という条件下においては，他国より労働生産性が高い優位な財の生産に集中し，それを輸入し合うことで双方，高品位の財やサービスの提供が受けられ効率的である，とするもので，経済的自由主義を裏づける概念として位置づけられる．中村[2014]が言う比較優位性は，他地域との比較で絶対的に優位な資源に特化するのではなく，自分のまちの中で相対的に優位にある資源に着目し，それを有効に活用した財・サービスを生み出すことの重要性を言っているのだが，経済活動重視が過ぎると，行き過ぎたインバウンドのように，地域の暮らしや環境を犠牲にしてまで外貨獲得に走ることになるため注意が必要である．まちづくりとは，地域のより良い暮らしを，自立できる経済システムで支えていくものである.

しかし経済学的な見地からは，地域経済の衰退が著しく，それをまずどうにかせねば，という思いに駆られるからか，生活の質向上の視点は後回しで，とにかく競争力のある財やサービスの創出を，と外貨獲得のための産業振興論中心に議論される傾向にある．なので，概してエコノミストには，地元産品の購入や地元の小売店での買い物を推奨する地産地消運動はすこぶる評判が悪い．例えば「同じ品質であれば価格の安いものを，同じ価格であればより品質の良いものを消費者は選択したいでしょう．域内調達で確かに所得の域外への流出

は防げますが，それが行き過ぎると高コスト構造になり，地域居住者の効用は
かえって低下することになります」[中村 2019, p. 94]，「「地域経済への富の流出
を防ぐために生産性の高低にもかかわらず域内の生産物を買おう」なんていう
話は，それこそ重商主義か原始共産主義みたいなナンセンスな議論」[増田・富
山 2015, p. 21] など，地産地消に対する猛烈な批判が存在してきた．

　しかし今，地域に住む人々が求めていることは，どのような仕事でもよいか
ら雇用が確保され，どこでどのように生産されたものでも構わないから，良い
もの欲しいものを，安価に手に入れればそれでよい，ということなのだろうか．
消費者マーケティングの分野では「同じ品質であれば価格の安いものを，同じ
価格であればより品質の良いものを消費者は選択したい」というのは作れば売
れた時代の話でもう古いとされる．成熟社会になり，経済的価値・機能的価値
だけではなく，情緒的価値や社会的価値で差別化する時代，というのが常識で
ある．現代マーケティングの第一人者フィリップ・コトラーが，世界をより良
い社会にする，社会的価値創造の「マーケティング 3.0」の視点を提示したの
は 10 年以上前であるし，その数年後には消費者の自己実現の欲求を満たす
「マーケティング 4.0」への進化を示している．

　そもそも不当に高く，品質が劣るものを地域産だからと購買を強要できるほ
ど，商売の世界は甘くはない（こういったアプローチでは経済原理からも淘汰され
るはずである）．また，消費者が地産地消に期待するのは，経済的価値・機能的
価値だけでなく，地元で生産されたものを地元で消費し生産者や地域を応援す
ることができること，生鮮食料品の旬産旬消は栄養価も高く，輸送にかかるコ
ストや温室効果ガス削減にもつながること，地元での買い物を通じて交流や物
流が活発になり経済合理性を追求するなかで，分断された地域のつながりが取
り戻されること，など多様な価値を評価したうえでの消費行動である．その価
値を生産性や価格という経済的価値軸だけで評価し否定することの方がよほど
ナンセンスである．

　岡田[2005]は地域を「住民の生活領域としての地域」と「資本の活動領域と
しての地域」の二重性を持つものとして規定し，過去の地域開発が「生活領域
としての地域」を重視してこなかったことを指摘した．負の遺産を多く残した
外来型開発のオルタナティブとしての内発的発展とその経済的要素としての地

域内経済循環であるならば，なおさら産業振興を地域の多様な生活の質の向上
に結びつけた議論が展開されるべきである．

3 地域内経済循環を評価する

地域内経済循環を高めるために

地方分権が浸透している欧米諸国では，特に農村発展政策において，かなり
早い段階から地域産業政策に偏るのではなく，地域で最低限必要な住民サービ
スを守り向上するための，地域住民の参画を通じたボトムアップ型プロジェク
トがメインストリームとなってきた．

有名なのは，1991年からヨーロッパ全土で導入されたLEADERプログラ
ムという農村振興政策である（このプログラムは2007年からはEUの共通農業政
策（CAP）の農村振興政策の一部として位置づけられ，2020年まで展開された）．
LEADERプログラムのボトムアップ型アプローチは，それぞれの地域の実情
に応じてLocal Action Groupと呼ばれる公共部門と民間部門のパートナーシ
ップ組織を設立し，地域住民の主体的な地域振興事業への参画を促すものであ
る．それぞれの地域の能力・資本などの潜在的発展可能性を活用・連携して地
域を発展させるために，"Sense of Community（コミュニティ感覚）"が強調され
るなかで，コミュニティのためにならないお金の使い方が課題となり，地域の
お金の流れを見える化し地域内経済循環意識を高める手法も検討されてきた．

LM3（Local Multiplier 3，地域内乗数3）は，イギリスのシンクタンク，ニュ
ー・エコノミクス・ファンデーション（以下NEFとする）で開発された，地域に
おけるお金の循環状況を示す係数である．NEFは，地域経済振興に様々な投
資や援助を行うわりには，多くの場合，地域の存在感がないサービスに使われ，
即座に地域から出ていっていることが多すぎることを，図4-1のように穴の開
いたバケツに一生懸命水を入れている状態に例えた．そして，その漏れをふさ
ぎ（plugging the leaks），地域内循環率を高めることの重要性を概念として示す
だけではなく，その効果を地域の人々自らが定量的に確認する方法として
LM3を開発した．

従来，地域で新たに投資や財政支援を行った際の経済波及効果分析には，産

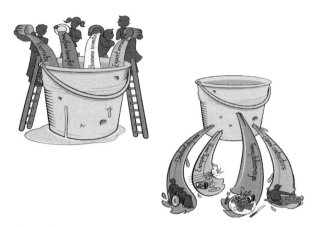

図 4-1　漏れバケツのイメージ［New Economics Foundation 2002 a］

業連関表を用いた産業連関分析が盛んに利用されてきた．産業連関表は，ロシア生まれのアメリカの経済学者 W・レオンチェフが開発した統計表で，1936年に公表されて以来，世界中で作成・経済分析に活用されている．

　産業連関表は，一定期間（通常 1 年間）に行われた財・サービスの産業間，あるいは消費者との取引，すなわち財・サービスの購入―生産―販売という連鎖的なつながりを 1 つの行列（マトリクス）に表したものとなっている．そのため，新たな投資や財政支援を行った際に，どの連鎖にどのような経済効果がもたらされるのかが推計でき，非常に重宝されてきた．ただし，産業連関表は国・県レベルでは作成が定期的に行われているものの，地域内でのすべての取引実態を明らかにする必要があるため作成に非常に負荷がかかることもあり，ローカルと呼べる市町村等，比較的小規模な範囲では，政令指定都市や一部先進的な地域を除き，存在していなかった．その事情はイギリスでも同様である．

　そこで NEF は，さらに小規模な「コミュニティ」という単位に着目し，そこでの一般的なビジネスの取引，すなわち生産―加工・流通―販売の 3 段階からなる連鎖がどれだけ地域内で行われているかを確認し評価することとした．具体的には，消費からお金の流れをさかのぼり，分析対象者の売上高を地域経済の 1 巡目（R1），そのうち地域内で使われた額（域内従業員給与や域内調達）を 2 巡目（R2），2 巡目の域内調達先における域内従業員給与・域内調達額を 3 巡目（R3）と，この 3 循環を追うことで，地域内での実質的な経済効果は明白であ

ると，LM3 を次の式で示した[New Economics Foundation 2002 b].

$$LM3 = (R1 + R2 + R3)/R1$$

　理論上 LM3 の算定値は，最初の消費(売上)額がすべて地域外に出てしまった場合を 1 とし，地域内循環により最初の消費(売上)以上に経済波及効果をもたらすほど最大値 3 に近づく.

　なお，NEF という組織の立ち位置について，解説しておきたい. 経済シンクタンク，と訳されることも多いが，日本のシンクタンクとは異なり，行政と地域の間に立って様々な活動を支援する，中間支援組織である. 筆者の調査によれば，中間支援組織の役割は，新しい方法を，現場と共に開発・実験(Co-production)し，政策立案者を納得させることのできる，根拠に基づく(evidence-based)レポートを発行し，その実行者たるべき実務者が新たな方法を適用しやすくするためのマニュアル化やキャンペーンを行うところまでである. その先の実装・普及については，開発した方法を適用したい，という現場の主体が行っていくべき，とのことであった.

　地域の発展は，政策的な大きな枠組みを整備したとしても，現場で地域をより良い方向へ動かそうとする主体がいなければ成し遂げられない. ただし，大きな枠組みへのフィードバックなしに，現場の主体の努力だけを積み重ねたとしても，社会の大きな流れはつくれない. そのための中間支援組織である. NEF が，専門的な知識がなければ作成・分析できない産業連関表ではなく，地域住民自ら調査し分析できる LM3 のようなわかりやすい手法の開発をなぜ行ったのか. このような中間支援組織の役割と共に LM3 の意義を理解しなければ，その本質を見失うだろう.

日本での地域経済分析手法の発展と課題

　日本でも，LM3 の概念は早くから紹介されてきたが，地域経済分析手法としては産業連関表という確立された手法があるという理由で，概念紹介にとどまり，実践的研究はされてこなかった. 一方，産業連関表については，市町村での再生可能エネルギー(以下「再エネ」とする)の利活用への期待や地域経済循環構造分析への需要の高まりもあり，同じ産業部門からの投入でも域内と域外のものは異なるもの(非競争関係)と区別し，地域内の資金流動分析を可能と

する「非競争移入拡張型産業連関表」や「再エネ部門拡張型産業連関表」など，従来型を拡張した産業連関表の作成が研究者主導で盛んに行われてきた．

　産業連関表が，小規模な地域にも適用できる地域経済分析手法として進化したこと自体は望ましいが，その手法は誰のためのものか，ということが重要である．本来は地域内循環経済の推進や地域の再エネ資源活用を内発的に行おうとする地域主体が活用し，事業化につなげていくことが望ましい．しかしその多くは研究の一環として取り組まれたため，手法開発に重点が置かれた．分析手法としては，行政やコンサルタントが補助金を取得する際の計画策定の根拠づけに適用する等の利点は十分あるが，産業連関表の専門家がいくらわかりやすい説明を試みたところで，使いこなすにはそれなりの専門性がいる．

　そもそも，外来依存の根強かった日本においては，まずは地域のお金の流れを自覚し，地域を自力更生するためにも，地域内経済循環をつくり出そうという気運の醸成が重要であった．ただし，2014年から政策の柱となった「地方創生」も，「各地域がそれぞれの特徴を活かした自律的で持続的な社会を創生することを目指」すという名目とは真逆の制度設計になっていた．

　すなわち，各自治体に「まち・ひと・しごと創生に関する施策を総合的かつ計画的に実施するための計画(市町村版総合戦略)」を策定することを求め，その計画に対し国から地方創生交付金が配られる，という，交付金とセットの仕組みを導入したことが，結局地域の創造性を阻害した．努力義務とはいえ，逼迫する財政運営に苦しむ自治体にとっては，新たな財源確保の機会とこぞって交付金申請の前提となる総合戦略の策定に乗り出すことになる．2017年に公益財団法人地方自治総合研究所が行った調査によると，1342自治体のうち，実に77.3%の自治体が，その総合政策を計画策定のプロであるコンサルタント等に委託し，そのうち，東京都に本社を置く組織が，外注全体の54%のシェアを占め，総合戦略策定のための国からの交付金の約42%(＝0.773×0.54)が，地域を循環するどころか，ただちに地方を経由して東京の企業の利益になっていた[坂本2018]．また計画策定後，交付金を受けて取り組まれるシティプロモーションやイベントなどにおいても，東京をはじめとする広告代理店やイベント会社が請け負うことが多く，地域にはノウハウどころかお金も蓄積せずに，大都市の企業の利益になっていることは多々指摘されてきた．

日本での LM3 適用事例

　このような状況から脱却するには，結局 LM3 のように，地域のお金の流れ
をわかりやすく自覚し，自ら地域内経済循環をつくり出そうとする，個別具体
のボトムアップ手法が有効である．藤山ら[2016, 2018]は，自給できるはずだ
が外部依存しているために地域から金額として大きく流出している品目として，
特に燃料と食料に着目した．そして，LM3 を日本の複数地域に適用し，地域
経済循環の可能性と，それで可能となる移住者増加シミュレーションを行った．

　その具体的な事例として，筆者も研究に関わった，1556 世帯，4225 人で構
成される，長野県諏訪郡富士見町落合地区の結果を紹介する．この研究は手法
開発のみならず，地域のボトムアップ活動につなげていくことを目的にしてい
た．そのため，地域の経済団体や市民の協力を得て，独自の家計調査・事業体
調査票を用い，R1：地元での消費と同時に域内の流通事業者(スーパーなど)で
生じた売り上げ，R2：域内の流通業者の売り上げのなかで域内循環すると考
えられる，域内雇用者の賃金と農家などの域内生産者からの調達額，R3：生
産者段階の売上額(＝調達額)のなかで域内循環すると考えられる，域内雇用者
の賃金と必要資材の域内生産者への調達額を明らかにし，地域内乗数 LM3 を
前述の式で計算した．

　その結果を表 4-1 に示す．LM3 は，消費(売上)額がすべて地域外に流出し
てしまった場合を 1 とし，消費(売上)にかかわる調達・生産が地域内でされて
いるほど 3 に近づくが，落合地区の現状は，域内購入率 62.9%，域内生産率
4.9% であり，LM3 の数値は 1.67 という結果を得た．これは，例えばこの地区
において，食料や燃料が 100 円分買われるごとに，地域内ではそれを大きく下
回る，67 円の域内への賃金と調達への支払いしか発生していない，というこ
とを表している．そこで域内購入率・生産率を共に 70% まで向上した場合を
シミュレーションすると，LM3 は 2.03 となり，地域内経済循環の推進で新た
に 11.9 億円の所得が地域内に創出される．それは新たに 396 世帯を扶養でき，
年 8 世帯が移住したとしても，49.5 年間新規移住者の生活を支えることのでき
る額である．

　このように，この地域で地域内経済循環を進めることの重要性をデータで裏
づけながら地域のボトムアップ活動も並行して支援した．具体的には，富士見

表 4-1 長野県富士見町落合地区の食料，燃料の域内購入率・生産率向上による
所得取り戻し額[藤山ほか 2018]

	現　　　状 (域内購入率：62.9%) (域内生産率：　4.9%)	域内購入率&生産率を 70% まで向上
支出額合計	11.7 億円	―
所得創出額	7.7 億円 (扶養可能世帯：255 世帯)	+11.9 億円 (新規扶養可能世帯：396 世帯)

高校園芸科生徒の活動支援である．空き店舗ばかりの富士見駅前商店街に危機
感を持ち「大人は会議ばかりしていて何もしない」と自ら空き店舗を借り，自
分たちの産品や地域産品を売るアンテナショップを立ち上げたが，そこを研究
拠点にも位置づけ，運営基盤を整備した．高校生の始めたこの小さな活動が，
地域の大人の刺激にもなり，当時空き店舗だらけであった富士見駅前商店街は，
いまや店舗が次々新規開店するまでに活性化している(詳細は，藤山ほか[2018]
第 5 章をご参照いただきたい)．

4 再生可能エネルギーの大幅導入は
地域内経済循環を生み出したか

　ここまでは内発的発展の文脈で地域内経済循環を議論してきたが，ここから
は特に，地域の未利用資源活用の文脈から「新しい」地域内経済循環を議論し
ていきたい．

　再エネは，その大半が地方に存在する．戦前は地域でそれらを活用し，多く
を自給していたエネルギーだが，戦後の急速な電化と需要増を背景に地域の手
から離れ，どこかから供給してもらうもの，という時代が長く続いた．そして，
温暖化という地球規模課題を受け，地域の未利用資源である再エネが改めて見
直されることになった．再エネは，別名「分散型エネルギー」といわれる．そ
れは，天然ガスや石炭等の化石燃料や原子力による発電が出力 50 万-100 万
kW 台の集中型の発電であるのに対し，メガソーラーや風力発電所(ウィンドフ
ァーム)でも数万 kW どまりであり，その資源は農山村地域など地方に多く存
在し，地産地消に向いているからである．そのため，うまく活用すれば，一部

大規模水力などを除き，地域資源活用による新産業振興や地域活性化，雇用創出など，地域内経済循環効果にもつながる．しかし3節で紹介した地方創生政策だけでなく，再エネの大幅導入に向けた政策でも奇妙なことが起こってきた．

　2011年3月の東日本大震災に伴う福島第一原発の未曽有の事故を経て，電力自由化後も再エネ大幅導入に舵を切れなかった我が国も，ついにそのための，再エネ電力の固定価格買取制度(FIT)を2012年に導入した．これは，電力会社が電気を買い取る際にかかる費用の一部を，電気料金と共に，再エネ普及のための賦課金(再エネ賦課金)として徴収し(電力多消費事業者の国際競争力の維持・強化の観点から，一定の基準を満たす事業者には減免措置がある)，既存の発電よりかかるコストを，再エネで発電された電気を一定期間固定価格で買い取ることで回収可能にし，再エネ発電事業への新規参入を促そうとする制度である．このような制度を国民負担で導入する名目は，再エネの大幅な導入によるエネルギー自給率の向上で石油燃料価格の乱高下に伴う電気料金の変動を抑え，国際競争力や新産業振興のみならず，すべての国民の利益に資するからであり，再エネの大半が地方に存在するため，地域の活性化にもつながるはずであった．では実態はどうか．

　櫻井[2015]は，2013年までに稼働した1000 kW以上の風力発電所とメガソーラーの所有者を調査し，風力はその総出力の実に83.2%，メガソーラーは40.9%が県外事業者によるものであり，それぞれ790億円程度，276億円程度という県外大規模事業者の売電収入が国民負担によって支払われたと試算した．メガソーラーの全国の状況も見てみよう．図4-2は資源エネルギー庁[2016]データから作成した，全都道府県のメガソーラー設置事業者の本社所在地を設備容量に基づき，帰属先として分布したものである．東京に本社を置く事業者が全体の60%と，その存在感が目を引く一方，地域帰属の再エネ事業者の割合が極端に少なく，全国的に地域活性化の効果が得られていない実態がわかる[歌川・堀尾 2021]．

　そもそも，太陽光・風力・水力発電はほとんど地域雇用を生まない．また，外部事業者が展開した場合，地域で発生する，開発にかかわる土木工事は一時的なものであるし，固定資産税収入は増すが，この税収増は地方交付税の減額につながるため，大して地方自治体の総歳入額増にもつながらず，その固定資

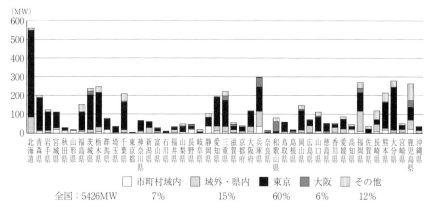

（MW）

	市町村域内	域外・県内	東京	大阪	その他
全国：5426MW	7%	15%	60%	6%	12%

図 4-2 全国のメガソーラーの設備容量に基づく帰属先分布［歌川・堀尾 2021］
　資料：資源エネルギー庁［2016］より作成
　注：本社所在地を帰属先とし，共同事業の場合には均等分割した

産税も減価償却に伴い年々減少していく．

　地球温暖化防止のみならず，循環型社会形成，戦略的産業育成，農山漁村活性化等の観点から期待されてきたバイオマス（薪炭，チップ，農・畜産業残渣）等の利活用についても，雇用創出効果は多いとは言えず，地域の関連産業（林業，農業，観光業，加工業等）との連携を構築し，相乗・波及効果を狙わなければ，個別事業の導入だけで地域内での大きな雇用・所得向上は見込めない．にもかかわらず，買取価格が海外に比べ割高に設定された FIT により，外資による事業を含め，輸入バイオマス等を燃料とする経済効率性重視の大規模バイオマス発電事業の乱立を許してきた．同制度により 2020 年 9 月時点で，計 446 カ所，244 万 kW のバイオマス発電所が稼働，709 カ所 822 万 kW が認定されており，稼働容量の 6 割強，認定容量の 9 割弱が主に輸入バイオマスを燃料とする一般木材バイオマスの区分となっている［バイオマス産業社会ネットワーク 2021］．

　輸入バイオマスでは，パーム油の生産過程で出るアブラヤシ核殻（PKS）や木質ペレットが多くを占める．過去には，食料とも競合するパーム油までが FIT の対象であることが，大きな波紋を呼んだ．その後，食料競合への懸念が認められる燃料については，食料競合のおそれがないことが確認されるまでの間は，FIT 制度の対象としないこととなったが，食料競合のみならず，パ

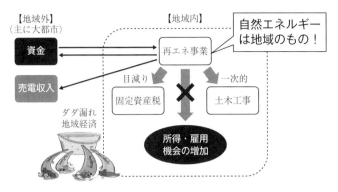

図 4-3　エネルギー植民地化する地域

ームヤシは，マレーシアやインドネシアなどでの乱開発による森林破壊や生物多様性損失，泥炭地開発などによる大量の温室効果ガス排出，土地利用をめぐる紛争などの大きな環境・社会問題をはらむ作物である．また，日本の最大の木質ペレット輸入国の一つであるカナダでは，輸出用の木質ペレット生産のための伐採の拡大が森林生態系に大きな影響を与えていることが指摘されている［バイオマス産業社会ネットワーク 2021］．

　このように，地域外事業者による大規模な再エネ事業を安易に許容することは，地域の自然エネルギーを利用して得られる売電収入が地域の外に流れ，地域にとっての経済的メリットをほとんど生み出さない，エネルギー植民地とも言える状況につながる（図 4-3）．さらに各地に乱立する輸入バイオマス前提の大型バイオマス発電事業は，地域の森林資源の保全や利活用による産業振興にもつながらないどころか，海外にまでお金を流出させ，持続可能性の名のもとに，国内外の持続可能性を脅かすなど，本末転倒の事態すら招いている．

　海外（特にヨーロッパ）では，バイオ燃料に対し，2000 年代のバイオエタノールブームに教訓を得て，熱帯雨林や泥炭地をパーム油やサトウキビのプランテーションに転用したものではなく，さらに化石燃料と比較して温室効果ガス排出量が大幅に少ないことを保証するための認証制度や，食料競合の観点から食用バイオマスの利用に上限を設けるなど，いち早く対策を講じてきた（例えば EU では「再生可能エネルギー指令」にそのような持続可能性基準が盛り込まれている）．しかし，我が国では，いずれも対策が後手後手に行われてきた．

その背景にあるのは，これまでの，出力50万-100万kW台の天然ガスや石炭等の化石燃料や原子力による集中型発電の常識，すなわち，規模の経済を再エネにも（無理やり）当てはめようとする，この国の産業の姿である．そもそも前述したように，再エネはその分散型かつ地域固有の性質から地産地消に向いている．そうであれば，その性質を活かした，新しい地域や産業のかたちをつくっていこうとする覚悟が必要である．また，そのような難易度があるからこその，国民負担によるFITという制度であった．しかし，結局，国民負担で，FIT制度にいち早く参入できる，資金力に長けた，東京をはじめとする大都市企業に新たなビジネスチャンスを与えることになってしまった．そして地域では外部事業者による大規模再エネ事業計画への反対運動が後を絶たず，地域のための再エネには程遠い実情がある．

5 脱炭素政策の地域内経済循環的意義

「地域循環共生圏」の創造

　これまで，政策の負の側面を見てきたが，ここからは，未来に向けたポジティブな政策動向も見ていこう．特に，2018年4月に閣議決定された第五次環境基本計画に盛り込まれた「「地域循環共生圏」の創造」は，これまでの地域政策の方向性を大きく変えようとする指針である．

　地域循環共生圏は，各地域が美しい自然景観等の地域資源を最大限活用しながら自立・分散型の社会を形成しつつ，地域の特性に応じて資源を補完し支え合うことにより，地域の活力が最大限に発揮されることを目指す考え方である．地域循環共生圏の具体化を目指すにあたって，地域内の資金の流れを分析し，流出分を取り戻し，地域経済循環を図ることの重要性も示された．さらには，地域活動団体が地域循環共生圏の創造に取り組むための新たなプラットフォームを構築し，事業化につなげていくための支援を行う，地域循環共生圏づくりプラットフォームの構築事業も展開されている．3節で紹介したEUのLEADERプログラムよりはかなり遅ればせながらではあるが，地域コミュニティの実態を重視し，ボトムアップの活動のみならず，その事業化までを支援する取組みとして注目される．

なお，我が国では，2000年に成立した循環型社会形成推進基本法に基づき，循環型社会の形成が図られてきたが，主に廃棄物やリサイクルなど物質循環に重きが置かれ，従来型の経済社会システムとはなかなか両立できないことが課題となってきた．地域循環共生圏の考え方は，物質循環のみならず，経済や地域社会の活力，すなわち，環境・経済・社会の統合的向上を図ることであり，EUが2015年12月に政策パッケージとして示して世界的に広まったサーキュラー・エコノミーの概念に匹敵すると言える．すなわち，資源を「Take（採掘・採取して）」「Make（作って）」「Waste（捨てる）」というリニア（直線）型でも，「Waste（捨てる）」代わりに「Recycling（リサイクルする）」という従来型の経済社会システムでもない．最初の生産段階から，消費，さらに生産に戻るサイクルを計画に含めた循環と共生の社会を目指す，ということである．そうなってくると，これまで極端にグローバル化・分業化されたことにより複雑化・ブラックボックス化したサプライチェーンでは持続可能性責任を当然負いきれなくなる．すなわち，地域循環共生圏の創造とは，グローバル化と生産性の名のもとに大規模・集約化（と価格競争）の波に飲み込まれた，弱者としての地域からの脱却であり，地域の特性を持つからこそ構築できる小規模・分散型のサプライチェーンを基本に，相互補完型にネットワーク化することで，国土全体を持続可能な国土へつくり直そうとする，新たな国土創生戦略である．

脱炭素を地域のビジネスチャンスに

　そして，持続可能な国土創生には，再エネ・省エネ事業推進による脱炭素戦略が欠かせない．2020年10月に菅義偉首相（当時）が2050年までに温室効果ガス排出量を実質ゼロにする「脱炭素宣言」を行った．2021年8月末までに，全国444の自治体も脱炭素宣言を行っている．冒頭で「脱炭素は取り組む企業・家庭・自治体・地域にも経済的に大きなメリットがある」と述べた意味は以下のとおりである．日本は化石燃料輸入に毎年15兆-20兆円を支出しており，そのお金が海外に流れている．さらに，国内で光熱費として支払われている金額は，歌川[2021]試算で40兆円規模になる．自治体レベルでも，光熱費支払いは億単位である．人口30万人規模では地域の年間エネルギー支出が1000億円，人口3万人規模で100億円を超える．

具体的な事例を見てみよう．第3節でも取り上げた，人口約1万4000人（世帯数約5500）の長野県富士見町全体での光熱費支払いは，2018年データで約70億円であった．実は，富士見町では，FIT認定の太陽光発電所による総発電設備容量は，2020年3月末時点で，1万4000世帯以上分ある（1kWあたりの年間発電電力量を1万2000kWh，1世帯1日あたりの平均消費電力量を12.2kWhと仮定した場合）．しかし，その80%以上を県外事業者（東京が約60%，その他20%）が手掛け，売電収入は地域外に流出し，地域の電力自給に一切貢献していない．そのため，町内各所でメガソーラー立地を巡るトラブルが起き，残念ながら住民の再エネ事業そのものへの拒否反応につながっている．

　重要なのは，再エネ・省エネ推進を地域の産業振興と地域内経済循環につなげていくことである．地域資源である再エネを，地域主体が中心となって発電・熱転換すれば売電・熱収入も地域に得られる．持続可能な再エネ資源確保のために，地域の農林業と結びつければ，一次産業の再生にもつながる．断熱建築のゼロエミッションビル・ゼロエミッションハウスの建設，あるいはリフォームを地域工務店が請け負えば，ユーザーは光熱費削減というメリットを，工務店は受注の利益を得て地域でお金が回る．省エネ設備の選定，再エネ設備企画・維持などを地元コンサルタントが担うと地域にお金が留まる．自治体はこれを政策で支援していけるよう，まずは，地域全体がこのような事業に取り組むことで，環境・景観の保全を行いつつ，農林業など一次産業も含めた地域産業の振興で，持続可能な地域づくりにつなげていけるのだ，という覚悟の表明と具体的な戦略策定が求められる．まさにそれが脱炭素宣言であるはずであるが，どれだけの自治体が，その覚悟と戦略で臨もうとしているだろうか．

「これから」に必要な共生の視点

　急激な外来型開発主導の経済発展と都市化の波に飲まれ，農村は主体性を失い，長らく都市の発展に利用される弱い立場に甘んじてきた．しかし本来経済活動とは，人間が自然に働きかけ，物質代謝関係を構築することで生まれた営みであり，それが人間の生活そのもののはずである．そして，脱炭素やCOVID-19は我々に，「自然」や「生活」を基盤とし，本来的な人間の営みに立ち返ることの重要性を突き付けている．しかしそれは，原始に戻れ，ということ

ではない．豊富な資本を持つ都市部と自然資源を豊富に持つ農村部には，それぞれの優位性があり，これからの社会の在り方として，どちらかへの一方方向だけでは持続可能な発展はありえない，ということなのである．イギリスでは2000年ごろから「ネオ内発的発展論」がそのような考え方に基づき議論されてきた．つまり，地域の発展は，内発型と外来型の二分論ではなく，それらの共生の関係性に基づくという考え方である．日本の内発的発展論も，外来型に偏りすぎた地域開発のオルタナティブとしての議論に埋もれがちであるが，地域が主体となり自主的な決定と努力が行える，という前提においては外来型を拒否するものではなく，むしろ，外来との交流と協働なしには地域の発展はありえないという立場を取る．

　このように，新しい地域内経済循環をつくる，ということは，地域の内発性とお金の流れを取り戻すことの，さらにその先を目指すこと，すなわち，地域の中と外との共生を可能とする，新たな事業を構想し，持続可能な社会の構築につなげていくことなのである．

【文献紹介】

コトラー，フィリップ・カルタジャヤ，ヘルマワン・セティアワン，イワン，恩藏直人監訳，藤井清美訳(2010)『コトラーのマーケティング3.0──ソーシャル・メディア時代の新法則』朝日新聞出版
　　従来の経済学分野ではあまり議論しない「消費者志向」の劇的変化を理解することができる．2017年出版の『コトラーのマーケティング4.0』も併せて読むとよい．
宮本憲一(2007)『環境経済学 新版』岩波書店
　　日本で最初に『環境経済学』(1989年)として刊行された書籍の新版．経済発展と引き換えに発生した，絶対的不可逆的損失評価がいかに環境経済論と内発的発展論につながったか．論の成り立ちを知るためにも必読の書．
藻谷浩介監修(2020)『進化する里山資本主義』the japan times出版
　　里山資本主義の反対語はマネー資本主義である．本章でも，お金は大事だが，地域の発展をお金だけで考える時代ではないことを強調した．その目指すべき社会の具体像を「里山資本主義」とし，地域の実例に迫る書．

【文献一覧】

歌川学(2021)“脱炭素宣言”を地域の持続可能性戦略の追い風に(1)「好機」としての気候危機回避」『月刊事業構想』2021年4月号
歌川学・堀尾正靱(2021)「「ゼロカーボンで栄える関西」の展望と課題」『龍谷政策学論集』10(2)

岡田知弘(2005)『地域づくりの経済学入門——地域内再投資力論』自治体研究社

坂本誠(2018)「地方創生政策が浮き彫りにした国—地方関係の現状と課題——「地方版総合戦略」の策定に関する市町村悉皆アンケート調査の結果をふまえて」『自治総研』44(474)

櫻井あかね(2015)「再生可能エネルギーの固定価格買取制度導入後の日本における地域エネルギー利用の課題——大規模風力発電所とメガソーラーの「所有性」に着目して」『龍谷政策学論集』4(2)

資源エネルギー庁(2016)「事業計画認定情報公表用ウェブサイト」, https://www.fit-portal.go.jp/PublicInfo

中村良平(2014)『まちづくり構造改革——地域経済構造をデザインする』日本加除出版

中村良平(2019)『まちづくり構造改革 II——あらたな展開と実践』日本加除出版

西川潤(1989)「内発的発展論の起源と今日的意義」鶴見和子・川田侃編『内発的発展論』東京大学出版社

バイオマス産業社会ネットワーク(BIN)(2021)「バイオマス白書 2021」

藤山浩・森山慶久・有田昭一郎・文村権彦・野田満・竹本拓治・重藤さわ子・豊田知世(2016)「平成 29 年度 環境経済の政策研究「低炭素・循環・自然共生の環境施策の実施による地域の経済・社会への効果の評価について」」第 III 期研究報告書(研究代表：藤山浩)

藤山浩編著, 有田昭一郎・豊田知世・小菅良豪・重藤さわ子(2018)『「循環型経済」をつくる』農文協

増田寛也・冨山和彦(2015)『地方消滅 創生戦略篇』中公新書

宮本憲一編(1977)『大都市とコンビナート・大阪』筑摩書房

宮本憲一(2007)『環境経済学 新版』岩波書店

New Economics Foundation（NEF）(2002 a)"Plugging the Leaks: Making the most of every pound that enters your local economy".

New Economics Foundation (2002 b)"The Money Trail: Measuring your impact on the local economy using LM3".

第**5**章 | 新しいコミュニティをつくる

平井太郎

1 本章の課題——コミュニティを通じた望ましい未来へ

　みなさんの身の回りには「コミュニティ」はあるだろうか．SNS 上にもコミュニティはあるし，少し気を付けて見渡してみれば，身近に「コミュニティ・センター」と名づけられた施設があるかも知れない．では，コミュニティとは何だろう．なぜ，目には見えない SNS と目の前にある施設とに，同じコミュニティという言葉が使われているのだろう．

　こうした「言葉の使われ方」には敏感になった方がいい．この本のさまざまなキーワードも同じだ．とりわけコミュニティはそうだ．研究者や政策に携わる人びとだけでなく，SNS や施設を使う一般の人たちも日常的に使っている．このような場合，コミュニティという言葉でイメージするものが，人によって大きく異なる．そうした違いに気を付けないと，互いのコミュニケーションがかみ合わなくなる．コミュニティは，語源的には，コミュニケーションを基盤とした集団を指す[デランティ 2018]．さらに，コミュニケーションを大切にすることは，後で確認するように，この本のテーマ——「つくりかえる」を展望するときにも，特に重要な視点だ．

コミュニティという言葉の使われ方

　人により言葉の使い方が異なると考えられるとき，まず，どのような意味でコミュニティという言葉が一般に使われているのかを確認した方がいい．「テキスト・マイニング」という作業だ．無償ソフトとマニュアルも公開されている．みなさんもぜひ挑戦してほしい．さまざまな事情でフィールドに足を運びづらいこともある．それ以上に，フィールドに赴く前に，テキスト・マイニン

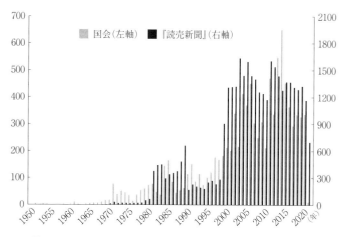

図5-1 「コミュニティ」が使われた記事数(『読売新聞』)と発言数(国会)の推移

グを通じて大きな構図やこれまでの歩みを整理するのも大切なことだ.

　広い社会での言葉の使われ方を確認するには,何を見たらよいだろう.もう
あまり読まれないかも知れないが,新聞も手がかりの一つだ.日本の大手新聞
は世界的にも発行部数がきわめて多く,ネット配信もなされている.大学や公
立の図書館では過去の記事のデータベースも利用できる.そこで発行部数が
世界最大の『読売新聞』で,コミュニティという言葉を使っている記事数を
1950年から数えてみた(図5-1).すると,本格的に使われ出したのは1980年
代で,さらに2000年前後から年間1000件を超えるように爆発的に使われてき
ていることがわかる.なぜ,こうした急激な変化が生まれたのだろう.

　検索された記事を眺めると事情がわかってくる.1980年から81年にかけて
の記事を見ると,東京都で当時,新たな政策としてコミュニティづくりが打ち
出されていたことがわかる.「コミュニティ・センター」や「コミュニティ・
スクール」といった言葉が作られはじめたのもこの頃だ.次の山の2000年前
後はどうだろう.まず目につくのは,市町村長などの選挙で「コミュニティの
維持」が争点になっていたことだ.これはどういったことなのだろうか.さら
に,2010年前後に目を向けると,特に2011年の東日本大震災以降,復興政策
をめぐって「コミュニティの再生」が問われはじめていることがわかる.

　こうした使われ方から,まず注意すべきは,コミュニティという言葉が,少

なくとも日本では，政策や政治の文脈でくりかえし使われ，日常に浸透してきているということだ．そこでそうした文脈を直接押さえるべく，図5-1には国会会議録検索システムを使って，国会で「コミュニティ」が使われた件数の推移も表示している．

　すると，新聞記事数とほぼ波形は重なるものの，国会での発言の高まりの方が，やや早いことがわかる．東京都でコミュニティ政策が打ち出される前の1970年代から，国では自治省を中心にすでにコミュニティ政策が農村地域も含んで全国展開されはじめていたからだ[山崎2014]．また，東日本大震災より前，1995年の阪神・淡路大震災後の復興政策でも，すでにコミュニティに注意が向けられていた．

政策の焦点としてのコミュニティ

　そこで，それぞれの時期の国会でどのような言葉とコミュニティが結びつけられていたかを確かめてみよう．図5-2では，テキスト・マイニングの対応分析によって，時期ごとにコミュニティがどのような言葉とともに使われているかを2次元で表している．1次元目の成分1で時期ごとの違いの49.73%，2次元目の成分2で16.76%，あわせて66.49%が，この図で表されていることになる．後で見るように，成分1はおおむね2000年代の爆発的な使用まで，成分2はその後の使われ方の違いに対応している．時期を表す「50s」（＝1950年代）の四角の大きさは，その時期の発言数を反映している．その四角に近い言葉，たとえば右上の「80s」に近い「道路」や「施設」の位置は，それらの言葉が1980年代によく使われていたこと，また，丸の大きさは発言数を表している．左右の軸の「0」の交わる位置に近い言葉は，どの時期でも使われていたことを意味する．たとえば，原点を包摂している大きな円は「地域」という言葉だ．したがって日本では，SNSの普及などもありつつ，基本的には，コミュニティと地域とは不可分なものとして考えられてきたと言える．

　先ほどふれた成分1, 2の意味を確かめるべく，年代を追ってみよう．図中央の1970年代から90年代の前半にかけては，政策的に「センター」などの「施設」が「整備」「充実」されようとしていたことがわかる．各地のコミュニティ・センターは，この時期の政策の産物であることも多い．これが左の方の

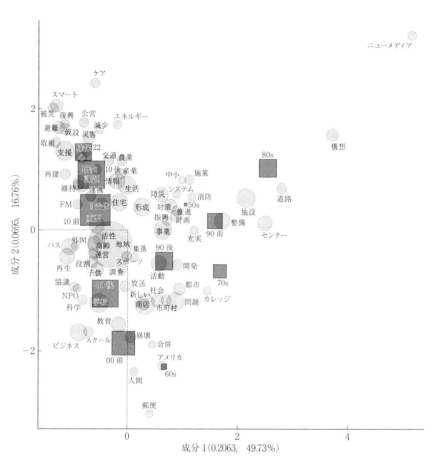

図5-2 国会でコミュニティとともに語られる言葉の推移

90年代後半から2000年代に入ると,「市町村」「合併」や「教育」「学校」などが論じられる際,コミュニティの「崩壊」が問題視されはじめたことがわかる.だからこそ,新聞記事にあったように,市町村合併の際,特に他地域に吸収されたような地域でのコミュニティの「維持」が選挙の争点にもなっていたのだ.

次いで,左上の2010年代以降になると,「災害」などさまざまな文脈でコミュニティの「維持」が模索されはじめていることがうかがえる.このように,政策的な関心の焦点が,バブル崩壊前は施設などのインフラストラクチュアの

整備にあり，バブル崩壊後は市町村合併や教育問題に移り，さらに，2010年代以降は，さまざまな社会問題の「課題」解決をにらむうえで，コミュニティの「維持」「再建」が期待されるようになってきているのだ．

　こうした社会課題の解決にコミュニティが期待される傾向は，日本ばかりでなく世界的にも広がっている．世界的な動向を整理しているデランティ[2018]によると，グローバル化が進む現代だからこそ，コミュニティに対する期待が，政策上も，また人びとの日常の感覚からも高まっているという．それはグローバル化が，ヒトやモノ，情報の流動を促したり，逆に社会的な混乱や分断を生み出したりしているからである．そのように，一見矛盾するような「流動と分断」が生じるからこそ，人びとは「帰属＝よりどころ」をコミュニティに求めている．たとえば2020年の米国大統領選挙では「社会の分断」が争点になっていた．しかもそこではどちらの候補も，それぞれのコミュニティの維持や再生を掲げていたのだった（フィリップ・エリオット「トランプはオバマよりも，これまでにないコミュニティの組織者だった」『タイム』2021年7月9日号）．

　コミュニティに対する政策的な期待は，たんにコミュニティを再生することにとどまらない．むしろ並行して，コミュニティ自体に社会課題の解決を期待している点が重要である．その課題は，図5-2を見渡せばわかるように，「教育」や「防災」だけでなく「ケア」「スポーツ」「エネルギー」「交通」，さらには「農業」に至るまで多岐にわたる．こうした政策のあり方は，コミュニティ・ベースト・プランニング，つまりコミュニティの意向を重視した計画と呼ばれ，世界的にも注目されてきている[宮内2017]．日本の農村も例外ではない．2020年に発表された国の新たな食料・農業・農村基本計画でも，「地域コミュニティの維持」は，さまざまな施策の前提に位置づけられている．

　だが話は単純ではない．すでに宮内[2017]で掘り下げられているように，コミュニティ・ベースト・プランニングを謳った政策でも，目的が達成されないことがある．それどころか，コミュニティが分断されてしまう例も目に付く．そこで本章では，特に日本の農村に焦点を当て，どういったコミュニティをかたちづくったら，望ましい未来を拓くことができるのか，これまでの模索を踏まえて，みなさんと共有したい．

2 コミュニティ政策とむらおこし，地域づくりへ

　日本で初めてコミュニティ政策が掲げられた背景には何があったのだろう．それは都市部における「過密」，農村部における「過疎」である．1960年代，三大都市圏の転入超過数は年間50万から60万人を数えていた．東京一極集中が問題となった2000年代以降に比べ5倍に上る．小規模な県がまるごと農村部から都市部に移動するスケール感である．これにより，都市部では道路やゴミ処理，教育といった，さまざまな社会システムが機能しづらくなっていた．先の新聞記事でも「交通戦争」「ゴミ戦争」「マンモス学校」といった見出しを見つけることができる．他方，農村部でも，極端には集落全体が都市部に移動する例も出はじめた．都市部とは逆に，道路や用水の維持管理が難しくなったり，小学校から子どもの姿が消えたりしていたのだ．

「ムラ」に代わる新たなコミュニティ

　こうした過疎・過密への対応として期待が寄せられたのが，コミュニティである．たしかに，たとえばゴミ集積所の管理は，地域の町内会が担っている場合が多い．農村部での道路や用水の維持管理も同様だ（第6章参照）．そうした，社会システムの一端を担う人びとの集団は，日本では近世以来人びとの間でムラと呼ばれ，農村研究でもこの呼称を用いてきている［細谷2021］．それが近代初頭の地方制度改革のもと，比較的小規模な行政単位として「村」の呼び名が使われはじめた．そのため，近世農村に由来する人びとの集団であるムラと，行政単位としての村が混在し，わかりにくいことがある．そこで研究上はムラと村を書き分け，区別している．

　ではなぜ，過疎・過密が問題になったとき，ムラの再生が目指されなかったのだろう．それはムラには，男尊女卑や長幼の序，家格意識や排他性など，「近代家父長制」と呼ばれる集団原理が埋め込まれていると考えられていたからだった．だからこそ，1970年前後に打ち出されたコミュニティ政策では，ムラに代わり新たな原理をもつコミュニティに「つくりかえる」ことが理想として掲げられた．

そこではコミュニティは以下のように定義されていた――「生活の場におい
て，市民としての自主性と責任を自覚した個人および家庭を構成主体として，
地域性と各種の共通目標をもった，開放的でしかも構成員相互に信頼感のある
集団」(国民生活審議会調査部会コミュニティ問題小委員会「コミュニティ」(1969
年))．つまり，(1)個々の自主性と責任，(2)集団の地域性と目標の共有，(3)
集団における構成員の開放性と相互信頼，の3点が謳われ，このうち(1)と(3)
は明確にムラにおける原理を否定するものだった．また(2)も，ムラでは自明
なものとされがちだったが，どこまでを対象とするか，何を目指すのかを再確
認することが，あらためて求められたのだ．

　みなさんは，このようにムラをコミュニティに「つくりかえる」ことで，過
疎・過密問題が解決できると考えるだろうか．みなさんもよく知っているよう
に，過疎・過密問題はその後も東京一極集中の再加速というかたちで，都市部
と農村部，双方の暮らしに影響を与えている．農村部では1960-70年代と同じ
ように，道路や学校などのインフラストラクチュアの維持がますます困難にな
っていると言われている．都市部でも，1995年の阪神・淡路大震災後，神戸
市という大都市部での「コミュニティの崩壊」が，仮設住宅や復興住宅での
「孤独死」の遠因になったと指摘されていた．さらに，同じような「孤独」や
「孤立」は，平時の暮らしのなかでも問題視され，政策対応が始まっている
(2021年，内閣官房 孤独・孤立対策担当室設置)．

新たなコミュニティの限界

　では，何が1970年代以降のコミュニティ政策に足りなかったのだろう．政
策的には図5-2からも見てとれるように，「道路」や「施設」の「整備」に焦
点が当てられ，過疎・過密問題を本質的に解決するというより，目の前の生活
の安全性や快適性の確保に追われたことが反省されている．さらに，都市・農
村横断的に政策を検証した山崎[2014]は3つの問題点を挙げている．

　まず(1)政策課題が個別化され総合的な対応が取られなかった．次に(2)これ
までのムラを担ってきた組織や担い手が意識的に排除され，新たな自主性・責
任意識をもつ「リーダー」の活動も継承されなかった．さらに(3)行政からも
地域からも，新しいコミュニティが「正統性 legitimacy」を認められる仕組み

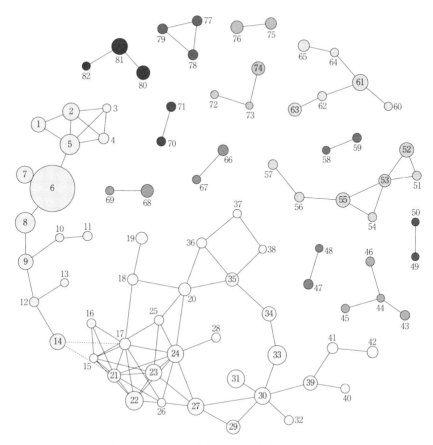

図 5-3 国会でのコミュニティとともに語られる言葉（共起ネットワーク）

1 教育，2 スクール，3 協議，4 運営，5 学校，6 地域，7 住民，8 社会，9 高齢，10 減少，11 人口，12 調査，13 外国，14 再生，15 ケア，16 心，17 復興，18 避難，19 拠点，20 災害，21 被災，22 支援，23 形成，24 住宅，25 公営，26 再建，27 生活，28 仮設，29 環境，30 整備，31 事業，32 道路，33 施設，34 センター，35 防災，36 対策，37 充実，38 消防，39 推進，40 施策，41 振興，42 産業，43 スマート，44 エネルギー，45 可能，46 構築，47 科学，48 技術，49 医療，50 介護，51 団体，52 地方，53 公共，54 交通，55 バス，56 確保，57 安全，58 カレッジ，59 アメリカ，60 提供，61 情報，62 ニューメディア，63 構想，64 FM，65 放送，66 場，67 交流，68 関係，69 人間，70 NPO，71 ビジネス，72 レベル，73 地区，74 計画，75 活性，76 商店，77 農業，78 農村，79 集落，80 役割，81 重要，82 認識

を欠いていた．最後の正統性とは，簡単に言えば，関係者の合意や総意を得たものとして，人びとの間や行政の意思決定機構内で尊重される根拠のことを指す［宮内 2017］．これが欠けていると，人びとの協力が得られず逆に反発を受けやすい．行政とも一方的な依存関係や不安定な関係になりがちだ．

これら 3 つの論点のうち第一の「総合性の欠如」は，政策的反省での「施設整備への傾斜」とも関わっている．どちらも問題の一部に目を向け，何を目指したものなのかを見失っている．たとえば図 5-3 を見てほしい．これは図 5-2 と同様，国会でコミュニティとともに発言された言葉のつながりをテキスト・マイニングにより図示したものだ．

ここでまず注目したいのは，「農業―農村」「高齢(者)」「教育」「エネルギー」「医療―介護」「消防―防災」「NPO」「公共―交通」「放送」「商店(街)―活性(化)」といったテーマ群が，それぞればらばらになっている点だ．いかにこれまで，問題が個別化されていたかがわかる．

第二の「理念による排除の可能性と限界」は，コミュニティづくりを目指す世界的な取組みに共通する．コミュニティに対する期待は，人びとの不安を解きほぐすことに向けられる．過疎・過密問題もそうだったし，初めにふれたグローバル化という文脈も，幅広く捉えれば同じだ．図 5-2 でも，2020 年代に「心」という言葉が中心を占めるようになっている．図 5-3 を見ると，「心―ケア―被災」とが強く結びついていることもわかる．

しかし，コミュニティ政策のようにムラの排除がはっきり謳われないまでも，ライフスタイルの多様化などから人びとの不安の抱き方もさまざまだ．特に「分断」が問題になるとき，ある人びとの不安の原因が，別な人びとの存在そのものであることも多い．米国における白人労働者にとっての移民労働者のように，しばしば，不安の原因になる人びとは，不安を抱く人びとから「よそ者」と呼ばれる．コミュニティにはこのように「よそ者」を生み出し，絶え間ない排斥のきっかけになる面がある［バウマン 2017］．

コミュニティの総合化にむけた模索

3 つの論点のうち，大きく 2 つの問題を乗り越え，「つくりかえ」を実りあるものにしようとする試みも，1970 年代以降，都市・農村横断的に積み重ね

られてきた．それらは都市では「まちづくり」[奥田 1983]，農村では「むらづくり」[小田切 2014]と別々に呼び分けられてきた．だがどちらも，「内発性／住民主体者意識」「革新性／先行的対応」だけでなく，「総合性・多様性／有限責任型リーダー」を目指してきた点が重要だ．ここでは農村部における「むらづくり／地域づくり」をめぐる小田切[2014]の考察から，では，どのような「総合性」が求められるのか，確かめてみよう．

　農村部では「過疎」がまず語られはじめたように，入口として問題にされるべきは「ヒトの空洞化」だった．だが，農村部では 80 年代には問題の焦点が移り，「中山間地域／耕作放棄地」が言葉として生み出されるようになる．つまり，空洞化は「ヒト」ばかりでなく生産基盤としての「トチ」をも蝕んでいるのだ．さらに，90 年代になると「限界集落」という言葉が知られるようになる[大野 2005]．そこで問題にされたのは，たんに人口減少や高齢化ではなかった．むしろ「ムラの寄り合い」をはじめとする人びとの話し合いやそれにもとづく共同の営み——「コミュニケーション」の喪失だった．それはまさにムラの営みであり，問題にされるべきは「ムラの空洞化」だった．こうした「ヒト／トチ／ムラの空洞化」が折り重なって，そこに暮らす人びとが，そこでの暮らしを諦めたり，暮らしに価値を見出せなくなったりする——「誇りの空洞化」こそが「むらづくり／地域づくり」で克服すべき事態だった．

　このような状況認識の「総合化」を踏まえ，小田切[2014]は各地の着実な取組みから，総合的な「むらづくり／地域づくり」の枠組みを描き出す．あえて対照させれば，「ヒトの空洞化」に対応するように①潜在化された人材（女性や若者含め）の掘り起こしが，「トチの空洞化」に対応するように②新たな生計基盤の立ち上げが，そして「ムラの空洞化」に対応するように③それらを共同して進める場づくりが目指され，それらを通じて，人びとの「誇り」が回復され継承されていくという枠組みである．

　つまり，①理念にもとづいて排除を進めるより，むしろ排除されていた人びととの新たな関わりに目を向けること，②目の前の生活環境だけでなく，そこでの暮らしを支える生計にも目を配ること，③施設整備以上に，コミュニケーションを通じた試行錯誤の場を生み出すのを優先すること，に留意されている．これらは，1970 年代以降のコミュニティ政策の問題点を押さえている．その

うえで，具体的にどうすべきかを考え，一歩踏み出す「コミュニティ総合化」の指針に他ならない.

3 地域運営組織の可能性と限界

　では，こうした総合的な地域づくりの萌芽と，その後の政策展開は，どのように関わっているのだろう．2000年代以降のコミュニティをめぐる政策は，図5-2にあったように，「市町村」「合併」を背景にしながら進められてきた．そこで新たに注目されはじめたのが「地域運営組織」である．図5-2でも原点付近に「地域」と「運営」という言葉が重なっているのが見てとれる．もっとも図5-3を突き合わせると，「運営」という言葉はむしろ，「学校」とともに語られている．みなさんにとってはこの「学校運営協議会」の方が身近かも知れない.

　ただし地域運営組織の数も，2021年には全国で約5700を数える，無視しえない存在になっている．それまでのムラを担ってきた，町内会などの既存組織も包括するかたちで「つくりかえ」られ，地域のさまざまな課題を実際に解決しようとする，まさに「総合性」を目指す組織だ．しかも，山崎[2014]で指摘されたまま残されていた第三の問題点，つまり正統性の問題をクリアするように，行政からも地域からも正統性を認められる点を特徴としている.

　具体的に地域運営組織では，どのような取組みが広がっているのだろう．国の調査(総務省「令和2年度地域運営組織の形成及び持続的な運営に関する調査研究事業報告書」(2021))をひもといてみよう．すると54.8%が「防災訓練・研修」を，51.9%が「高齢者交流サービス」，41.2%が「声かけ・見守りサービス」を，また，34.1%が「体験交流」を実践している．防災から高齢者支援，地域内外の交流と，活動が複数の分野を横断している．ここから「総合性」への萌芽を見てとることもできる.

　ただ，83.6%が「担い手の不足」，49.3%が「当事者意識の不足」，37.2%が「活動への理解不足」を活動上の課題として掲げている．したがって，活動分野の横断性は目指されているものの，幅広い関係者の掘り起こしは依然，進んでいない．しかも，まさにそのことが，地域運営組織の困難だと意識もされて

いるのだ．したがって，小田切[2014]から整理した「地域づくり」の総合性のうち，①の排除された人びとの包摂や③の試行錯誤を共有する場づくりが十分に進んでいない可能性がうかがえる．

　さらに活動上の主要な課題はこれだけでない．45.8% が「資金不足」を挙げている．では，地域運営組織の資金源はどうなっているのだろう．実に62.4%が「市区町村からの補助金等」を最大の資金源に挙げている．すべての資金源に広げてみても，次に多いのは「構成員からの会費」の37.0% で，「収益事業の収益」は 23.7% にとどまる．行政からの補助金は正統性が認められる限り，頭から否定されるべきではない．だが，総合的な地域づくりに求められる，②暮らしを支える生計への配慮という視点から見るとどうか．配慮はされていたとしても，生計を支えるだけの基盤はまだ十分できていないのだ．

地域運営組織のどこに限界があるのか

　では，どうしてこのような問題が生じているのだろうか．一つには山浦[2017]などが指摘するように，多くの地域運営組織が行政からの働きかけに応じて「つくりかえ」られているからだ．せっかくなので山浦が紹介している大分県宇佐市深見地区の地域運営組織を訪ねてみよう．

　宇佐市は大分県の北部，瀬戸内海に面する旧市街から，九重連峰に連なる山あいにまで広がっている．このように広がったのも，これまで触れてきた市町村合併があったためだ(2005 年)．深見地区も合併前は旧安心院町に属し，なかでももっとも山あいの人口 1300 人あまりの集落である．旧市街で瀬戸内海に注ぐ川に沿って車で 40 分ほど遡っていくと，切り立った崖が見えてくる．観光名所にもなっている耶馬渓の一角だ．そこを通り過ぎた谷あいに田んぼやブドウ畑が広がりはじめる．深見である．

　この深見に地域運営組織「深見地区まちづくり協議会」ができたのが 2009年．合併で半ば吸収されたかたちの，深見のような地域の将来を憂えた，宇佐市からの働きかけによる．市ではその後，中心市街地を除くすべての旧中学校区で同様の地域運営組織を立ち上げてきている．こうした働きかけが功を奏しているのは，市からまとまった「補助金等」が与えられていることにもよる．深見の場合，旧深見中学校(2007 年廃校)を改装したコミュニティ・センターの

指定管理料などが支払われ，活動の核を担う事務局の人件費や活動経費などに充てられている．

　コミュニティ・センターを訪ねてみよう．かつての中学校そのままに教室や体育館が残されている．昇降口を入って右側に進むと広い給食室がある．ここでは深見のおかあさんたち(中高年の女性たち)による「ワンコイン居酒屋」が時折，開かれている．私が大分大学の学生たちとともに合宿したとき，若布の添えられた五目ちらし，煮物だけでなく鶏の唐揚げをふるまっていただいたのを，大分に来た感慨とともによく憶えている．居酒屋というだけあり，夜には男性たちも集まって飲み会になる．そこでの収益は，昼にお年寄りたちを招いた食事会の運営などに充てられていた．深見でも全国各地と同じように「高齢者交流サービス」が営まれているのである．

　このように，多様な世代，性別や地域を超えた交流が深見では盛んに行われている．にもかかわらず，何が問題なのだろう．先ほどの山浦[2017]によれば，深見地区まちづくり協議会では，行政の働きかけによって組織を立ち上げた際，部会制が敷かれた．「地域づくり」「生活環境」「教育文化」「健康福祉」の4つの部会だ．これらの部会の下に，それまで地域にあった老人会や婦人会，消防団や社会福祉協議会などといった組織が割り当てられていた．いわば，ムラの組織をそのまま新しい地域運営組織という器に盛ったかたちである．結果として新しい器ができても，従来の活動がそのままに引き継がれ，地域運営組織が本来目指すべき，分野を超えた活動が活発にならなかった．

　もっともワンコイン居酒屋のように，地域づくりと健康福祉を横断するような新しい活動も生まれている．ただしそれは事務局の主導によるもので，各部会に属する地域の人びとから生まれたものではないのだった．そのため分野を超えるような総合的な地域づくりの負担が，ごく少数の事務局にのしかかり，継続しえなくなりつつあった．まさに，全国で課題とされている「担い手の不足」「当事者意識の不足」「活動への理解不足」が，深見でも顕在化していたのである．

行政からの働きかけに頼ることの弊害
　したがって深見の地域運営組織の停滞の原因は，行政の働きかけで行政型の

組織として立ち上げられたことにあった．たしかに，かつてのムラやコミュニティに欠けがちだった正統性を，行政からの働きかけに応じた「つくりかえ」を通じ，あらためて確保しようとするのは理解できる．しかし，それによる弊害があまりにも大きいのだ．

　まずわかりやすいのが，財源が行政からの補助金に偏り，会費や事業収益の開拓が途半ばである点だ．これにより，地域づくりで目指されるべき，暮らしを支える生計の基盤づくりが二の次になるだけでない．補助金の運用は，行政の論理を引き受け，新たな組織を行政型に「つくりかえる」ことにつながる．

　深見でも「市からの補助金等」が活動資金の中核を占め，ワンコイン居酒屋もほぼ会費制での運営にとどまっている．だが，みなさんは，なぜ女性たちが農家レストランのような収益事業に挑まないのか，疑問をもつのではないだろうか．

　実は深見では，全国に先駆けて1992年からグリーンツーリズム（農家民泊）に取り組んでいる．当時はグリーンツーリズムという概念もなく，また，一般農家が飲食・宿泊業を営むのにも法規制の壁があった．それらを乗り越える試行錯誤が積み重ねられ，旧安心院町全体で年間1万人以上を受け入れるまでになっていった［宮田2020］．こうしたグリーンツーリズムの担い手となっているおかあさんたちからすると，ワンコイン居酒屋を新たに事業として取り組む動機がないのである．さらに言えば，深見ではすでに，暮らしを支える生計の基盤づくりは十分，取り組まれてきたと見ることができる．むしろ問うべきなのは，地域運営組織を立ち上げる際に，なぜ，そうした成果をさらに展開させるような組織づくりが働きかけられなかったのか，である．

　この問いを掘り下げると，地域運営組織を行政型に「つくりかえる」ことの別の弊害が見えてくる．それは，排除された人びとの包摂や試行錯誤を共有するコミュニケーションの場づくりが進めづらい点である．

　前者について言えば，行政はあらかじめ教育や福祉，産業や防災，交通や環境といった分野ごとに，政策を進める協力者をこれまで確保してきた．先の学校運営協議会や公民館の協力組織，福祉ならば社会福祉協議会や民生委員といったかたちで，そうした協力者はすでに分野ごとに組織化されている．多くの地域運営組織では，「包摂」の名の下に，そうした分野ごとの組織をそのまま

取り入れている.

　すると，たしかに形式的には包摂されたように見える. だが，それまで関わりの薄かった人たちは，依然として排除されたままになりがちだ. しかも，「縦割り」と評される行政の「構造」が現場にも投影される. 図5-3で見たような主題ごとに分散した構図だ. しかも，こうして行政型の縦割り「構造」に「つくりかえ」られると，なぜ，今，活動を始めなければならないのか，何を目指しているのかという，目標の共有が置き去りにされてしまう. 「構造」とは動かしがたいものを指す. なぜそうであるのかという理由もわかりづらいものが「構造」だ.

　試行錯誤を共有する場づくりも，行政型への「つくりかえ」が進むと簡単ではなくなる. 行政には「単年度主義」や「予算主義」といった，時間を区切り，計画にもとづいて事業を進める特徴がある. すると試行錯誤のように，いつまでに，どのような成果が出るのかはひとまず措いて，創発やイノベーションの発生に期待することが難しくなる. しかも，グローバル化以降，世界的に急速に広まっている「新自由主義」と呼ばれる政策の進め方［ブラウン 2017］では，試行錯誤がより許容されにくい. 時間の区切りはさらに厳密になり，評価の指標も数値化できるものが推奨される. 2014 年からの「地方創生」などで採用されている，KPI（キー・パフォーマンス・インディケーター）による進捗管理は，まさにそうした例だ. 5 年かかるはずの取組みが毎年度，なるべく数値目標によって評価される. これでは試行錯誤している余裕がなくなるのは当然だ.

　深見の場合，こうした試行錯誤は，先のグリーンツーリズムだけでなく，ブドウの産地化やワイン醸造への挑戦などを通じて，20 年以上，積み重ねられてきた. にもかかわらず，それらの担い手やそこでの経験が地域運営組織に取り入れられなかった. それは地域運営組織の立ち上げを働きかける行政側に，そうした発想が十分でなかったことによる. でなければ，法規制の壁を超える試行錯誤を重ねてきた深見の人びとが，それらをともに進めるべく仲間の輪を広げる場を，新たな組織の核にすえない道理がない. まさにワンコイン居酒屋が，そうした場づくりの発想から生まれた試行錯誤に他ならないからだ.

再確認されるべき「目標の共有」

　ではなぜ，こうした行政型への「つくりかえ」，つまり行政の論理の優先が生じてしまうのだろう．あえて指摘したいのが，行政ではなくコミュニティに目標設定権が委ねられてきたのか，という点だ．コミュニティ政策が構想された際にも 2 番目の論点として，「集団の地域性と目標の共有」が謳われていたことを思い出してほしい．コミュニティも含め，集団が集団であるには，何を目指し，どこまでを対象にするかの共通理解がまずもって重要だ．だが，これまでのコミュニティ政策では，地域運営組織も含め，この点が置き去りにされがちだった．その理由もわからなくはない．コミュニティ政策の出発点では過疎・過密が，2000 年代以降では人口減少や市町村合併が，乗り越える課題として自明だったし，人びとの不安としても共通していると考えられてきたからだ．

　ただし，だったとしても，立ち止まって，誰と，どこで，何を目指すのかは確認した方がいい．注意しなければならないのは，確認するのは，人口減少といった課題をあらためて確認することでは「ない」ことだ．同じ人口減少といっても，税収減や支出増と捉える行政がとりがちな立場と人手不足と捉える多くの現場の立場では，その先の目指す姿は変わる．さらに言えば，人口減少を課題と捉えない立場もある．人口が減る局面だからこそ，これまで二の次とされてきた生活の質を高める好機とみる考え方は少なくない．

　しかも人口減少という課題の確認から始めると，コミュニティをむしろ壊す．なぜなら，この課題は小さな集団の力では乗り越えられないという諦めを喚起しやすいからだ．これでは総合的な地域づくりが目指していた，誇りの再生とは真逆の事態になる．にもかかわらず新自由主義の政策では，むしろ，こうした「危機感の喚起」が手法として定着している．ブラウン[2017]によれば，新自由主義の政策はそうすることで，人びとを無力化したり分断したりして，政策を受け入れやすくさせようとしている．これに対しコミュニティは，人びとが互いに信頼し合うところから生まれる，全く別のアプローチなのだ．

　深見でも私はこうした考えから，学生たちと地域のみなさんと語り合ったとき，あえて何が課題なのかではなく，集まった地域のみなさん一人ひとりの夢を尋ねてみた．ある 60 代の女性は「花咲かバアさんになりたい」と言う．どういうことかと耳を傾けると，商店がどんどんなくなり買物に困っているお年

寄りが多い．そうした高齢者と話に花が咲くような移動販売をやりたいのだという．高齢化や人口減少，買物難民といった課題を語る発想からは出てきづらい夢だ．なぜなら，そうした課題が先に立つと，同じ移動販売を考えるのにも，どうやって人口減少下で経営を成り立たせるのかという難問に突き当たるからだ．その難問が解けないからこそ商店が閉まってきたのだ．だが，この女性のように，お年寄りたちが話に花を咲かせる場づくりが目標になれば，考え方も変わってくる．

　現実に深見では感染症拡大の影響で，最後に残った商店も閉まってしまった（2020年）．それを機に「花咲かバアさんになりたい」という女性の夢は，地域運営組織の後押しもあって実現しはじめている．深見では2019年，それまでの部会制を廃止し，こうした女性のような夢の実現を一つ一つ後押しする「深見委員会」と呼ばれるプロジェクト・チーム型の組織に移行していたからだ．課題が先に立つと諦めしか生まれない．だが，夢は共感を生み，小さくとも試行錯誤を芽吹かせるのである．

4　尊重の連鎖からのコミュニティへ

　では，これらを乗り越える新たなコミュニティへの「つくりかえ」は，どのように始めたらよいのか．深見のように夢を語り合うところから始めたいが，深見でも地域運営組織が部会制からプロジェクト・チーム制に変わっていた効果が大きい．この組織変更は，紛れもなく行政側が10年間の地域運営組織の歩みを真摯に反省し，それぞれの地域に即して改善を行ってきていることによる．その意味ではまずは，コミュニティ政策の検証で指摘され，地域運営組織でも重視されていた正統性をクリアするうえでも，現場の人びとと行政との関係から解きほぐした方がいい．

コミュニティの基盤となる尊重の連鎖
　手がかりは，地域運営組織の問題が行政型組織への「つくりかえ」にあったとすれば，まさにそこにある．縦割り構造を持ち込まない．時間を一方的に区切らない．目標を数値化できるものに限らない．何より，自明の課題からでは

なく目標の再確認から始める．

　もちろん，言うは易しである．だが，行政の側がまずは，このうちのどれか
に一つでもチャレンジすることによって，現場の側が変わりはじめる．どう変
わるのか．何をやっても駄目だという諦めから，一歩，足を踏み出しはじめる
のだ．これは「コミュニティの総合化」で目指されていた，誇りの回復につな
がる意識の変化に他ならない．

　注目すべきは，現場の意識が変わった，ということだけではない．それが行
政から現場への歩み寄りをきっかけにして生まれている点だ．つまり，行政の
変化が現場の変化を呼ぶという「相互作用」が生まれている．だとすれば，現
場の変化はさらなる行政の変化を呼び，それがまた現場の変化を生むという，
相互作用の連鎖を想定することができる．

　平井ほか[2022]では，こうした相互作用の連鎖が，特に互いの「歩み寄り」
として現れる点に注目して，「尊重の連鎖」と呼んでいる．というのも「尊重」
こそが，デランティ[2018]が指摘するように，グローバル化の下に生きる人び
との不安を和らげ，よりどころとなるコミュニティを互いに育むきっかけにな
るからだ．さらに，グローバル化の下での不安は特定の存在だけが抱くもので
はない．ここでの文脈で言えば，現場の人びとばかりでなく行政もまた不安を
抱えている．だからこそ「尊重」は「連鎖」するのである．

　したがってこうした尊重の連鎖は，現場と行政の関係にとどまらない．現場
の人びとどうしにもありうるし，むしろ，そこでこそ求められる．コミュニテ
ィ政策で克服が目指されていたが，現場ではまだムラから続く，互いを分け，
価値づける意識が残っている．性別や年齢，出身だけではない．多様化したラ
イフスタイルも，人びとを分かつ壁になっている．誰かが含まれていないか．
取り残されていないか．たえず目を配りながら，少しずつ，一歩踏み出してゆ
くとき，コミュニティへの「つくりかえ」が動き出す．

　そのときにも，現場と行政との関係で重要だった，「時間を一方的に区切ら
ない」，つまり焦らないことが大切だ．コミュニティ政策でムラの排除が逆効
果を生んだように，年長者や男性，地元出身者を性急に置き去りにすることは，
そうした人びとからの反感や反撃を招きやすい．これは「バックラッシュ」と
呼ばれ，コミュニティを生むときに，どうしてもつきまとう[デランティ 2018]．

このバックラッシュを防ぐためにも，まずは今，現場を動かす人びとを，現場の外の存在，たとえば行政が尊重した方がいい．すると，尊重された側には，現場の外ばかりでなく内に対しても歩み寄る余裕が生じる．そうなって紡ぎ出される現場の内部での尊重の連鎖は，バックラッシュなきコミュニティを育みはじめるのだ．

　初めに確認したように，コミュニティは，グローバル化などによる人びとの不安から期待されると言われてきた．だが，ここまで考えてくると逆に，そうした不安が互いの尊重を通じて和らいでゆくとき，初めてコミュニティが立ち上がってくることがわかる．不安からはコミュニティは生まれない．むしろ，不安を互いに解きほぐす尊重の連鎖こそがコミュニティそのものなのだ．

学習の連鎖から，つくりかえつづけられるコミュニティ

　こうした「尊重の連鎖」は，「意識や行動が変わる」という点に注目すれば，「学習の連鎖」と言い換えることができる．たとえば，縦割り構造を現場に持ち込まないようにするのは，行政にとってはこれまでと仕事の進め方を変えることになる．では，どうしたらよいのか．そこで新たな仕事の進め方が編み出されることは，行政にとってまさに「学習」だ．そうした行政の学習は，この本の第9章で体系的に敷衍されている．

　しかもその学習は行政にとどまらない．現場の側も，これまでのように諦めていたり，行政に要求や不満をつきつけたりとは異なる一歩が生まれる．そこで生まれる一歩が，現場の学習だ．特に現場に問われているのは，コミュニティ政策や地域運営組織で一貫して積み残されてきた，暮らしを支える生計の基盤づくりだ．数多くの「むらづくり／地域づくり」の現場で積み重ねられてきた生計の立て直しの取組みが，学習のかたちでうまく蓄積され継承されているとは言いがたい．この本の第2章や第4章で掘り下げられるのは，そうした積み残された課題に他ならない．

　そうした学習の方向性を展望したうえで，あらためて起点に立ち返ろう．尊重の連鎖と同じように学習の連鎖も，行政と現場との間だけでなく，現場をかたちづくる人びとにも表れるはずだ．すでに小田切[2014]も，特にそれを「交流の「鏡」効果」と呼んでいた．現場を，地域外の人びとに開いて交流するこ

とで，自明だった地域に対する見方が変わる効果を指す．これはまさに，地域内の人びとにとって，外部とのコミュニケーションを通じて，意識や行動を変える学習に他ならない．

　同時に学習の連鎖には，尊重と同じように，それまで現場の外にいた人びとの学習が欠かせないことも忘れてはならない．まず外の人びとが現場に目を向け，足を運び，ともに手を動かすように，意識や行動を変えることこそが，連鎖の出発点になるのだ．

　さらに言えば，これまで「地域」の内外に注目が集まっていたが，「現場」の内外と呼んだ方がいい．地域内に暮らしていても，現場，つまりそこでの地域づくりをめぐる語り合いや活動に関わりのない人びとはたくさんいる．また，地域外の人びとでも，現場に関心を持ち，実際に関わる場合も増えている．「関係人口」と呼ばれる存在だ．人口減少がもはや前提となる 2020 年代は，関係人口のように，地域の内外を問わず，それぞれの現場に意識を向け，ともに行動する存在を，どのように掘り起こしつづけるかが，コミュニティの成否を握ることになる．

　2020 年代のコミュニティが向き合わねばならないのはグローバル化だけではない．気候変動も，毎年の風水害を思い合わせれば，もはや目の前の事実だ．それらはたしかに人びとを不安にさせる．だが，だからこそ，その不安を分かち合い，試行錯誤を重ね，少しでも持続可能な未来を開こうとしつづけること──そうした絶えざるコミュニケーションの場こそがコミュニティに他ならない．そこでは尊重だけでなく，関わる人びとの学習が連鎖してゆく．人びとがそのように変化してゆけば，コミュニティもまた変化する．だが，だからこそ持続してゆく［レイヴ・ウェンガー 1993］．そうして，「変化することで持続する」集団こそが，グローバル化と気候変動に向き合うことを求められた，これからのコミュニティなのだ．

　そのようにコミュニティが変わるとき，図 5-3 の構図も大きく変わる．それぞれのテーマどうしをつなぐネットワークが増えてゆき，一つの大きな球体になってゆくだろう．さらにその中心には，現状では小さく孤立している「交流─場」──「コミュニケーションの場」が大きく位置することになるに違いない．高齢者介護や地域交通といったテーマを互いに関係づけられながら試行錯

誤を重ねられるコミュニケーションの場だ．その核からそれぞれのテーマにネットワークが伸びて全体が一つの球体になる姿こそ，コミュニティの未来像だ．深見地区がそうできたように，そうした姿をぜひ，みなさんとともに作り上げてゆきたい．

【文献紹介】

デランティ，ジェラード，山之内靖・伊藤茂訳(2006)『コミュニティ──グローバル化と社会理論の変容』NTT 出版
　2018 年に英語版が改訂されたので，できればそちらを読みたい．もともと欧米語であったコミュニティが，19 世紀後半からどういった社会の変化を踏まえて注目され，21 世紀もなぜ注目されつづけているのか，広く見渡したいみなさんは，ぜひ．
バウマン，ジグムント，奥井智之訳(2017)『コミュニティ──安全と自由の戦場』ちくま学芸文庫
　コミュニティが，ある人びとにはポジティブなものであっても，だからこそ，別な人びとにとってはネガティブに働く．著者はポーランド生まれのユダヤ人として，ナチス・ドイツやソビエト連邦による筆舌しがたい抑圧をくぐり抜けてきた．その警鐘こそ心にとどめたい．
宮内泰介(2017)『歩く，見る，聞く 人びとの自然再生』岩波新書
　東日本大震災からの復興では，被災者も口々にコミュニティの重要さを語っていた．その発見を一つの起点として，さまざまな自然との人びとのつき合い方にコミュニティの本質を見出していく．現場と理論をつなぐ本としていつも身近に置きたい．

【文献一覧】

大野晃(2005)『山村環境社会学序説──現代山村の限界集落化と流域共同管理』農文協
奥田道大(1983)『都市コミュニティの理論』東京大学出版会
小田切徳美(2014)『農山村は消滅しない』岩波新書
平井太郎・松尾浩一郎・山口恵子(2022)『地域と都市の社会学』有斐閣
ブラウン，ウェンディ，中井亜佐子訳(2017)『いかにして民主主義は失われていくのか』みすず書房
細谷昂(2021)『日本の農村──農村社会学に見る東西南北』ちくま新書
宮内泰介編(2017)『どうすれば環境保全はうまくいくのか──現場から考える「順応的ガバナンス」の進め方』新泉社
宮田静一(2020)『農泊のススメ』弦書房
山浦陽一(2017)『地域運営組織の課題と模索』筑波書房
山崎仁朗編著(2014)『日本コミュニティ政策の検証──自治体内分権と地域自治へ向けて』東信堂
レイヴ，ジーン・ウェンガー，エティエンヌ，佐伯胖訳(1993)『状況に埋め込まれた学習──正統的周辺参加』産業図書

コラム 4　キーワードで追う農村のトレンド

橋 口 卓 也

　本書の第 5 章では，「コミュニティ」をテーマとしつつ，コミュニティという言葉が世の中で取り扱われた頻度の変化を，新聞記事に代表させて追究するとともに，テキスト・マイニングという手法を通して，他のどのような言葉と結びついて論じられてきたか，といったことに言及している．

　本コラムでは，現代の農村をめぐる動きを象徴するいくつかのキーワードをとりあげ，新聞への登場頻度の推移をみることによって，農村をめぐるトレンドの変化の一端を探ることにしたい．以下「限界集落」「ジビエ」「再生可能エネルギー」という 3 つのキーワードをとりあげる．「限界集落」は，過疎化と高齢化が進む農村の危機を端的に表す言葉として，世に知られるようになった．一方，後者 2 つは，現在の食料・農業・農村基本計画の中で「農山漁村発イノベーション」の具体例と

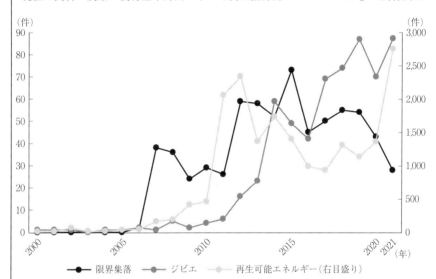

図 1　全国紙における 3 つのキーワードの登場頻度の推移

資料：新聞・雑誌クリッピング，記事検索サービス「ELNET」検索データ結果より作成

注：1　「ELNET」で全国紙と位置づけられている朝日，産経，東京，日本経済，毎日，読売の 6 紙について，「見出し」「キーワード」「本文」が該当するものの記事数を示している

　　2　2021 年分は検索日と年内の残り日数を勘案して 1 年分に換算した

されている．これら3つの言葉について，全国紙における2000年以降の登場頻度の推移を示したものが，図1である．

まず，「限界集落」についてみてみたい．限界集落とは，農村社会学者の大野晃が1990年頃に定義した学術的な用語であるが，人口の50%以上が65歳以上の高齢者になり，冠婚葬祭などを含む社会的共同生活や集落の維持が困難になりつつある集落を指す．しかし，言葉のもつ刺激的なニュアンスもあり，ネーミングに賛否両論が寄せられるとともに，実態をみずに数値指標だけをもって集落を峻別するという弊害も生まれた．登場頻度が急増するのは2007年であるが，参議院選挙で地域格差をめぐる問題が争点となり，クローズアップされたからである．その後，減ったり増えたりという変動を経て，ここ数年は，あまり取り上げられなくなってきているといえる．

次に「ジビエ」であるが，食材として狩猟によって捕獲された野生鳥獣のことである．深刻さを増す農村の鳥獣被害への対応策の切り札として，その活用が期待されている．概ね2008年頃から登場し始め，その後，徐々に増えた後，2014年に一挙に増加している．厚生労働省が「野生鳥獣肉の衛生管理に関する指針（ガイドライン）」を策定し，飲食店情報サイト「ぐるなび」による「今年の一皿」に「ジビエ料理」が選定され，「ジビエ元年」とも呼ばれた．その後，いったんは低下するが再び増加に転じている．全体の傾向をみると，ほぼ増加の一途を辿っているといえよう．このような背景の中でフランス語のgibierが日本語として定着しつつあることを，フランスのグルメ（gourmet：食通，美食家）たちは，どのように思うだろうか．

最後に「再生可能エネルギー」についてみる．農村は，まさにその宝庫ともいわれている．登場頻度は，概ね2006年以降，徐々に増えてきていたが，急増するのは2011年の東日本大震災の年である．福島の原子力発電所事故によって，その危険性が認識される一方，再生可能エネルギーへの注目が集まったのである．その後，2012年をピークに概ね低下傾向にあったが，2018年頃から再び徐々に増加し始め，2021年に一挙に増えている．欧州諸国と比べて地球温暖化対策に消極的といわれてきた日本政府が，2020年10月に「2050年カーボンニュートラル」を宣言し，農林水産省も含めて様々な関連施策を打ち出しており，注目度がより高まってきていることなどを反映していると考えられる．

以上，紙幅の関係もあり3つのキーワードに絞ってみてきたが，その登場頻度の推移の仕方は一様ではなく，いわば色々なパターンがあり，かつ大きな変動があった際には，何らかの世の中の動きを反映しており大変興味深い．読者の皆さんも，気になった言葉について調べてみてはいかがだろう．

第**6**章 | 新しい地域資源利用・
管理をつくる

中島正裕

1 本章の課題

「新しい地域資源利用・管理をつくる」ことの必要性

　我が国の農村地域には古来，きれいな水や農地，里山資源(木材や山菜・キノコ)，伝統文化など有形・無形を問わず多種多様な地域資源が存在している．そして，これらの地域資源を利用・管理することが生業(農業や林業)となり，また先祖代々にわたり継承されていくなかで慣習・慣行(行事やしきたり)が生まれ，農村での暮らしが営まれてきた．

　しかし，高度経済成長期以降，農村から都市に向けて若者を中心とした人口移動が起こり，農村では地域資源の利用・管理の継承において前提となる"担い手ありき"が覆る事態となって久しい．さらに，生業や慣習・慣行を継承し農村を支えてきた主力世代(昭和ひとけた生まれ)が全員80代となる「2015年危機」からも既に5年が経過し，これから数年が農村存続の真の分岐点となる．

　一方で，2000年代後半以降，「田園回帰」が注目されるようになると，従来の農村ツーリズムとともに，都市と農村を行き交う新たなライフスタイル(二地域居住や援農ボランティア)も広まりをみせるようになった．それらの誘因となる農村の魅力は，農地や水路など地域資源の利用・管理をとおして創造される二次的価値(美しい景観，豊かな生態系など)であり，これは関係人口も含め，農村が都市との新たな相利共生の関係を築き活性化していくための重要な地域資源となっている．

　つまり，昨今の農村ブームを戦略的に取り入れて地域資源の利用・管理の仕組みをつくることは，不確実性の高まる現代に順応する持続的な農村発展につながる．ここに，地域内での「次世代への継承」とともに「外部主体との連

携」の本質的意義があるといえる.

このように, 地域資源の利用・管理のあり方が新たな局面を迎えているなか, 本稿では「新しい地域資源利用・管理をつくる」ということを「稲作文化に由来する農村協働力を基盤とし, 農村住民が主導権を持って次世代への継承及び外部主体との連携を図りながら, 二次的価値の創造・活用までを想定して地域資源の利用・管理の包括的仕組みをつくること」と定義したい.

「新しい地域資源利用・管理をつくる」ために必要なプロセス重視の姿勢

このように定義してみたものの,「次世代への継承」と「外部主体との連携」を首尾よく行ない「新しい地域資源利用・管理をつくる」ということを成し遂げた例は, 全国を見渡しても見つからない. 現場をみるかぎり, 試行錯誤を繰り返しながら模索している段階にあり, "産みの苦しみ"の状態にある.

一方, 近年では地域づくりの重要な要素として, 内発性(自らの意識で住民が立ち上がる)などとともに「プロセス重視」[小田切ほか 2019]が指摘されている. 事例集などに記載される "成功した姿" からはみえない, そこに至るまでのプロセスに, 実践的でリアリティのある学ぶべき点があるということである. これには, 時間, 主体, 意識などの面から住民や行政職員が試行錯誤するなかで得た工夫や教訓, さらには, そうしたプロセスへの大学の関与の仕方などが含まれる.

本章では, まず, 農村振興における地域資源の特性と現代的課題を整理する(2節). 次いで, 1980年代から地域資源の二次的価値に注目して農村振興を先駆的に実践してきた2つの地域を対象に,「新しい地域資源利用・管理をつくる」ために必要なプロセスとその実践的模索を論じる(3・4節). その際, こうした過程に重要な機能を果たす外部主体(ここでは主に大学)の役割も意識する. 最後に,「新しい地域資源利用・管理をつくる」ことの意義について論じる(5節).

2 農村振興における地域資源の特性と現代的課題の整理

地域資源の概念整理

　地域資源という概念は，不定形であり論者により様々である．この概念について，いち早く詳細に検討した永田[1988]は地域資源について，一般的な「資源」の概念——「自然によって与えられる有用物で，なんらかの人間労働が加えられることによって，生産力の一要素となり得るもの」——では捉えるべきでないと強調している．そのうえで，詳細は後述するが，地域資源には非移転性・有機的連鎖性・非市場性という3つの特性があることを指摘している．永田はこれらを踏まえて表6-1のとおり，地域資源を分類している．一次区分として，人間が自然に働きかける過程で対象になるものとして「本来的地域資源」，何らかの人間労働が加わることによって「本来的地域資源」から生み出されるものとして「準地域資源」に分類している．さらに，二次区分として「本来的地域資源」と「準地域資源」をそれぞれ3つに分類(図中の「イ・ロ・ハ」，「ニ・ホ・ヘ」)している．前者は無償の自然，二次的自然，生態系，後者は生産活動の副産物，地域特産物，伝統的技術などを基準とした区分であるといえる．

　このような永田の概念整理において，非移転性・有機的連鎖性・非市場性という3つの基本特性に基づき一次区分で地域資源を階層的(「本来的地域資源」があることにより「準地域資源」が生み出される)に捉えている点は，"地域資源の利用・管理が新たな価値を生み出し，それが外部主体にとっての魅力的な地域資源となる"という本稿の問題意識とも一致するものである．しかし，「新しい地域資源利用・管理をつくる」ということを検討するうえでは，別途2つの点に留意することが必要であると考える．

　一つは，永田も指摘するように，人間そのものは自然に対して働きかける主体であり，また地域資源を利用・管理する主体であるため，地域資源としての明確な位置付けは難しいという点である．しかし，地域資源の階層的に捉えた利用，潜在的価値の発現，そして何より利用・管理の次世代への継承という点

表6-1　地域資源類型区分

一次区分	二次区分	内　　容
本来的地域資源	イ　潜在的地域資源 （天然資源）	地理的条件—地質，地勢，位置，陸水，海水 気候的条件—降水，光，温度，風，潮流
	ロ　顕在的地域資源	農用地，森林，用水，河川
	ハ　環境的地域資源	自然景観，野生動物を含む保全された生態系
準地域資源	ニ　付随的地域資源	間伐材，家畜糞尿，農業副産物，山林原野の草
	ホ　特産的地域資源	山菜等の地域的特産物
	ヘ　歴史的地域資源	地域の伝統的な技術，情報等

資料：永田[1988]

で，可視化できない人間同士のつながり（連帯感）や，そこから創り出される技術・技能・知識を「人的資源」として地域資源に位置付けることは重要であると考える．

　もう一つは，二次的自然である水田，水路，ため池，雑木林などの顕在的地域資源の利用・管理により創造される環境総体（風景・風致，景観等）を地域資源とするという点である．これは都市住民にとって農村の魅力となり，農村ツーリズムはもとより，現在の田園回帰などの潮流を踏まえると，地域資源に位置付けることは重要であると考える．

地域資源の特性

　ここでは，永田による地域資源の概念整理，及びそれに対する筆者の考えも踏まえたうえで，地域資源の特性について説明する．

　美しい景観，美味しい水，きれいな空気といった良好な環境は農村の持つ魅力的な地域資源であり，これらは森林や農地，小川など里地里山における地域資源の利用・管理を通じて創出されるものである．また，歴史や文化，伝統行事といった地域資源は，先祖代々，人と人のつながりを介して慣習や技能として引き継がれることで守られてきた．ここで紹介した地域資源はいずれも，人為により物理的に動かすことができない「非移転性」，また地域資源と地域資源が相互かつ有機的に連鎖する「有機的連鎖性」という特性を有している．さらに，こうした2つの特性を有する地域資源は，農村ツーリズムにおける魅力的なサービスや商品となりうる．例えば，緑豊かな自然や美しい景観の中での

散策や農業体験などである．これらはどこへでも移転させて供給できるわけではなく，実際に農村を訪問しないと体感・体験できないため，「非市場性」という特性を有している．

　こうした地域資源の本来の特性を理解せず，経済優先により過剰利用してしまうと，地域やそこに住む人たちの環境に様々な問題を引き起こすことになる．例えば，農地への化学肥料の多投入，森林資源や地下水の過剰利用は，土壌や水など自然資源の汚染，地盤沈下や生態系の破壊といった公害問題となって表れる．また，農村ツーリズムにおいて多くの観光客を都市から呼び込み商業主義が過ぎると，自然破壊，車の騒音，ごみの問題など農村住民にとっての生活環境の悪化を招くことになる．これらは結果的に，都市住民が求める「癒し」や「非日常」といった農村の魅力をも低下させることになる．

コモンズ論にみる地域資源の現代的課題とその対応策

　過疎・高齢化が深刻化する農村地域では，地域資源の過剰利用とは別の問題に直面している．それは，コモンズ論や里山生態系においても指摘されるようになった過少利用という問題である．これは，"資源が利用されなくなると，管理されなくなり，結果として負の外部性が生じる"という現象を生み出すものである．

　自然資源を地域コミュニティで共同管理することを前提とするコモンズ論では，過剰利用を防ぐ社会的メカニズムの解明を探求課題としてきた．しかし，新たなコモンズ問題として，現代的変容のなかで生じた過少利用についても言及されるようになった［林・金澤 2014］．その中身を要約すると，過少利用という問題の解決には，"資源利用の多様化によるコモンズへの関与者の変化"への対応を踏まえた検討が必要となる．つまり，従来の利用者(農村住民)にとってのコモンズの価値とは，食料・資材などの生活や生産を支えるものの提供であったが，外部主体(都市住民)も加わるようになると，コモンズの価値は景観やリクリエーション，自然環境保全という多様な価値付けがなされるようになった．そのため，従来の利用者(農村住民)による地縁的な農村協働力だけでなく，外部主体(都市住民)との連携も考慮に入れる"開かれた"農村協働力がなければ，過少利用は解消できないといえる．

このように新たなコモンズ問題をとおして指摘した，"開かれた"農村協働力のあり方を検討することは，地域資源における現代的課題とも同質であるといえる．では実際に，過少利用という問題を抱えるなか，「新しい地域資源利用・管理をつくる」ための"開かれた"農村協働力とは，どのような状況なのだろうか．"開かれた"という意味は，"空間的に開かれた"（外部主体との連携）だけでなく"時間的に開かれた"（次世代への継承）ということも含まれる．しかし，現場での実践レベルからみると，こうした2つの次元（空間と時間）で抱える課題を一体的に捉えて対応を図ることは，我々の想像以上に大変である．なぜなら，次世代への継承がままならず体制やビジョンが整わないなかで，多くの外部主体を受け入れて連携を進めようとすると，かえって地域を混乱させる可能性もあるからである．つまり，「新しい地域資源利用・管理をつくる」ためのプロセスからすると，「外部主体との連携」が有効に機能するには，前提として「次世代への継承」が円滑に進み，地域資源の利用・管理の仕組みの基盤が安定することが重要であると考えられる．

身近な地域資源である水路と農地が創造する二次的価値

　昨今，地域資源という用語は"地域資源の発見"や"地域資源活用"といったように，農村振興の文脈でながめると必ずと言っていいほど目にする．農村振興の先進事例と称されてきた地域のなかには，有形・無形を問わず希少性や固有性の高い地域資源を発見し先駆的に活用することで，成功を収めてきたケースもある．しかし，本章では，主な読み手である地域づくりを学ぼうとする学生諸氏と現場での実践家が身近でイメージしやすく，いずれの農村にも存在する共通性の高い地域資源を対象としたい．その意味で，日本の農業は灌漑による水田稲作を基礎としており，それを支える水路と農地は共通性の高い地域資源である．また，農村コミュニティの礎となる，地域農業資源の維持管理機能，農業生産面での相互補完機能，及び生活面での相互扶助機能という集落機能［石川1985］についても，主にこれら2つの地域資源の利用・管理をとおして発揮されることが想定されていると考えられる．

　次からの3節と4節では，水路と農地の利用・管理をとおして創造される二次的価値（美しい景観，豊かな生態系など）を地域資源として活用し，持続的に農

110

村振興を図ってきた2つの地域を取り上げる．「新しい地域資源利用・管理を
つくる」ということに対して，各地域の現場は試行錯誤を繰り返しながら模索
している段階にあり，そのプロセスへの大学の関わり方を紹介する．

3 新しい地域資源利用・管理をつくる
──親水施設の場合

地域資源利用・管理に関する問題

　滋賀県犬上郡甲良町は1990年代初頭から，農業用水路や円筒分水といった
灌漑施設の利用・管理が生み出す豊かな水辺環境を地域資源として活用し，住
民・行政・専門家の協働に基づく「せせらぎ遊園のまちづくり」を推進してき
た．そこでは，生態系に配慮した集落内水路や親水公園(以下，これらを親水施
設という)の計画・整備段階から管理にわたるまで全てのプロセスに住民が主
体的に関与し，13集落が各々の特性を活かした取り組みを行なってきた．

　しかし，そこから約30年が経過した各集落の様子をみると，"親水施設の利
用・管理の状況において，集落格差がみられる"，"代々継承してきた集落行事
の廃止や縮小を余儀なくされている"など，地域資源が次世代に継承されてい
くうえでの本質的問題を抱えるようになっている．

　特に親水施設の管理においては，これまで主役を張ってきた第1世代(60-80
歳代)の"昔からやってきたことだから，次の世代も引き継いでいくのが当たり
前"という慣習的な考えのもとでは，次世代への継承が困難になりつつある．
すなわち，第1世代からバトンを受ける第2世代(30-50歳代)が親水施設の継
承を"自分事"として捉えるための意識醸成が重要となっている．

　以下では，親水施設を対象に新しい地域資源利用・管理に必要な論点を提示
したうえで，現場で模索する意識醸成のプロセスにおいて筆者が導き出した知
見と考え方を紹介したい．

新しい地域資源利用・管理に必要な論点

　「せせらぎ遊園のまちづくり」に初期段階から関わってきた専門家の「(親水
施設が)よく利用されることは，よく管理されることの大前提であり，このこ

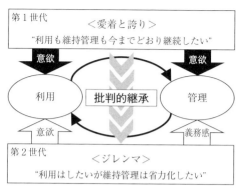

図 6-1　批判的継承の概念

とで管理問題の半分は解決のめどが立つ」[千賀 1991]という指摘にもあるように，本来，親水施設の管理は利用と一体的に捉えるべき関係にあるといえる．

　現在における親水施設の〈利用・管理〉の相互作用性をみると，第1世代は「計画段階から関与（設計や施工）したことで醸成された愛着と誇りによって，利用も管理も今までどおり継続したい」と考えている．一方，第2世代は「子どもの頃に利用（水遊びや魚釣り）して愛着はあるものの，自分たちが継承するとなると維持管理はなるべく省力化したい」というジレンマを抱えている．

　こうした状況下，親水施設の利用・管理において第2世代の抱えるジレンマ解消を包含した概念として"批判的継承"を提唱したい（図6-1）．ここでいう"批判的"とは，「論理的・合理的・多面的に評価を下すこと」という意味である．つまり，「次世代が，親水施設の多面的機能に対する価値認識を引き継ぎつつも，時代のニーズや生活様式に順応したかたちで利用・管理に関する活動を改変する」ということである．このような，継続と革新を創発させる継承形態である「批判的継承」に向けた意識醸成をどのように図っていくかが，甲良町において新しい地域資源利用・管理に必要な論点となる．

　次からは，上記の論点を踏まえながら現場で模索する意識醸成のプロセスにおいて，筆者が携わり導き出した知見と考え方を紹介したい．まず，"どのように，第1世代が維持管理を続けてきたのか？"について第2世代が学ぶために必要となる要因の分析と，そこから導き出した今後やるべきことについて述べる．次いで"何故，次世代へ継承しないといけないのか？"という問いに対

して，第2世代が納得する動機付けに必要な目的とは何かについて述べる．

どのように，第1世代が維持管理を続けてきたのか？

"どのように，第1世代が維持管理を続けてきたのか？"について第2世代が学ぶために必要なことを述べる．ここでは，13集落の中の一つである北落集落を対象に実施した研究成果［新田ほか2018］を図式化したものを用いる（図6-2）．この図は，親水施設が整備されて以降，発生した維持管理に関する問題と，それに対応する管理体制を経年的に整理したものである．

まずは，親水施設の維持管理における継続要因をみる．親水施設を整備すると，清掃（水草取りなど），点検（水質），植栽管理（剪定や植え替え），補修（石積みや目地詰め）などで作業負担が増える．そのため，《問題①：新たな作業内容の発生》，《問題②：作業量の逓増》という維持管理の作業負担に対して，【対応A：既存の関係組織の継続的関与】をベースとしつつ【対応B：実践型組織の新設による課題の発見・検討体制の構築】や【対応C：地域内の既存組織による新たな関与】により維持管理体制が「重層化」していくことで，各組織の強みを活かした相互補完により親水施設の維持管理が継続されていた．これには，第1世代内での地縁的な農村協働力が機能していた影響が大きいと考えられる．

次いで，今後，世代交代に向けてやるべきことを考えてみたい．過疎・高齢化と維持管理作業量の逓増により，第2世代が継承する際には一人当たりの負担増加が予測される．そのため，《問題③：若者参加不足》に対して，第1世代と第2世代が集まって親水施設の将来に関して協議できる【対応α：多世代協議の場】を設けることが重要となる．これは，"開かれた"農村協働力において，"時間的に開かれた"（次世代への継承）状態になるための要件でもある．

「次世代への継承」には，世代の"交代"よりも前に，まずは世代の"融合"が必要であり，それが多世代協議の「場」であるといえる．この「場」とは，陸上のリレー競技で例えるなら，バトンを渡すエリアである"テークオーバーゾーン"である．つまり，「次世代への継承」において，このゾーンを"いつから，どれくらいの期間"で設けるかがプロセス論ではポイントとなる．

しかし，イエを基礎単位として，家族と家族員に対する統率権が男性たる家父長に集中し，集落行事なども適齢期が来れば家族内で慣習的に世代交代がな

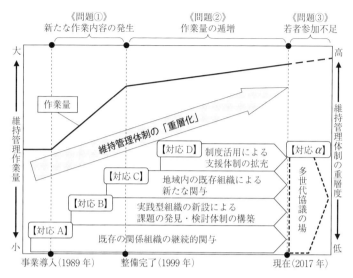

図 6-2 親水施設の維持管理問題と体制的対応の経年的整理

注：図中の作業量は第 1 縦軸に対応し，【対応 A〜D】は第 2 縦軸（維持管理体制の重層度）に対応している

されてきた農村集落では予想以上にハードルが高い．実際，甲良町の 13 集落において，親水施設に限らず集落行事の将来について話し合うために多世代協議の「場」が設けられたケースはない．今後，多世代協議の「場」をつくることの具体的なイメージとしては，第 1 世代が，どのような思いで親水施設を整備し維持管理してきたのかを第 2 世代が学ぶだけでなく，第 2 世代が抱える不安や不満についても率直に話す機会となることが理想である．

何故，第 2 世代が継承しないといけないのか？

"何故，次世代へ継承しないといけないのか？"という問いに対して，第 2 世代が納得する動機付けに必要な目的とは何かについて述べる．子ども時代に水遊びや生き物を捕まえたりして遊んだ経験があるとはいえ，整備計画のプロセスに関わっていなかった第 2 世代には第 1 世代ほど親水施設への愛着はなく，親水施設の管理という行為に際して意欲的に，とはならないのが実情である．

こうした状況においては，目的の「ずらし」[宮内 2013]が重要となる．つまり，親水施設の維持管理作業を継承すること自体が目的ではなく手段とするこ

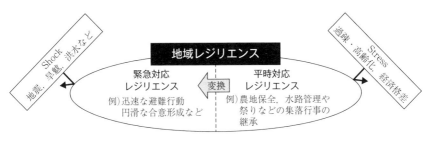

図6-3　地域レジリエンス

とにより，第2世代が関心を持ち共感できる目的を新たに設定するということである．本稿では，親水施設の管理の動機付けになる目的として"有事の際の危機管理"を提案したい．

"有事の際の危機管理"とは，言い換えれば災害時に地域で対応する力である．地域が受けるダメージには，大きく分けて"Stress"と"Shock"という2種類が想定される．ここで言う"Stress"は「ある程度予期することができるが，目に見えにくくダメージが蓄積されていく慢性的な事象（人口減少，高齢化，経済格差など）」，"Shock"とは「予期することが困難であり，突発的かつ目に見える甚大なダメージをもたらす事象（地震，旱魃，洪水など）」を意味する．各ダメージに対して"緊急対応"と"平時対応"のレジリエンス（抵抗力，復元力）が存在する．本稿では，これら2つを併せて「地域レジリエンス」と呼び，社会問題や災害から地域を守るために必要なチカラとする．

ここでは，図6-3に示す概念図を用いて，「地域レジリエンス」の仕組みを説明したい．"Stress"に対する平時対応レジリエンスとは，農地保全や水路管理や祭りなどの集落行事の継承といった集落機能が維持・強化されてこそ発揮される，目に見えないチカラ（相互扶助，結束力）である．また，"Shock"に対する緊急対応レジリエンスとは，大規模災害発生時における迅速な避難行動など目に見えるチカラ（火事場の馬鹿力）である．2つのレジリエンスの関係をみると，平時対応レジリエンスが恒常的に発揮されていてこそ，大規模災害時に"変換"され緊急対応レジリエンスとして発揮されると考えられる．

第2世代が納得する動機付けとなる目的は，時代や地域，集落によっても異なると考えられる．しかし，東日本大震災以降も全国各所で大規模災害が発生する状況下において，安心して暮らせる日常のための"有事の際の危機管理"

は，世代を問わず共感・共有できる目的であるといえる．

4 新しい地域資源利用・管理をつくる
——農村ツーリズムの場合

地域資源利用・管理に関する問題

群馬県利根郡みなかみ町新治地区にある「たくみの里」(創設1985年)は，農地や集落内水路の利用・管理が生み出す二次的価値である農村景観を中核的な地域資源として活用することで，農村ツーリズムによる農村振興を30年以上にわたり実践してきた．4つの集落にまたがるエリア(約4km²)のなかに野仏(9つ)や「たくみの家」と呼ばれる伝統工芸体験ができる施設(29軒)が点在し，来訪者はこれらを巡りながら住民との交流や郷土料理を楽しみ，五感を通して農村の魅力を満喫している．

しかし，「たくみの里」の創設から30年以上が経過した現在の様子をみると，「たくみの里」を創設時から牽引してきた役場職員のリタイア，2005年の広域合併(新治村，月夜野町，水上町)などの社会的状況の変化に加えて，地域間競争による来訪者数の減少など様々な問題が発生している．このような状況下，"農業や観光事業における世代交代もままならないなかで，個々人の想いだけでは「たくみの里」の将来的な展望を描けない"という声が聞かれるようになった．そして，2015年3月に策定された「みなかみ町まちづくりビジョン」をきっかけに，たくみの里に関わる中堅・若手関係者(「たくみの家」の職人や役場職員)が中心となり，「たくみの里」の今後30年を見据えた「たくみの里基本構想」の検討が始まるなど，世代交代に向けた取り組みが始まった．

以下では，「たくみの里」を対象に新しい地域資源利用・管理に必要な論点を提示したうえで，現場で模索する意識醸成のプロセスにおいて筆者が携わってきた取り組みを紹介したい．

新しい地域資源利用・管理に必要な論点

田園風景や花で飾られた用水路などの美しい農村景観は，農村ツーリズムにおける中核的な魅力である．来訪者は，こうした非日常的な空間において農業

体験，散策，住民との交流，郷土料理など様々な余暇活動を満喫している．

　たとえば美しい農村景観は，農村住民の持続的な農業生産と恒常的な集落活動により，農地や水路といった地域資源が利用・管理されることで創造される二次的価値である．そして，このような二次的価値が農村ツーリズムにおける重要な地域資源となっている．しかし，農業者の担い手不足から発生する耕作放棄地や獣害の発生が深刻化していくと，これまで農村ツーリズムにおいて前提であった美しい農村景観が崩壊する危機的な状況を迎えることになる．

　来訪者はもとより，農村ツーリズムに関わる観光関係の事業者（たくみの家や飲食店など）も"フリーライド"で農村の魅力を享受してきた．実際に，「たくみの里」に関わるステークホルダー（役場，公社，住民，農家，観光事業者など）間の連携実態についてネットワーク分析を行った結果をみても，農業活動，集落活動，観光活動の関係者間での連携は少なく，特に農業活動と観光活動の間で弱い傾向にあった［鬼山・中島 2016］．

　こうした状況を踏まえると，「たくみの里」のステークホルダーに向けて"農業・集落活動あっての観光活動"という意識醸成をどのように図っていくかが，新しい地域資源利用・管理に必要な論点となる．

　次からは，上記の論点を踏まえながら現場で模索する意識醸成のプロセスにおける取り組みを紹介したい．まず，「たくみの里」の景観形成の基盤となる"「たくみの里」エリア内の農地がどのような状況にあるのか？"を学ぶために必要となる実態の"見える化"について述べる．次いで，"農業・集落・観光活動が抱えている問題は影響し合っている"ということへの認識を促すために必要な情報提供について述べる．

農地がどのような状況にあるのか？"

　"「たくみの里」エリア内の農地がどのような状況にあるのか？"．これについて住民が何となく感覚で思っていることを，GIS（地理情報システム）を用いて"見える化"する取り組みを始めた．きっかけは，筆者が大学院生時代からお世話になっている農家Ｈ氏からの電話であった．

　「ここ数年，（たくみの里エリア内の西側の）山際のあたりから農地が荒れてきている．イノシシなんかの被害も多くなっている．一度，調べてもらえないだ

ろうか？」(2013 年 2 月)

このような要望を受け，H 氏を含む地元農家と役場の協力を得ながら研究室で「たくみの里」の土地利用状況を 1 筆ごと(125.6 ha，1638 筆)に踏査し，GIS を用いて整理した．その結果をみると，H 氏の認識どおり「たくみの里」エリア内の西部の山際のあたりには耕作放棄地が発生しており，既に林地化した状態もみられた．

さらに結果を詳しくみていくと，「たくみの里」の中心エリアであり旧三国街道須川宿の面影(白壁の民家や蔵など)が残るメインストリートのすぐ裏手にも草本レベルではあるが，耕作放棄地がみられた．その周辺農地は，サルによる農作物への被害も多いとのことであった．ある農家の方からは“農産物ならまだしも，来訪者に何か危害を加えないか心配である”との声が聞かれた．こうした事実は過疎・高齢化に伴う農業の担い手不足などに起因する“農業の問題”が，農村ツーリズムにも様々な影響を及ぼすことで“観光の問題”としても顕在化していく可能性を示唆している．

農業・集落・観光活動が抱えている問題は影響し合っている

“農業・集落・観光活動が抱えている問題は影響し合っている”ということを，「たくみの里」のステークホルダーが認識するために必要な情報について述べる．具体的には，「たくみの里」における約 20 年間の研究成果に基づき，「たくみの里」の問題構造図[中島 2019]を作成した．ここでいう問題構造図とは，「たくみの里」の持続性に関する問題を「農業活動」から 22 個，「集落活動」から 15 個，「観光活動」から 41 個をいずれも研究成果から抽出し，PCM (Project Cycle Management)手法(特定非営利活動法人 PCM Tokyo)という問題分析の方法を部分的に援用して，各問題同士を因果関係《原因》→《結果》で結び構造化したものである．

その主な結果が，図 6-4 で示した 3 要素に関する問題が関係し合う中心箇所に表れている．つまり，「《耕作放棄地の増加(農業活動)》と《集落活動の縮小(集落活動)》を原因として《農村景観の悪化(観光活動)》という状況が発生し，結果として《散策者数の減少(観光)》につながる」という因果関係を基本軸としている．

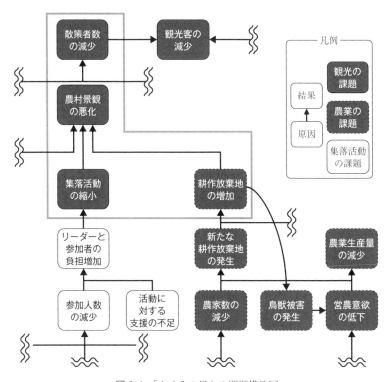

図6-4 「たくみの里」の問題構造図

　そして，これらの因果関係は各要素内での問題が伝播してきた結果といえる．例えば，「集落活動」についてみると，《集落活動の縮小》は《リーダーと参加者の負担増加》を原因とするが，そもそも《リーダーと参加者の負担増加》は《活動に対する支援不足》などが影響を与えていた．また「農業活動」についてみると，《耕作放棄地の増加》は《新たな耕作放棄地の発生》を原因とするが，そもそも《新たな耕作放棄地の発生》は《農家数の減少》，及び《鳥獣被害の発生》を原因とした《営農意欲の低下》などの影響を受けた結果である．

　この問題構造からいえることを数式で例えると，「農村ツーリズム＝農業活動×集落活動×観光活動」と表現できる．すなわち，農業活動，集落活動，観光活動という3要素は影響し合い，いずれかが"ゼロ"（活動休止，もしくはそれに近い状況）となると，農村ツーリズムは成立しないということである．

また，先に述べた「地域レジリエンス」(図6-3)という観点からみると，「たくみの里」エリア内での農業活動と地域活動により「平時対応レジリエンス」が発揮され，ひいては「緊急対応レジリエンス」につながる．つまり，地域資源の利用・管理の「次世代への継承」を図るという側面においては，「たくみの里」のステークホルダーに対しても，既述した"有事の際の危機管理"からの意識醸成が重要となる．

5 「新しい地域資源利用・管理をつくる」ことの意義

本章では新しい地域資源利用・管理をつくるための，理論の展開や実践的模索について論じてきた．ここでは最後に「新しい地域資源利用・管理をつくる」ことの意義について論じたい(図6-5)．本章の議論の素材とした2つの農

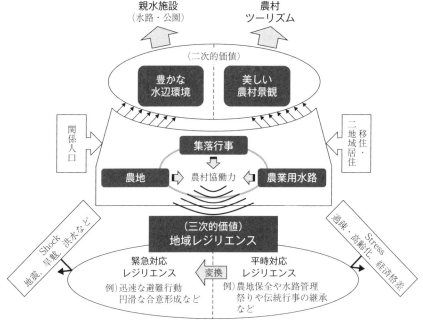

図6-5 「新しい地域資源利用・管理をつくる」ことの意義

村振興の取り組みにおいて，主な地域資源として取り上げた農業用水路と農地には，利用と管理が生み出す二次的価値として“豊かな水辺環境”，“美しい農村景観”がある．こうした価値は，住民の心を癒す親水施設，農村ツーリズムといった農村振興策における重要な地域資源となりえる．そして，農地，農業用水路，集落行事を継承していくことは農村協働力の醸成につながる．この農村協働力には，地縁的な農村協働力(住民同士の相互扶助や結束力)に加えて，二地域居住・移住者，関係人口といった「外部主体との連携」及びその前提としてあるべき「次世代への継承」を併せ持つ“開かれた”農村協働力がある．そして，こうした2つの農村協働力は，地域資源の利用・管理における三次的価値である地域レジリエンス「社会問題や災害から地域を守るために必要なチカラ」の礎となる．一方で，人々が地域資源を利用・管理しなくなることで生じる様々な負の外部性は，地域レジリエンスの弱体化というかたちで表出し，最終的に農村の持続性に影響を及ぼすことを意味する．

　すなわち，「新しい地域資源利用・管理をつくる」ことの意義は，持続的に農村そのものが存在していくための要件である．しかし，現場の実践レベルでみると，「新しい地域資源の利用・管理をつくる」ことは容易ではない．本稿では言及できなかったが，本来，地域資源の適正な利用と管理について「次世代への継承」と「外部主体との連携」を検討するには，所有権，入会権といった権利についても踏まえ，所有─利用・管理の方法と担い手のあり方について議論すべきである[図司 2013]．

　こうした課題にも現場は試行錯誤を繰り返しながら模索している最中であり，そのプロセスへの大学の関わりも重要となる．大学のあるべき姿としては，原論的研究(現状分析，将来予測など)とともに，その成果を実践的研究(ビジョン提案，意思決定支援など)として役立てながら地域に伴走することを意識し，“現場で役立つ研究”を遂行していくことが重要であると考える．

【文献紹介】
内山節(2005)『「里」という思想』新潮社
　　「人間が暮らしているからこそ，いっそう美しくなっていく景色」が日本の里にはあるという．筆者は，グローバリズムの到来によって失われつつある里の文化や思想のなかに，本当の豊かさを問う．「ローカルであること」を見直すための手がかりとなる思索の書．

保母武彦(2013)『日本の農山村をどう再生するか』岩波現代文庫

　　全国の農山村で持続可能な地域づくりが目指されている．本書では，地方財政論・地域経済論を専攻する著者が従来の過疎対策を検証し，理論と実践の両面から内発的発展に向けた有益な視座を与えてくれる．地域づくりに関わるすべての人に一読を勧めたい一冊．

レルフ，エドワード，高野岳彦・阿部隆・石山美也子訳(1991)『場所の現象学──没場所性を越えて』ちくま学芸文庫(Edward Relph, *Place and Placelessness*, Pion, 1976)

　　地域らしさとは何だろう．レルフは，場所と人間との有機的な関係を「場所 Placeness」と定義し，画一的な開発による「没場所性 Placelessness」の進展を批判した．本書を通じて，地域らしさとは何か，それをいかに守っていけるか，考えてみてほしい．

【文献一覧】

石川英夫(1985)「国土資源・環境保全の担い手としてのむら」農林統計協会編『むらとむら問題』農林統計協会

小田切徳美・平井太郎・図司直也・筒井一伸(2019)『プロセス重視の地方創生──農山村からの展望』筑波書房

鬼山るい・中島正裕(2016)「グリーン・ツーリズムの持続的な運営に向けた関係組織の特性分析──群馬県利根郡みなかみ町「たくみの里」を事例として」『農村計画学会誌』35巻 Special Issue 号

図司直也(2013)「地域資源とその再生──コミュニティの位置づけ」小田切徳美編『農山村再生に挑む──理論から実践まで』岩波書店

千賀裕太郎(1991)「美しい親水空間づくりの計画技術(その1)──親水計画策定の基本的考え方」『農業土木学会誌』59巻4号

中島正裕(2019)「研究者は都市農村交流の持続性に如何にして貢献するか？──実践科学として農村計画学の研究に必要なこと」『農村計画学会誌』38巻1号

永田恵十郎(1988)『地域資源の国民的利用──新しい視座を定めるために』農文協

新田将之・中島正裕・宮川侑樹・岩本淳(2018)「農業水利環境ストックの創造的管理に向けた維持管理システムの経年的変化に関する研究──滋賀県犬上郡甲良町北落地区を事例として」『農村計画学会誌』37巻 Special Issue 号

林雅秀・金澤悠介(2014)「コモンズ問題の現代的変容──社会的ジレンマをこえて」『理論と方法』29巻2号

特定非営利活動法人 PCM Tokyo「PCM ハンドブック」(英語版)，http://www.pcmtokyo.org/modules/tinyd2/index.php?id=5 (2021年9月4日閲覧)

宮内泰介編(2013)『なぜ環境保全はうまくいかないのか──現場から考える「順応的ガバナンス」の可能性』新泉社

研修農場の登場——北海道酪農地帯の変革

尾原浩子

　全国最大の酪農地帯，北海道．生乳生産は全国の半数以上を占め，道東の釧路，根室，道北の宗谷など各地に酪農専業地帯が広がる．半年以上もの長い冬，マイナス 20 度，30 度にもなる厳しい気候で，牧草以外の農作物の栽培が難しいことから酪農を専業で営んでいる農家が多い．乳牛，ホルスタイン種は寒さへの耐性があり，広大な草地がある．これらの地域の発展は，酪農の発展とともにあるといえる．

　そんな酪農地帯で，近年，大きな潮流が芽生えている．JA や町などが一体となり，道外などから移住者を呼び込み，酪農家に育てようという動きが活発になっているのだ．子どもが増え，保育園の園児が増えた地域もある．

　背景には酪農家の減少がある．農水省の統計によると，全国の乳用牛飼養戸数は 1 万 3900 戸（2021 年）．20 年間で 6 割近くも減り，他産業に比べて減少率が高い．北海道の乳用牛飼養戸数は 5720 戸（2021 年）で 20 年間で 4 割減った．減少率は都府県を下回るものの，酪農専業地帯にとって酪農家の減少は地域の衰退に直結する．一方で，北海道では酪農家の規模拡大が急速に加速している．生乳生産量は 2019 年に 400 万トンを突破し，20 年間でおよそ 40 万トンも増えた．酪農家が 4 割減っているのに，生乳生産量は増加．メガファームが各地に誕生する一方，家族経営の酪農家は，開拓して昭和 40 年代などに建設した畜舎の更新費用や高齢化などを前に，規模拡大か，離農かの二者択一を迫られているという現実がある．

　こうした中，酪農専業地帯で近年，発足が相次ぐのが新規就農者の育成を兼ねた研修機能を持つ酪農法人だ．基盤のない移住者らの新規参入のハードルを下げようと，JA などが出資した法人が生乳生産をしながら研修する．もともとは JA 浜中町が 1991 年に町とともに将来を見据えて立ち上げた「浜中研修牧場」が，道内で先駆けた存在だ．全国各地から後継者となる若者が集い，農業の維持だけでなく地域全体に活気がもたらされ，他の地域に広がった．

　根釧地域にある別海町は，住民数より牛が多いとされる．この中春別地区では，移住してきた都会の若者が続々と酪農家になっている．地域ぐるみで道外の移住者が新規就農できる環境を整え，田園回帰の受け皿となる研修牧場を作ったことなどで，今では地区の酪農家 160 戸のうち，4 分の 1 が元移住者だ．規模拡大を目指す法人だけでなく，家族経営を希望する酪農家や，酪農家が休みをとる時に酪農家に代わって搾乳や飼料共与などの牧場作業を手伝う酪農ヘルパー，各地の牧場の従業員らを育てている．

2017年にできた研修牧場「なかしゅんべつ未来牧場」の研修期間は3年間．地域ではロボット牛舎など大規模で機械化が進む経営が増えるが，「家族の時間を大切にしたい」，「外国人らを雇用するのではなく自分が管理できる範囲内で牛を飼いたい」という思いを持つ移住希望者のニーズを尊重し，家族経営をモデルにした研修をしている．研修生やこの町に来る移住者の多くが，「新規就農を受け入れ育てたいという地域ぐるみの温かさに惹かれた」などと話す．研修生の多くは，「酪農は世襲」と考えていたが，酪農家に生まれていない若者らも快く受け入れ育む地域の環境と，研修牧場の発足で，移住者の受け入れを確保した．同地区では，道外の学生を牧場で受け入れ大学の単位としたり，幅広く酪農体験者を受け入れたりするなど，関係人口を育んできた．そこから興味を持って，就農を目指す若者らが多く育っている．通常，酪農を新規就農で始めるには牛の導入，農地の取得などで億を超える資金が掛かるが，同町ではなるべく新規就農者の負担がないよう，離農予定者からのバトンタッチを地域ぐるみで支援する．こうした支えで移住者が就農し，その姿に憧れて次の移住者が就農するという好循環が育まれている．

　この流れは，他の酪農専業地帯でも同様だ．研修機能を持つ牧場は道内に10以上あり，多くがここ10年で立ち上がっている．生乳生産量がいくら増えても，「家族経営も含めた多様な経営を残さなければ農村のコミュニティが壊れてしまう」といったJAや酪農家の危機感から研修牧場は生まれ，今では移住して酪農家になった若者らの存在が地域のにぎわいにつながっている．

　さらに，離農する酪農家の牧場を世襲ではない移住者らが継承する，第三者経営継承の仕組みづくりも，道内各地で進んできた．宗谷地区には，「お疲れ様登録銀行」を設立し，第三者へ経営継承を考える人が登録する仕組みを作った町もある．

　世襲だけでは限界がある中，農に関心を示す人に接点を創出し，研修や体験ができる受け皿の仕組みを地域ぐるみで作り就農を支える流れは，酪農家の減少や専業地帯の衰退に歯止めをかけることになる．もともと北海道は開拓地で，よそ者に寛容な大らかな土台があることも影響していると思われる．

　また，農水省の農業経営統計調査のうち，労働時間などを示した営農類型別経営統計によると，北海道の2018年の年間の家族労働時間は水田2388時間，畑作は2966時間，それに比べ，酪農は6712時間と突出して多い．道内における酪農ヘルパーの受け入れや作業受委託組織の設立などで酪農家の"働き方改革"を進めようとする動きも，新規就農希望者にとってはメリットがあるといえる．施設投資などでハードルが高いとされる中，酪農の課題解決には，田園回帰の潮流を広げることで展望が開けてくるだろう．

第7章 新しい人の流れをつくる

嵩 和雄

1 本章の課題

みなさんは移住というとどんなイメージを持つだろうか？

『大辞林』(第3版，三省堂)によると，移住とは「住む所を移すこと」「開拓・植民などのために，国内の他の地あるいは国外の地に移り住むこと」とある.

明治期から戦前までは，国策としての開拓によって，国内外への移住・移民が奨励されたこともあり，どちらかというとネガティブなイメージを持たれる場合が多い. これまで，日本における人口移動は非大都市圏→大都市圏，すなわち地方から都市へ，特に東京圏への一極集中という形で進んできた.

2014年，日本創成会議・人口減少問題検討分科会による「成長を続ける21世紀のために「ストップ少子化・地方元気戦略」」(増田レポート)において，2040年に全国896の市区町村で出産年齢の中心である20-39歳の女性人口が半減し，地方での人口減少が加速してしまう「消滅可能性都市」への警鐘と対策が提言された.

これを受け，国も2014年の「まち・ひと・しごと創生総合戦略」において「地方への新しい人の流れをつくる」，と都市部からの地方移住を明確に位置づけ，各自治体においても地方版総合戦略，人口ビジョンが策定され，人口減少対策としての地方移住者受け入れが加速したが，東京一極集中の流れには大きな影響を与えなかった.

ところがコロナ禍に見舞われた2020年は転入超過数が3万1125人と，転入超過傾向は変わっていないものの，7月から12月の6カ月連続で東京都の人口が転出超過となり，2019年の転入超過数8万2982人に比べると6割減となった.

政策的に推し進めていた地方創生による東京一極集中の是正が，新型コロナという感染症によってわずか1年で目に見える形で変化が表れたと期待する声も出ている．一方で，東京圏(神奈川県，埼玉県，千葉県)で見ると，転入超過割合は大きく変わっていない．東京都からの転出先を見ると，関東近郊や長野県となっており，東京圏内での移動であり，人口学的には都市間移動の域を出ていないが，新型コロナを契機にライフスタイルを変えたいと思う都市住民の意識の表れとも言えるだろう．

　本章では，地方移住とは「仕事や家族の事情ではなく，ライフスタイルを変える目的を持っての転居」と改めて定義し，農村において人口減少対策として政策化され，注目されている「地方移住」の実態を人口移動という観点から整理し(2節)，さらにその論点について，海外の情勢と国内の時代ごとの変化を雑誌等のメディアの動向から確認する(3節)．さらにいくつかの事例から，移住の新たな動向を確認するとともに(4節)，地方移住のあり方とその課題についての展望を述べていきたい(5節)．

2　人口移動の実態と理論

社会移動をめぐる長期的動向

　東京一極集中構造に対し，過去の全国総合開発計画においても東京圏への過密の弊害が指摘されていたが，1977年の第三次全国総合開発計画において，大都市への人口・産業の集中を抑制し，生活環境整備を重視した「定住構想」が謳われたが，一極集中への歯止めとはならず，1980年代に入ると東京圏への人口集中は加速している．

　人口移動研究においては，居住地移動を伴う人口移動の空間パターン変化だけでなく，移動者の属性別の考察やライフコースの段階ごとの考察[中川 2001]も出てきている．人の移動そのものについては明治の産業革命以降の東京・大阪といった大都市への人口集中から，戦後の高度経済成長期まで，概ね三大都市圏への移動という形であった．ところが東京圏の転入超過は1962年をピークとして減少し，1994年には転出超過となったものの，1996年以降は転入超過傾向が続いている．

このような「非大都市圏から大都市圏」への移動人口が下げ止まり，「大都市圏から非大都市圏への移動」という逆流が1962年頃から見られるようになったことについて，最も移動性向の高い15-29歳の絶対数の不足と進学率の上昇によって人口移動量が抑制方向に働いていることが確認されている［黒田1970］．1970年代の人口移動はオイルショックによるものとの通説があるが，実際には地方圏の転入超過の傾向は1973年以前から起こっている．

　また，地方から都市への人口移動を減少させた直接的な要因としては，都市部と地方との所得格差の縮小だけでなく，工場三法や地方での工場立地促進策の影響もあり，製造業の比重に変化があったこと［石川2001］，さらに列島改造論による地方圏での公共事業の増加がその背景にあるとされている［縄田2008］．一方で，1980年代後半からのバブル期における東京圏への転入超過については，石川［2001］が，従来の製造業からサービス業への産業構造の転換や地価の高騰をその要因と指摘している．

　1節で触れた消滅可能性都市論の前提にある，地方から大都市圏への出産適齢期の女性の流出について，中川［2001］はジェンダーと教育歴の分析から，東京圏が未婚者の多い高学歴女性が居住しやすい条件を備えていることを捉え，1990年代以降，特に高学歴女性の東京圏への選択的移動が顕在化したことを論じている．また，小池・清水［2020］は近年の傾向として，東京圏の転入数は横ばいであるものの，転出数が減少している原因として，転出モビリティの低下であることに着目し，居住地分布の変化に付随する出生地分布の分析を行っている．

　そこでは，東京圏居住者であっても，非東京圏出身の場合は将来的にＵターンによる出生県やその他の非東京圏に移動する可能性が高いことや，両親の出生地が将来の居住地分布を大きく左右する要因となることを指摘し，両親ともに東京圏出生である人の割合が増加していることを踏まえ，東京圏からの転出モビリティがさらに低下する可能性を指摘している．

還流と逆流をめぐる議論

　それでは，人口移動のベクトルの変化についてどのような議論が行われてきたのだろうか．都市圏と地方圏の転出入数の変化を見ると，図7-1にあるよう

図 7-1　三大都市圏と地方圏の転出入の変化
資料：住民基本台帳人口移動報告より作成（総務省統計局）

に，地方圏（三大都市圏以外）の転出超過数は 1963 年以降 66 年まで急速に減少し，1969 年からさらに減少傾向となり，1976 年には転入超過となっている．これらの動きは地方出身者が都会に一度移動したあとに，また出身地の地方に移動するといういわゆる人口 U ターンである［大友 1996］．この時期の人口 U ターン現象については，地方からは労働力の還流とされ歓迎されたが，この人口移動は出身市町村への還流ではなく，出身県の中核都市への還流である場合が多く，過疎対策として期待されたほどの効果はなかったと指摘されている［蘭 1994］．

　その一方で，U ターンという人口還流ではなく，その地方に係累がない都市住民の地方への移動，すなわち地方から都市への移動流に逆らう動きとしての人口逆流現象も 1970 年代から見られている．特に高度経済成長に伴う公害

128

表7-1 地方移住をめぐる動向

年代	背景／政策	メディア
1970	第三次全国総合開発計画(三全総) 都市部と地方の所得格差縮小……Uターン 有機農業・産消提携……Iターン オイルショック，都市の環境悪化	
1980	第四次全国総合開発計画(四全総) バブル経済，リゾート法	『すばらしき田舎ぐらし』『BE-PAL』：1983， 『田舎暮らし入門』：1984，『田舎暮らしの本』： 1987 『南仏プロヴァンスの12か月』：1989
1990	21世紀の国土のグランドデザイン(五全総) 緑のふるさと協力隊 新・農業人フェア	『定年帰農』：1998
2000	田舎で働き隊！，地域おこし協力隊 スマートフォンの普及「iPhone 3G発売」： 2008 SNSの隆盛(mixi: 2004, Twitter, Facebook: 2008)	テレビ「人生の楽園」：2000 『自休自足』：2003 『半農半Xという生き方』：2003 『若者はなぜ，農山村に向かうのか』：2005
2010	東日本大震災……疎開的移住 地方創生(消滅可能性都市論) 関係人口……定住人口／交流人口への代替	『TURNS』：2012
2020	新型コロナ……リモートワーク，転職なき移住	

資料：嵩和雄「農山村への移住の歴史」(小田切徳美・筒井一伸編著『田園回帰の過去・現在・未来』農文協，2016年)

問題を契機に，「安全な食べ物」を求める都市部の消費者運動が生まれた．1971年には日本有機農業研究会が発足し，有機農業運動が活発化し，生産者が消費者に直接農産物を届ける「産消提携」などの流れで，和歌山県那智勝浦町色川地区の「耕人舎」や島根県那賀郡弥栄村(現・浜田市)につくられた「弥栄之郷共同体」など，都市住民が自ら農業生産に携わる動きである．

このような都市から地方への人口逆流現象について，1989年にはIターンという用語も生まれ，地方に係累のない都市住民が田舎暮らしを望んでの転居が地方移住として認識されるようになった．1984年に出版された『田舎暮らし入門』(岩下誠徳，筑摩書房)では，"脱都会をする前に"のなかで「都会生活そのものに疑問を感じ，自分の生き方を変えたい，——そこまで考えたら，田舎暮らしを真剣に考えるべきだろう」と述べ，ライフスタイルの転換としての田舎暮らしを推奨している．一方，桝潟[1998]は，このような都市生活者の農村

への移住の動きのなかで「新規就農」に注目し，自然の中での農的暮らしと自給度の高い自立した生活志向を持つ新規就農者の調査を行い，新しい価値観の形成とそれに基づく新しいライフスタイルへの転換を「帰農」と呼んでいる．さらに，第一次産業への従事を前提としたライフスタイル転換であったが，塩見[2008]は農村において自給的農業を行いつつ他の仕事や活動などの「X」を自ら作り出し，豊かな人生を送るというライフスタイルを「半農半X」として提唱している．半農半Xにおいては，あくまでも主はXの部分の自己実現であり，従来の田舎暮らしとは違う生き方として若者を中心に注目を集めるようになった．

　これらのように，1990年代までは地方移住は「田舎暮らし」として認識され，農村での暮らしは高齢者の悠々自適以外では新規就農等の一次産業への従事というイメージが一般的であったものが，2000年代に入ると，自己実現の場として認識されるようになった．

3　地方移住をめぐる論点

諸外国の移住動向

　前節で触れたライフスタイルの転換を目途とした人口逆流現象である地方への移住は欧米でも「ライフスタイル移住(Lifestyle migration)」と呼ばれ，「経済的理由によらない，仕事や政治的理由以外の，生活の質の向上や自己実現を求めて行う移住」と定義されている[Benson and O'Relly 2009]．

　長友[2015]，石川[2018]は移住を広義に捉え，ロングステイや自分探し，リタイヤメント移住，文化移民などの新しい形態の人口移動をライフスタイル移住に包括し，先進国中間層の移住の一形態としてのライフスタイル移住の先行研究の比較を行っている．

　このライフスタイル移住に類するものとして，反都市化(Counter-Urbanization)という概念がある[森川 1988]．これは1970年代からアメリカで起こった都市部から農村部への人口移動現象であるが，日本で見られた人口Uターン現象と同様，農村回帰現象はヨーロッパにおいてもほぼ同時期に起きている．フランスでは都市から農村への人口移動をネオルーラル現象と呼んでおり，

1968-80 年代のネオルーラル志向，そして 90 年代後半からの移住者の複雑化・多様化が指摘されている［市川 2018］．さらにイギリスにおいても 1980 年代には移住者による起業も多く見られ，経済的利益が大きい都市の暮らしを捨てて農村での快適なライフスタイルを起業によって実現するという動きを，ライフスタイル起業家（Lifestyle entrepreneur）と定義づけている［Ateljevic and Doorne 2000］．移住者による起業は自己実現を伴うライフスタイルの変革と言えるが，都市のマーケット（ニーズ）を理解し，新しい視点で，農村地域の強みと可能性を新しい方法で捉えていることで成功する可能性が高く，移住者の才覚によっては，小規模ビジネスが結果的に規模を拡大することもある一方，成功した移住者（よそ者）への反発は，都市部よりも地方において多く見られると指摘している［Lane 2002］．

　また，このようなライフスタイル移住から生じる影響として，ジェントリフィケーションと呼ばれるものがある．ジェントリフィケーションとはインナーシティの再開発過程で，比較的低所得者層の居住地域が再開発や文化的活動などによって活性化する一方，地代の向上などで，従来の居住者が住めなくなるという批判的な意味合いを含んでいる．日本国内の農村部においては，観光地を除いて，移住民が引き起こすジェントリフィケーションの具体的な事例は出てきていないが，島根県海士町や，徳島県神山町，北海道東川町など移住者が始めた新業態によって地域に新たなビジネスが展開し，それに惹かれてまた新しい移住者を呼び込む副次的な動きが見受けられる．

移住の多様化と大衆化

　国内の移住をめぐっては，脱都会的志向者による「田舎暮らし」という論調で取り上げられることが多かった．これはあくまでも都市生活者の志向としての地方移住であるが，1983 年には雑誌『朝日ジャーナル』に「都会人の夢——田舎暮らし」として特集が組まれ，新規就農者などの実践者の紹介がされている．同じく 1983 年に『すばらしき田舎暮らし』（石井慎二，光文社），1984 年には『田舎暮らし入門』が相次いで出版され，1987 年には現在まで続く雑誌『田舎暮らしの本』（宝島社）が創刊されている．1992 年には『田舎暮らしの本』が月刊化し，類似雑誌が相次いで発刊されるようになり，2003 年には雑

誌『LiVES』(第一プログレス)の増刊号として，自分らしいライフスタイルの一つとしての田舎暮らしを紹介する『自休自足』が発刊されている．いずれも，農村をポスト都市生活の場として，ある種の理想郷的に紹介しており，折しもリゾートブーム，バブル経済の追い風もあり，「田舎暮らし物件」を紹介する不動産業者も乱立し始めている．また，脱都市の表れとして，田舎暮らしという言葉が一般化し始めたのもこの時期からである．

高齢者の地方移住

　地方移住が政策的に取り上げられるようになったのは，高度経済成長期に「金の卵」として地方から大都市圏に出てきた団塊世代が，2007 年前後に一斉に定年退職を迎える「2007 年問題」が注目されるようになった 1990 年代後半からである．1998 年に現代農業増刊号として出版された『定年帰農』(農文協)が人気を集め，雑誌としては異例の増刷が行われている．

　この団塊世代を，年金と退職金を持ち働く場を必要としない移住者として期待し，地域振興策に位置づけ移住者誘致を行う自治体も多く出てきた．2006年 3 月 19 日の『朝日新聞』には「700 万「団塊」争奪戦」との見出しで，アクティブシニアと呼ばれる団塊世代の移住誘致の新年度予算を紹介する記事も出ている．このような高齢者の移住は「引退移動(Retirement migration)」と呼ばれ，職業生活や子育てからは一区切りついたが，まだ健康で，ある程度の収入が保証されている 50 歳代から 60 歳代の人々が，現役時代とは異なるライフスタイルで，充実した第二の人生を実現するために行う行動とされている[田原2007]．

　また，団塊世代の移住ニーズに期待して，地方においてリゾート地におけるリタイアメント・コミュニティの開発も行われていた．沖縄県のカヌチャリゾート内に沖縄電力と沖縄サン・ビーチ開発による新会社が 2003 年に設立され，団塊世代の富裕層をターゲットにした会員制のシニア向け定住型コミュニティの建設を目指していたが，リーマン・ショック等の影響もあり，会員集めが困難になり工事着工前に計画を中断，2011 年に 29 億円の負債を抱えての倒産となった．このようなリゾート型リタイアメント・コミュニティ開発は影をひそめるようになる．

自治体が期待していたほど，団塊世代の地方移住が進まなかった理由として，2006年の改正高年齢者雇用安定法の施行や，企業での定年延長や再雇用が促進されたこと，さらに2008年のリーマン・ショックによる経済状況の悪化といった社会情勢の変化によるニーズの変化が影響している．

若者の地方志向の高まり

　また，2000年代前半までは，移住関連の雑誌等では，セカンドライフを念頭において，田舎暮らしを実現した高齢者を紹介する記事が多かったが，2005年に出た現代農業増刊号『若者はなぜ，農山村に向かうのか』(農文協)には，地方に関心を寄せ，実際に地方に移住した若者の動向が全面的に取り上げられている．これは，この時期から起こり始めた団塊ジュニア世代以降の若者の地方志向の一端を克明にしている．

　また，東京で移住相談を行うNPO法人ふるさと回帰支援センターにおいても，2008年のリーマン・ショック以降，東京にいても仕事がないからという消極的な理由での移住相談が増えていった．このような相談は20歳代の独身が多く，2008年から始まった農林水産省「田舎で働き隊！」事業や2009年に始まった総務省の「地域おこし協力隊」事業も，若者の地方志向を後押しする形となる．

　リーマン・ショック等の社会情勢の変化で高齢者の移住が進まなかったのに対し，若年層にとっては，社会情勢の変化と政策が移住を後押しし，地方移住が特別なことではなくなりつつあり，人生における一つの選択肢として地方移住が認知されていった．実際にスローライフやロハスなど，新しいライフスタイルを提案してきた雑誌『ソトコト』(木楽舎，当時)(図7-3左)においても，早くから若者の地方志向を捉え，2010年には「日本列島移住計画」というタイトルで初めて地方移住を特集し，以降毎年移住特集号を出している．なお，これらの特集に登場する移住者は，都会暮らしに疲れて地方を目指したわけではない．彼らは1980-90年代初頭の脱都会的志向の移住者と違い，都市生活を否定せずに農村の不便さも楽しむ順応性を持ち合わせている世代でもあり，積極的に地方暮らしを選択し，地域に馴染む努力をしているケースが多い．

　このように若者のローカル志向を捉える動きには自治体側も着目し，若者向

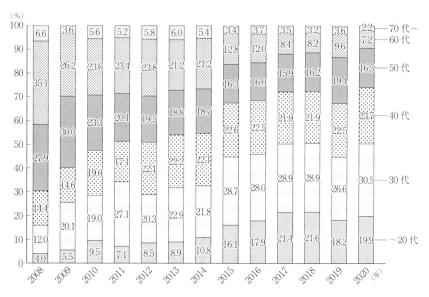

図 7-2 ふるさと回帰支援センターへの移住相談者の年代変化

資料：2020 年度「100 万人のふるさと回帰運動」都市と農山漁村の交流・移住実務者研修セミナー資料集，特定非営利活動法人 100 万人のふるさと回帰・循環運動推進・支援センター（2021 年 2 月）

けの移住施策として，住宅取得支援や体験住宅の整備だけでなく，地域おこし協力隊の受け入れも含め，定住に向けた施策に取り組む自治体が徐々に増えていった．このような農村側の移住者受け入れの意識の変化は，グリーン・ツーリズムによる都市農村交流事業の広がりと，90 年代後半からの「協働の段階」の都市農村交流による農村住民と都市住民の良好な主体的関係づくり［図司 2013］によって，徐々に都市住民との付き合い方に慣れていったこともその背景にあるだろう．

東日本大震災以降の価値観の変化

一方，政策的な動きとは別に，社会情勢の変化により移住者の動きにも変化が表れた．2011 年の東日本大震災では，公共交通がストップし東京でも帰宅難民が発生し，震災直後からの停電や食料の確保など，大都市でのリスクが表面化すると同時に起こった福島の原発事故による放射性物質の飛散，マスコミで喧伝された首都直下地震の危険性などから，首都圏脱出を図るいわゆる疎開

図7-3 『ソトコト』移住特集号(左)と『TURNS』創刊号(右)

的移住も始まった。この疎開的移住者には、これまで相談が少なかった小さい子どもがいる30歳代の家族世帯が多く、ライフスタイルを変えたいといった従来の農村志向者ばかりではなく、都会での暮らしをそこまで変えたくないという「地方都市」志向者が出てきたことが特徴である。また、東日本大震災以降は移住先として九州から中四国を含む西日本エリアへの人気が高まり、特に災害リスクが少ないと言われていた瀬戸内エリアの都市(岡山市、倉敷市、高松市など)への移住相談が増えていった。

　さらに、東日本大震災以降の若年層の価値観の変化とそれに伴う地方移住への関心の高まりを受け、移住専門誌にも変化が起こった。2012年には『自休自足』(第一プログレス)が『TURNS』(図7-3右)に誌名変更し、地域コミュニティの紹介や若者の働き方の紹介など、単なる自己実現だけでない地方での生き方を紹介するようになっている。このように就職氷河期世代によって先行していった地方移住の流れは、大震災によって明らかになった大都市の脆弱さとともに、都会における孤立状態から逃れ、つながりを求めた結果のオルタナティブな生き方の見本として、さらに若い世代の価値観の変容を促すものになっていった。

4 新たな人の動き

地方創生以降の移住施策の変化

前節で団塊世代の移住施策は社会情勢の変化等によって不発に終わったことを述べたが，2014 年の政府による「まち・ひと・しごと創生本部」の立ち上げ，「まち・ひと・しごと創生総合戦略」の策定による地方創生の動きに合わせ，全国の自治体が人口減少対策としての移住施策に乗り出すことになった．それぞれの自治体が人口ビジョンの策定とそれをもとにした地方版総合戦略を策定するなかで，移住施策の充実を掲げる自治体が増加したことがその要因である．特に 2014 年の増田レポートで「消滅可能性都市」とされた自治体でその傾向が強く，交付金を使いハード，ソフト両面からの移住者誘導施策を行っている．

移住の実現にあたっては「住まい」「仕事」「受け入れ体制」への不安が大きいが，特に住まいの問題に関しては，空き家バンクやお試し住宅(移住体験住宅)などは，自治体の課題ともなっている空き家対策と関連することもあり，全国的に広がりを見せている．一方，地方創生政策として，地方創生交付金を活用した金銭面での支援を行う自治体も年々増加している．移住先の見学や就職の面接時の交通費の助成や，引っ越し費用への助成，移住後の家賃助成など，

表7-2　拡充する移住支援策

	支援策	自治体(一例)
住　宅	空き家バンク リフォーム支援 家賃補助 お試し住宅	全国的に展開
仕　事	ローカルワークコーディネート事業 半農半 X 支援事業 継業支援事業 新幹線通勤費補助	北海道 島根県 和歌山県等 新潟県湯沢町，静岡県三島市等
受け入れ体制	移住相談員，コーディネーター設置 現地訪問交通費支援	群馬県，浜松市等 広島県，福島県等

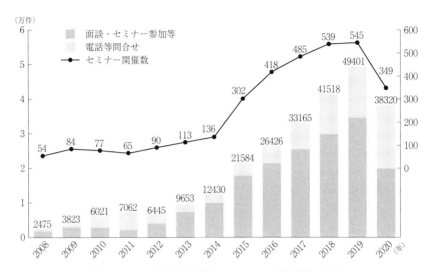

図 7-4 ふるさと回帰支援センターへの相談件数の変化

資料：表 7-1 と同様

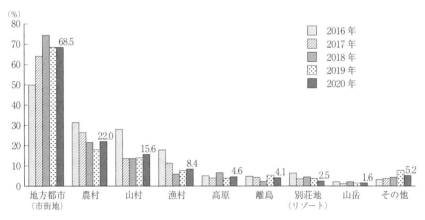

図 7-5 ふるさと回帰支援センター相談者の移住希望地域類型の変化

資料：表 7-1 と同様

また，受け入れ体制整備として，移住相談員・コーディネーターといった対面
での移住相談を受ける人材を配置する自治体も増加しているが，これには先輩
移住者だけでなく，地域おこし協力隊の卒業生が受任することも多くなってい
る．

受け入れ体制の整備は市町村に限らず，道府県レベルでも同様である．ふるさと回帰支援センターへの相談件数・セミナー開催数の推移を見ると，2015年以降の相談者数の増加が著しいが，これはふるさと回帰支援センターへの相談ブース出展自治体の増加と比例しており，実際に2014年は当該ブースへの相談員配置県が5県だったものが2015年末に29県まで増加，2020年には42道府県2政令市が相談員を配置するなど，東京での相談体制の強化を行っている．

さらに政府は2019年から移住直前の10年間で通算5年以上，東京23区に在住または通勤していた人を対象に，地方に移住し就業や起業する場合，「移住支援金（最大100万円／世帯）」「起業支援金（最大200万円）」を支給する「地方創生移住支援事業」を開始し，さらなる東京圏からの人の流れを加速させようとしている．

一方，地方創生政策が動き出して以降，これまで過疎対策として移住施策を行っていた中山間地域だけでなく，中核市や県庁所在地などの地方都市も積極的に移住施策を行うようになったことが特筆できるだろう．人口規模が大きい地方都市においても，人口減少対策を行わなければならなくなった背景として，全国一律に人口ビジョンを策定しなければならなくなったことが大きいが，移住希望者にとっては住まいと仕事を見つけやすく，極端なライフスタイルの変更を行わない地方都市暮らしという選択肢が出てきたため，さらに地方都市への移住ニーズが高くなっている．

このように，就労の機会が多い地方都市への移住希望の高まりは，改めて地方移住そのものが一般化し，さらに現役世代の移住ニーズが高まりつつあることを示している．

リタイアメント・コミュニティの形成

政策として進められている地方創生においては，これまでに見てきた「地方への移住」という人の動きだけでなく，東京一極集中の課題として，高齢者問題も取り上げられている．「まち・ひと・しごと創生基本方針2015」（2015年6月30日閣議決定）において，都市圏の後期高齢者の増加を見越し，「日本版CCRC（Continuing Care Retirement Community）」構想が推進されることとなり，

同年 12 月には，まち・ひと・しごと創生本部による「CCRC 構想有識者会議」の最終報告書が提出され，そこで改めて日本版 CCRC は「生涯活躍のまち」とされた.

　この日本版 CCRC 構想は，アクティブシニアと呼ばれる，趣味や健康増進，社会貢献等に意欲的に取り組む高齢者の移住を促進することで，地方の人口減少と東京圏の高齢化に伴う医療・介護施設不足という双方の課題を解決することを狙った政策である. ところが，この日本版 CCRC 構想はメディア等で「首都圏の介護問題の地方への押しつけ」「現代の姥捨て山」などと揶揄され，批判も多かった. 特に先進モデルとされたものの多くがサービス付き高齢者住宅であったことも，その一因であろう.

　日本版 CCRC のモデルとなったアメリカのリタイアメント・コミュニティは，1960 年にアリゾナ州フェニックス近郊に開発されたサンシティである. ここは非行政コミュニティということもあり，清掃や各種インフラ管理などが，サンシティコミュニティの住民によるボランティア活動によって行われているなど[田原 2007]，日本版 CCRC でも挙げられているコミュニティ形成が注目されている. 国内におけるリタイアメント・コミュニティでは，日本版 CCRC の先行モデルとして位置づけられている事例もある(栃木県那須町の「ゆいま〜る那須」2010 年開設，石川県金沢市の「シェア金沢」2014 年開設).

　当初，日本版 CCRC 構想が否定的に捉えられたのは，都市部の高齢者を地方に送り込むというだけではなく，都市住民だけが集まって暮らすというイメージを与えたことがその一因であろう. 現在，モデル地域で進んでいる CCRC プランの多くは，高齢者だけでなく地元の大学生や若年層等の居住誘導を行うものとなっており，アメリカ型のゲーテッド・コミュニティにならないような計画になっている.

　ともあれ，日本の農村でのリタイアメント・コミュニティの成立においては，地域側の合意形成だけでなく，都市住民側のニーズに左右されることになる. また，年金支給年齢の後ろ倒しといった社会情勢の変化も踏まえ，高齢者の地方移住ニーズの再確認が課題となるだろう.

漂泊する移住者

さて，これまで見てきたように，全国の自治体が地方創生の掛け声のもとで様々な移住支援策を行ってきた．しかし，移住希望者にとっての関心は支援金や政策といったものだけでなく，むしろその地域での暮らしに移っている．特に雑誌のみならず，SNS等のメディアにおいて，行政による支援策だけでなく，その地域らしさを紹介するなかで，他地域との差別化や移住を支援する民間組織の動きがさらに注目されている．ここでは地方創生前後に出てきた新たな人の動きのなかで，特徴的な事例を2つ紹介したい．

「地域移住計画」

2011年から活動を開始した任意団体の「京都移住計画」は，京都にUターン・Iターンした若者たちがスタートさせたもので，京都の住まい・しごと・暮らしにまつわる様々な支援メニューを紹介するとともに，実際に京都に移住した人とのつながりづくりの場としての「京都移住茶論」を開き，京都での暮らしや，働き方など実践者ならではの生の声を提供している．また，こういった参加しやすい取り組みがSNSで拡散していく一方，コンセプトに共感した全国の若者がそれぞれの地域で「移住計画」を立ち上げ，現在では「みんなの移住計画」として22カ所に活動が広がっている．

このネットワークはSNSなどのオンラインが中心のゆるいつながりだけでなく，全国イベントとして「全国移住ドラフト会議」や「現代版参勤交代」など，地域の枠組みを超えた動きを見せ始めている．特に移住ドラフト会議に見られるような，地域側が移住者を指名する方式は，行政にありがちな人口としての人ではなく，地域で必要な人材や，実際に会ってその人となりを確認した上での「あなたに来てほしい」というメッセージでもあり，よく知らない地域との関わりを持つきっかけにもなっている．

「ゆるい移住」

福井県鯖江市で2015年度に行われた「ゆるい移住」プロジェクトでは，目的やスタイルを限定せず，市が用意する体験住宅に半年間無料で住めるというものであった．従来，お試し移住では，その地域に定住する目的がある，ある

いは地域課題の解決や就農，起業など何かしらの目的を持つ移住希望者を対象
とするものだが，目的をつくらず行政のサポートはあくまでも住宅の無償提供
だけである．このプロジェクトはタイトルの奇抜さで，SNS 上で拡散したこ
ともあり，従来の移住希望者とは異なるニートやフリーターなどの時間に余裕
のある人の参加が多かったが，これは「なにかしなくてはいけない」という心
理的ハードルを下げて，「とりあえず住んでみる」というメッセージで，若者
のニーズに寄り添う形でスタートしたが，結果的に参加した半数がその後も鯖
江に住み続けている．

　このような受け入れ側の「ゆるさ」が，他の地域にはないという魅力で人を
ひきつけている一方で，よそ者が税金でフラフラしているという住民からの批
判の声も無視できない．しかしながら，定住はしなくても，この「ゆるい移
住」がきっかけで鯖江市に関心を持ち，関わってくれた人が大勢生まれたこと
が，この事業の成果であるとしている．

　2 つの事例は，「気軽さ」と「情報発信力」によって賛同者が増えることを
示唆しているが，単なる目新しさや奇抜さによる情報拡散はきっかけに過ぎず，
暮らす地域に執着のない，漂泊する移住者が存在することを明らかにしている．

5　これからの人の動き

コロナ禍での移住動向

　人の動きは古くはオイルショック，バブル崩壊，近年ではリーマン・ショッ
ク，東日本大震災といった，社会情勢の大きな変化に左右されてきた．同様に
2019 年末からの新型コロナウイルス（COVID-19）も地方移住に大きな影響を与
えた．

　地方創生によって，地方移住が政策化し，受け入れ側でも都市住民の受け入
れを歓迎する気運が高まってきたところに，移動への制限を与えるようになっ
ただけでなく，都会の感染拡大の不安を背景に，よそ者に対しての農村の不寛
容さを改めて露呈することになった．実際に体験ツアーの中止や移住体験住宅
の利用中止が相次ぎ，現地訪問の機会がなくなったほか，積極的な移住相談を
行わない方針を打ち出した自治体も出た．

その一方で，コロナ禍にもかかわらず，移住への関心は高まっており，新型コロナによる緊急事態宣言下において，リモートワークを体験した都市住民は「転職なき移住」という可能性を見出した．これまで移住のハードルとなっていた移住先での仕事の問題（雇用の場，賃金，希望する職種）といった課題がリモートワークによって解決するからである．さらに2021年からは「地方創生移住支援事業」を拡大し，リモートワーク移住にも移住支援金の提供を始めたことで，この流れを後押ししている．

　これまでは，高い家賃を払い，職場への通勤時間を短くする通勤ありきの居住地選択であったが，コロナ禍でリモートワーク前提での働き方になり，週に一，二度の出勤となることで，日常の暮らしやすさを求めて，千葉県や神奈川県などの郊外への転居というニーズが増加した．これも「コロナ禍でのライフスタイルを変える」ことを目的としたもので，広義での地方移住と考えていいだろう．とはいえ，リモートワーク移住という新たな移住スタイルの定着には企業や業種によって意識の差があり，新型コロナが収束したあとも，企業が働き方改革の一貫としてリモートワークを継続させることができるかどうかが，新たな移住スタイル促進の鍵を握っている．

オンライン相談の可能性

　一方，自治体にとっても新型コロナを契機に移住相談等のオンライン化に取り組む自治体が増えた．対面による移住相談会が続々と中止になるなかで，オンライン等で積極的に地域の現状や関わり方を示していた自治体では，前年度以上の移住相談を増やすことができていた．移住イベントのオンライン化は，移住希望者・受け入れ地域側双方にメリットがある．都市住民は自宅にいながらにして気軽に参加でき，時間と距離に左右されないというオンラインならではのメリットだけでなく，自治体側も地域から離れず，移動コストをかけないイベント開催が可能となった．このように東京からの時間距離が長い自治体や離島などでも，オンラインであれば関東近郊の自治体と同じ土俵に立つことができるようになったのである．

　現地訪問によるポジティブ経験から生じる肯定的経験評価が移住の前提条件であることも指摘されている［小原2020］が，移住前の不安を払拭してくれるよ

うな顔を合わせての双方向コミュニケーションがオンラインツールの進化によって気軽にできるようになった．これは現地訪問回数の多寡によらず，オンラインによる交流でもポジティブ経験を与えることにより，現地訪問の代替が可能になることを示唆するものである．

暮らしのシェア，二地域居住

　2020年になり，新型コロナ禍でリモートワークが一定の認知を得て，転職しない移住が喧伝されるようになり，改めて国土交通省が「全国二地域居住等促進協議会」を立ち上げ，全国的な推進を図る動きも見られる．

　二地域居住とは，都市住民が「定期的・反復的に，農山漁村等の同一地域に滞在する」もので，この用語が政策的に使われるようになったのは，2005年の国土交通省の「二地域居住人口研究会」からである．それまでは1980年代に「二拠点居住」あるいは「マルチハビテーション」と呼ばれており，空き家対策・不動産の流通と団塊世代の移住ニーズを背景に週末田舎暮らしという売り込みで，一つのムーブメントになったが，実際は期待したほどのニーズは見られなかった．また，二地域居住を推進していくなかで，水道料金やゴミ処理などの公共サービスのフリーライド問題も課題となっている［難波2016］．また，これらの課題への認識もあり，自治体側も積極的な推進を行ってこなかった．さらに都市住民にとっての，二地域居住にかかる移動コストだけでなく，住宅の維持コストも二地域居住が広がらない要因である．

　この住宅維持コストを削減する新たな動きとして，空き家や未利用別荘を活用し，定額で全国の物件を利用できるサービスが出始めている．「ADDress」では，従来の住まい方の「賃貸」あるいは「購入」だけではなく，住まいを固定せず，一定期間の利用権として定額料金を支払うサブスクリプション方式の「定額全国住み放題」サービスを提供している．こういったサブスクリプションのサービスを利用し，拠点を持たない「ノマドワーカー」「アドレスホッパー」と呼ばれる，移動しながら生活する人も出てきている．彼らの滞在拠点は移住者が空き家をセルフリノベーションしたものも多く，改装コストを下げることで，安価に泊まれるゲストハウスやシェアハウスとして活用するものが増えている．松村［2016］はこのような動きを「第三世代の建築の民主化」と呼び，

リノベーションスクールのような空き家改修というプロセスを通じて，領域の専門外の様々な人が関わりの場として参加できる仕組みが生まれたことを評価している．働き方の自由化とともに住まい方の自由化が進むこととなり，1 カ所にとどまらない生き方も，前節で述べた「漂泊」する移住者と呼ぶこともできるだろう．

6 定住人口論を超えて

新たな担い手づくり

さて，これまで地方移住という，新たな人の流れについて，人口移動という観点からの論点や政策的な変化からの移住の動向，そしていくつかの事例を紹介し，変容する移住の形態を確認してきた．しかし，地方移住を「仕事や家族の事情ではなく，ライフスタイルを変える目的を持っての転居」と定義すると，転居をせずにライフスタイルを変えることが可能であれば，地方への定住を前提とした移住施策は意味を持たなくなるかもしれない．

これまで，地域を住み次ぐ主体は生活拠点を地域に置いている常住住民が前提であったが，日本全体が人口減少に向かっている局面においては，自然減・社会減の影響で地域の活動量（ご縁の総量）も減少していく．しかし，人口減少を受け入れながらも，常住住民が積極的に外部との関わりをつくり，交流を展開することによって常住住民の人口が減っても「ご縁の総量」を落とさないことが可能になり，結果として地域を住みつなぐ人材が出てくることに期待する「縮み方のシナリオ」を描くことができる［山崎・佐久間 2017］．

地方自治体にとっての移住施策はあくまでも定住人口を増加させるという目的に立ったものであるが，定住人口を補完するものとして「交流人口」そして近年では観光以上定住未満という「関係人口」という概念も出てきている．しかし，新型コロナによる移住自粛の動きは，交流人口や関係人口のあり方にも影響を及ぼし始めている．

関係人口は「特定の地域に継続的に関心を持ち，関与するよそ者」［田中 2021］と定義されているが，都市住民が地方へ直接訪問するという従来の関わり方だけでなく「オンライン関係人口」という言葉も生まれ，東京というハブ

を必要としない，「地方と地方」の関係づくりも広がりを見せ始めている．オンライン関係人口のように地域への訪問を伴わない場合は，特定の人間以外との接点が持てないため，地域側から「よそ者」として認識されることは少ないだろう．「よそ者として認識されたときには既に地域とかかわりを持つ，ある意味で地域内のアクターとなっている」[敷田 2009]ためである．

持続可能な人の流れをつくる

では地域の活動量を落とさないために何が必要なのだろうか．従来の都市農村交流では，一方通行の「おもてなし型」とも言える消費される立場から，対等な関係を築くチャンスが生まれてきている．このような地域に必要なご縁の総量は関係人口論で言うところの「関わりしろ」でもある．

今後，技術革新によってコミュニケーションツールも変化し，これまで以上に地域に関わる機会や関わり方も多様化していくであろう．そのとき農村がこれまでのような人口論的移住施策だけを行っていていいのだろうか．社会情勢の変化によって価値観が変化し，新たな移住スタイルが生まれたように，従来の物理的な「地域の人と外から来た人がコミットできる場」だけではなく，バーチャルな「場」づくりといった「多様な関わりしろ」を創出することによって，これまでとは違う新しい動きが生まれる可能性もある．

空き家が単なる「住まいとしての空間」から，改修プロセスをオープンにしていくことで，「ひとがつながる空間」として開かれ，新たな価値を生み出していったように，農村も開かれて「ひとがつながる場」を持ち続けていくことで，暮らしの場だけでない価値付けがなされる可能性を持っている．そのためにも地域にある様々なストックも，将来の可能性を確保するために，維持管理し続けることが重要であろう．

みなさんも新たなコミュニケーションツールを活用しながら，様々な地域に関わり，自分のライフスタイルを考え直す機会をつくっていってほしい．

【文献紹介】

いんしゅう鹿野まちづくり協議会編(2021)『地域の未来を変える空き家活用――鹿野のまちづくり 20 年の挑戦』ナカニシヤ出版
　地域づくり団体が「空き家改修」をきっかけに移住者の受け入れを始め，移住者自身も巻

き込みながら，地域おこしに取り組んできた実録．内外の協力者の巻き込み方の参考になるもの．

轡田竜蔵(2017)『地方暮らしの幸福と若者』勁草書房

　大都市圏へ出ないで，地方都市周辺で生きる若者がなぜ，自分のライフコースとしてそれを選択したのか．単純な経済理論だけでなくソーシャル・キャピタルによって包摂される自分の存在感を認めてもらえる「場」としての地方の存在意義を問うもの．

広井良典(2001)『定常型社会——新しい「豊かさ」の構想』岩波新書

　人口減というゼロ成長社会の中で，新しい価値としての「豊かさ」のものさしをいかに作るべきか．社会保障・福祉の観点から持続可能な社会としての「定常型社会」の提案を行ったもの．

【文献一覧】

石川菜央(2018)「ライフスタイル移住の観点から見た日本の田園回帰」『広島大学総合博物館研究報告』10号

石川義孝編著(2001)『人口移動転換の研究』京都大学学術出版会

市川康夫(2018)「フランス田園回帰にみるネオルーラル現象の展開と現在」『農業と経済』84(9)

大友篤(1996)『日本の人口移動——戦後における人口の地域分布変動と地域間移動』大蔵省印刷局

小原満春(2020)「観光経験と観光地関与がライフスタイル移住意図へ及ぼす影響」『観光研究』32(1)

黒田俊夫(1970)「人口移動の転換仮説」『人口問題研究』113号

小池司朗・清水昌人(2020)「東京圏一極集中は継続するか？——出生地分布変化からの検証」『人口問題研究』76-1

塩見直紀(2008)『半農半Xという生き方』ソニー・マガジンズ新書

敷田麻美(2009)「よそ者と地域づくりにおけるその役割にかんする研究」『国際広報メディア・観光学ジャーナル』No.9

図司直也(2013)「地域サポート人材の政策的背景と評価軸の検討」『農村計画学会誌』Vol.32, No.3

田中輝美(2021)『関係人口の社会学——人口減少時代の地域再生』大阪大学出版会

田原裕子(2007)「合衆国におけるリタイアメントコミュニティ産業の展開——デル・ウェッブのサンシティ・アリゾナを中心に」『國學院経済学』第55巻第2号

中川聡史(2001)「結婚に関わる人口移動と地域人口分布の男女差」『人口問題研究』57-1

中川聡史(2005)「東京圏をめぐる近年の人口移動——高学歴者と女性の選択的集中」『国民経済雑誌』191(15)

長友淳(2015)「ライフスタイル移住の概念と先行研究の動向——移住研究における理論的動向および日本人移民研究の文脈を通して」『国際学研究』Vol.4(1)

縄田康光(2008)「戦後日本の人口移動と経済成長」『経済のプリズム』No.54

難波悠(2016)「二地域居住における公共サービス負担に関する一考察」『東洋大学PPP研究センター紀要』6号

桝潟俊子(1998)「「帰農」というライフスタイルの転換とその展開(上・下)」『国民生活研究』第28巻第1・2号

松村秀一(2016)『ひらかれる建築――「民主化」の作法』ちくま新書

森川洋(1988)「人口の逆転現象ないしは「反都市化現象」に関する研究動向」地理学評論61巻9号

山崎義人・佐久間康富編著(2017)『住み継がれる集落をつくる――交流・移住・通いで生き抜く地域』学芸出版社

蘭信三(1994)「都市移住者の人口還流――帰村と人口Uターン」松本通晴・丸木恵祐編『都市移住の社会学』世界思想社

Ateljevic, I and Doorne, S (2000) "'Staying Within the Fence': Lifestyle Entrepreneurship in Tourism" *Journal of Sustainable Tourism*, Vol 8.

Benson, M. and O'Reilly, K. (2009) "Migration and the Search for a Better Way of Life: A Critical Exploration of Lifestyle Migration" *The Sociological Review*, 57 (4).

Lane, Bernard (2002) "Rural Entrepreneurship: A European Commentary and Case Studies" (農村地域でのビジネス起業――欧州での現状と事例), 農林水産政策研究所

　加速する学校の統廃合と農村の新たな挑戦

尾 原 浩 子

　小中高と公立学校の統廃合が平成に入って以降，高止まりしている．政府が，東京一極集中を是正し，農村の人口減少に歯止めをかけることを目的とした一連の政策「地方創生」が始まった 2014 年以降も，統廃合は進む．総務省の調査によると，1989 年度（平成元年度）から 10 年間に全国で 557 校の小学校，81 校の中学校が消え，1999 年度からの次の 10 年間は，小学校は 2231 校，中学校は 491 校がなくなった．この間は平成の大合併とされる市町村合併が相次ぎ，全国で市町村数が 1502 減ったことに伴い，学校の統廃合も加速した．しかし，平成の大合併が落ち着いた 2009 年度からの 10 年間も小学校数は 2006 校，中学校は 494 校と同じ勢いで減り続けている．さらに，高校はもともとその数が少なかったことから統廃合の対象になっていなかったが，近年はその高校すらも統廃合されるケースが出ている．1989 年度に 5511 校あった高校（国立，公立，私立）は，2018 年度は 4897 校にまで減ってしまった．平成の初期の高校数はほぼ横ばいで推移してきたが，特に平成後期，地方創生政策が本格化した 2014 年前後に統廃合が加速している．

　学校は単に子どもたちが教科書を学ぶ場ではない．登下校も含めて子どもが地域にいることが地域の活力につながることはいうまでもなく，地域の人々が学校に関わることは，子どもの教育にも大きく寄与している．住民が本気で地域づくりを考え地域を前に進めようと思考する姿勢を身近で見ることは，子どもの大きな学びにもなる．学校がその地域の核として地域づくりの拠点の役割を担っていることも含め，教育力と地域力は大きな関係がある．政府の地方創生政策は農村への移住者を増やそうというものだが，学校が統廃合される地域にわざわざ移住したいという人はいないだろう．学校統廃合の加速化は地方創生に逆行しているといえる．地方において学校の存在は極めて重く，学校にとっても地域に根差した教育力は大きい．

　全国の農村で公立学校が減る中で，学校の存在を地域から消すのではなく，学校を核とした現場からの新たな挑戦も始まっている．大分県竹田市久住地区に 2019 年度誕生した「久住高原農業高校」．同高の前身の高校は，1961 年に統合され分校として存続していた．しかも，2010 年以降は，1 学年 20 人にも満たない深刻な定員割れが続き，閉校の話は幾度も浮上していた．厳しい状況だったにもかかわらず，分校は単独の農業高校として新たに生まれ変わった．生徒数が少ないなら，閉校するというのが時代の流れのはず．しかし，「学校は地域の財産」というのが住民の共通の考えで，分校を単独校にすることは地元農家らの長年の悲願だったという．

20年近く県に働きかけ，県教委や地元首長が英断した．同市は合併特例債などを活用して寮を建設し，全国からの新入生の受け入れ体制を整えた．

　同校は農高を地域に開き地域とともに農高を育て，教育と地域づくりを両輪で展開している．同市はトマトやカボス，畜産など全国筆頭の農業産地で，移住者を呼び込んできた実績もある．こうした地域の環境は農高生の貴重な学びの場だ．分校から単独校になったことでカリキュラムを柔軟に組め，学校の特色をより打ち出すことができ，地域と連携した授業展開も積極的に進めることができる．

　少子化の時代，学校を閉校することが流れとなっているが，同校のように統廃合をせず，学校を核にした地域づくりを展開し，にぎわいを取り戻す地域もある．例えば香川県の離島，男木島は，2008年に小学校，2011年に中学校が休校になったが，2014年に小中学校が再開した．島を古里とする一家を中心に，子どものいる複数の世帯が移住を希望したことで，学校に再び子どもたちの笑い声が響くようになった．瀬戸内海に浮かぶこの小さな学校は2021年も，周辺の学校とリモート交流をするなどの創意工夫で存続している．

　一般財団法人「地域・教育魅力化プラットフォーム」などが2019年に明らかにした調査では，1990年に1校しか公立高校のなかった1197市町村のうち，自治体合併せずに過疎地域に指定されている自治体で，高校が存続している144市町村と，なくなった49市町村の人口動態を比べている．その結果，統廃合により高校が消滅した市町村では6年間で総人口の1%超相当，転出が超過していた．高校が存続している市町村に比べ15-17歳の人口減少が進んでいた．学校の存在価値は数字では図れない価値をもつものの，農業高校など地域に根差した高校が，人口や消費の増加など過疎地域の活性につながることがデータでも明らかになった．

　残念ながら，学校の統廃合に対する住民の反対運動が起きても，行政が半ば強引な形で統廃合を決定した自治体もある．中には，学校の統廃合問題を契機に地域づくりを考え出した住民らが，移住者を呼び込むことなどで子どもの人数を増やしたのにもかかわらず，小学校が統廃合を決定した地域もある．「少子化だから学校の統廃合はやむを得ない」「財政難だから仕方ない」といった一方的な視点だけでは農村から学校はなくなってしまう．地域づくりと学校の存続は切り離されて考えられるべきではない．地域づくりとは次世代づくりでもあり，子どもの教育の面を財政問題だけで判断するべきではない．統廃合するかどうかは，小規模校の意義も検証した上で，子どもも含めた住民が地域の未来を考え議論し，行政が住民の決断を尊重，応援することが欠かせない．

第**8**章 新しい再生プロセスをつくる

図司直也

1 本章の課題

　皆さんは,「農村地域の絵を描いてみてください」と言われたら, どんな絵を描くだろうか. 田んぼや畑, その背後には森林があって, さらに奥には山々が連なる. そこから川が流れ出ているような感じだろうか. 大学の筆者の授業で描いてもらうと, このような構図のものが多く, おじいちゃんやおばあちゃんが農作業に勤しむ姿や, 牛や魚といった生き物を書き込む学生もいる. 併せて, 農村のイメージを挙げてもらうと,「緑が多い／空気や水がおいしい／星がきれい／人と人とのつながりが強い／時間の流れ方が穏やかな感じ」といったプラス面の表現が多い. 他方で,「少子高齢化が進む／若者が少ない／移動に車が必要／野生の動物が多い」といった農村の暮らしをリアルに捉えたものも見受けられる. 実際に「農村」を辞書で引いてみると,「住民の大部分が農業を生業としている村落」(デジタル大辞泉)のような表記がなされている.「農村は, 農業を営んでいる人たちが多く暮らしているところ」, まさにこのイメージが広く共有されているのだろう.

　温帯モンスーン気候である日本は, 梅雨を経て暑い夏に豊富な水がもたらされることから, 稲にとっては絶好の生育環境にあって, そのもとで水田の高い生産力を維持できている. そして農村資源が一子相続的に家産として継承されることで, 農家と水田が織りなす風格ある農村風景が受け継がれてきた[宮口2020].

　農村の基本的なコミュニティとしての集落も, 地域資源と深い関係を有しながら, 戦後農地改革を経て, 主に農業によって生計を立てる均質な農家によって構成されていたが, 高度経済成長期を経て, 都市的なものが増大し, 農村的

151

表 8-1　農業集落の平均像(2015 年：中央値)

	全　国	都市的地域	平地農業地域	中間農業地域	山間農業地域
総戸数	50	220(↑)	57(↑)	38(↓)	24(↓)
農家数 (農家率)	11 (22.0%)	12 (5.5%)	15 (26.3%)	11 (28.9%)	8 (33.3%)
販売農家 (販売農家率)	6 (12.0%)	6 (2.7%)	10 (17.5%)	6 (15.8%)	4 (16.7%)
総人口	174	934	190	113	62
高齢化率	34.8%	27.9%	32.7%	38.2%	44.8%

資料：農林業センサス農山村地域調査
出典：橋詰登「農村地域人口と農業集落の将来予測──農業集落の変容と西暦 2045 年の農村構造」
　　　『農林水産政策研究所レビュー』No. 93, 2020 年をもとに，一部筆者が加筆
注：1　農家率＝農家数／総戸数，販売農家率＝販売農家／総戸数で算出
　　 2　総戸数の矢印は増減の傾向を示す

なものが減少していく変化に直面している．具体的には，農村から都市へ人口
が大規模に移動する 1960 年代からの農家の兼業化，1970 年代から集落の中で
非農家が増加する混住化．そして，高度経済成長に始まる人口流出が，1980
年代以降には農業集落の顕著な縮小にまで至っている過疎化という 3 つの現象
が挙げられる．これらは大局的には「都市化」の流れとして捉えられている
[日本村落研究学会編 2007]．

　このうち，過疎化は「限界集落問題」と関連させて取り上げられるように，
人口減少と高齢化の現象として認識され，農業生産や相互扶助などを集落ぐる
みで取り組む場面が少なくなり，今日の農村社会は縮小均衡状態に陥っている．
そのため行政も過疎対策として，さらに近年では地方創生の移住定住施策とし
て，人口の確保や維持に向けた様々な施策を講じている．

　それに対して，兼業化や混住化は，農村社会内部の質的な変化であることか
ら，地域住民にも実感が薄いところがある．しかしこの 2 つの現象も，実は地
域力の低下に大きな影響を与えているものと筆者は考えている．今日の農業集
落の平均像を示した表 8-1 を見ると，一集落あたり 50 戸の規模で農家は 11 戸
と全体の 5 分の 1 を占めるに過ぎない．中山間地域に限っても，農家率は 3 割
前後であり，逆に全体の 7 割近くを非農家が占めている．さらに，農業生産の
主要な担い手である販売農家に至っては，50 戸中 6 戸と 1 割あまりで，その

割合は平地，中山間地域でもそれほど違いはない．

　このような農業集落に暮らす人たちの今日の姿を，農村社会学者の徳野貞雄は，「流動性」と「移動性」という2つの切り口で捉えている．日常的には，農村は家族や近隣・集落住民と接する狭域な生活世界でありながら，兼業化が進むにしたがって，仕事や消費活動などで集落外に出ることで，生活空間は広域化しており，農村住民も流動性を高めた二元的生活構造のもとに暮らしている．その結果，農業の営みがもととなった農村社会の同質性や統合性も次第に弱まっている．それに加えて，個々人のライフステージの観点から見ると，転居や来住の機会が増えて地域外との移動性を高めている．今や農業生産を基盤とした就業形態や生活構造は集落の中でも高齢者に見られるばかりで，現役世代には少数派となり，「農業者が農村から消え始めている」と指摘する[徳野2011]．

　つまり，今日の農村は，土着性の強かったむらから，「むらの農離れ」[同前]と表現されるような，地域社会としてもかなり多様性と異質性を有する構造に変化している．同一空間に居住していても，そこに暮らす一人一人の属性や行動様式は違ってきており，先に挙げた辞書の定義とは大きく変わってしまっているのだ．そうなれば，農村社会に暮らしていても，農業を主要な仕事にしなければ，周囲にある田畑との関わりは乏しくなる．また集落の共同作業として，道普請や水路掃除，草刈りなどへの参加を求められると，農業経験のある上の世代はむらの仕事としてそれを当然のことと受け止める一方で，米作りに関わる機会が乏しくなっている下の世代にとっては，その作業の目的を理解できないと次第に参加を忌避するようになり，人数の確保も難しくなっている．このように，今日の農村社会は，暮らしている地域の良さを住民自らが実感して，そこに愛着を抱き，次世代に様々な資源を継いでいくことがきわめて難しい状況に直面している．

　農業経済学者の生源寺眞一は，日本の土地利用型農業，特に水田農業は二階建ての構造で成り立っていると説明する．上の層は，市場経済との絶えざる交流のもとで営まれる層であり，いわばビジネスの層である．このビジネスの層だけで完結しないのが水田農業の特徴であり，上層を支える基層と呼ぶべきもう一つの層が，地域農業を支える農業用水や農道などを良好な状態に維持する

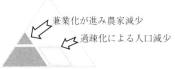

【上層】
経済／ビジネス

【基層】
暮らし
コミュニティ

農村住民＝農家
【原形】
農村＝農業中心社会　⇒

兼業化が進み農家減少
過疎化による人口減少
農家↔非農家：混住化による分化
【現在】
「むらの農離れ」

図 8-1　農村社会の基層と上層の変化（原形〜現在）

資源調達のための層であり，農村のコミュニティの共同行動に深く埋め込まれた層だとする［生源寺 2011］.

　つまり，日本の農村は，暮らしやコミュニティにあたる基層と，市場経済，ビジネスに関わる上層の 2 つの層がバランスよく積み上がっている状況，図 8-1 で言えば，農業中心社会として二層を組み合わせた大きな三角形で表現できる「原形」のもとで維持されてきたと言えよう．この二層構造は，先に述べてきたように，戦後大きく変化してきた．過疎化により，農村全体の人口が減少し，三角形の大枠が縮小し，加えて，兼業化によって農村で経済活動を担ってきた農家の数が減少し，網かけした三角形はさらに小さくなっている．他方で，混住化により農業に関わりを持たない基層のみの非農家が増え，農作業に伴う音やほこりなどの苦情が役場に寄せられるなど，農作業が快適な生活環境を脅かすものと受け止められ，集落内で農家と非農家の間に利害対立が生じる場面も出てきている．そうなると，農業生産を支える上で身の回りの資源や施設を自らの手で管理してきた共同作業への参加が得られなくなり，冒頭の絵のような農村像を維持することも難しくなるだろう．

　このようななかで自然豊かな農村風景が維持されるためには，農村資源に人の手が関わり続けられる仕組みを，今の時代に合った形で再構築する必要がある．具体的には，住民の数が少なくなっても，その顔ぶれが多様化しても，基層をなすコミュニティがお互いに関わり合う場となって，各々の暮らしを豊かにし，地域資源を活用して価値を見出すことで上層にあたるビジネスに関わる機会が増え，地域経済循環を取り戻す展開が求められよう．

　その実現に向けて，農業中心社会のなかで構築されてきた基層と上層の中身を今日的に捉え直し，両者がバランスよく積み上がり，三角形の大枠も地域そ

れぞれに，これからの時代に見合う大きさに整える作業を，手順を追って，ある程度の時間をかけて進めていく必要もありそうだ．ここに，農村において新しい再生プロセスをつくる目的を確認しておきたい．

2 暮らしと経済をつなぎ直す地域づくりの実践

　それでは，農村の基層にあたる暮らしやコミュニティの部分と，上層にあたる市場経済やビジネスの要素とをつなぎ直すような新しい地域づくりは，現場でどのように展開しているのだろうか．ここでは2つの地域の実践を取り上げてみたい．

長野県飯田市──地域自治と新産業創出に活かされる「共創の場」

　長野県南部に位置する飯田市は，温暖地と冷涼地の作物が両方できる多品種生産が可能な農村でありながら，人口10万人の地方中核都市として混住化が進んでいる．また平成の大合併では，過疎地域に指定されていた旧上村・旧南信濃村を編入し，1節で捉えた農村社会の変化を意識しながら，将来的には人口減少を見据え，持続可能な地域づくりを目指している．

　飯田市における地域自治のベースには，長年の公民館活動が存在する．1937年の市制施行以来，合併後も旧町村単位で自治振興センターとともに公民館を配置することで，地域に着目した学習と交流の場となり，「地域のことは地域で解決する」土壌が形成され，地域を担う人材が育ってきた．こうして飯田市における地域づくりは，農作業を手伝い合う，助け合うことを表現してきた「結い」の精神と，「……しようとする」という意味を表す「ムトス」を合言葉に進められている．

　そして2007年には自治基本条例が制定され，市民・市議会・行政の3者が協働する地域づくりが目指される．その軸が，地域自治組織制度の導入であり，20の地域自治区ごとに，地区公民館を含む形でまちづくり委員会を置き，地域振興や環境保全，生活安全など，地区ごとに特徴ある活動を進めやすい枠組みを用意した．

　さらに行政としても，市場メカニズムも活用しながら，積極的に公民協働を

進めていく領域として，社会共通資本の発想をもとに，「環境」からのアプローチに着目している．飯田市では，地域の身近な資源から生まれるエネルギーを市民総有の財産とし，市民はこれを優先的に活用して地域づくりをする権利があるとして，「地域環境権」を条例により位置づけ，市民に保障している．この権利を背景に，市内の豊富な再生可能エネルギー資源と地域の「結い」を組み合わせて，地域の課題解決を目指す住民の自治活動に，地域主体の再エネ事業から上がる売電収益を充てられるようにして，低炭素で活力ある地域づくりの推進にもつなげている．各地域で「地域環境権認定事業」が始まり，売電収入を得たまちづくり委員会が，地域の保育園や施設に芝生を植栽する実証事業を進めたり，天竜舟下りの景観を悪化させる放置竹林整備に，観光業者や地域住民が一緒になって乗り出す，天竜川鵞流峡復活プロジェクトを展開する事例が生まれている．

　このような地域づくりが生まれる一連の流れを，飯田市では「共創の場」として表現している．そこには，当事者意識を持った個人が，フラットに参加できる「円卓」がまず設定されれば，その場を介して自由闊達なアイデアが寄せられ，議論し，評価し合って，意識の共有化が図られていく．さらには，新たな事業の立ち上げ(イノベーションの創発)にも結びつく，という成功体験に基づく確信が各方面に共有されつつある．このようにして，右肩下がりの時代に新しいライフスタイルを模索するなかで，個人の生活の質(QOL)を高めるだけでなく，地域コミュニティとしての質(QOC)を上げる「善い地域」の創出が目指されている．

　こうした「共創の場」から立ち上がる創発の土壌は，住民自治のみならず，基盤産業におけるイノベーションの場面でも，新産業創出や地域産業の高度化に向けて大いに活かされている．飯田市では，養蚕や水引といったかつての主要産業が衰退する中で，その特色や技術を引き継いで，農業では市田柿・リンゴ・ナシなどの果物を中心に作物の転換を図り，また，半生菓子・漬物・味噌・酒などの食品加工産業や，精密機械や電子・光学のハイテク産業といった新しい移出産業を形成してきた歴史があった．しかし今日，グローバル規模での競争が激しくなる中で，競合し牽制し合っていた中小企業が共倒れになることを懸念して公益財団法人南信州・飯田産業センターがハブとなって，相互に

技術を学び協力できる環境を整える「風土改革」を進めていった．こうして，センターが「共創の場」づくりを担うことにより，新たに航空宇宙産業クラスターの形成や，輸出産業としての競争力の向上，さらには市田柿に関わる諸団体の間で，生産・加工技術の統一を図り，市田柿ブランド推進協議会が地理的表示(GI)登録を通して海外輸出の基盤を固める動きにも至っている．こうして飯田市では，航空宇宙産業や食品，メディカルバイオといった新領域で，次代の産業創造に向けた研究開発と人材育成を積極的に展開し，地域経済循環をより高める挑戦が続いている．

徳島県神山町──人材集積から地域内経済循環につながる自立的発展の試み

徳島県神山町は，県都徳島市の中心部から車で1時間圏内の県の中東部に位置する．1955年には2万人の人口を擁しながら，現在はおよそ5000人と4分の1に減少し，過疎化が進む農村である．少子高齢化により人口の自然減は止められないものの，2011年度に社会動態人口が一旦プラスとなり，その後もプラスに転じる年が入り交じり，人口流出に歯止めをかける動きが近年注目されている．

このような変化をもたらした背景に，20年あまりの地域づくりの蓄積がある．神山町では，地元の小学校に所蔵されていた日米親善の「青い目の人形」という資源に着目し，町民有志でその送り主を探し当てた体験が国際交流へと発展し，さらに，国内外からの芸術家の滞在を促すアーティスト・イン・レジデンスを手始めに，神山という場の価値を高める動きを続けてきた．2004年にはNPO法人グリーンバレーが設立され，町から移住交流支援センターを受託するとともに，ウェブサイト「イン神山」から情報発信を重ねていった．そのなかで，サイトの神山町への移住情報が関心を集めていることが分かり，古民家や空き店舗再生のプロジェクトを立ち上げ，そこにアーティストやクリエーター，建築家など多彩な顔ぶれが集うようになった．こうして，ワーク・イン・レジデンスという形で起業志望の移住者が神山町に拠点を置き始め，それがITやデザイン，映像を仕事とする企業体のサテライトオフィスを呼び込むことにもなった．

グリーンバレー理事の大南信也は，「こうしてやってきた人たちには勢いと

アイデアがあった．それを育んでいった結果がサテライトオフィスの誘致につながった」と，一連のプロセスを広がりある人材集積と捉える．このような新たな人の流れは「食」の需要を生み出し，近年では，ビストロやピザ店といったサービス業を移住者が立ち上げ，彼らが地場の食材や資源を求め始めるようになった．そこから，神山の農業と食文化が次世代につながるよう経済と農業の循環を目指す Food Hub Project や，神山の山や川を守るために，地元の杉材から器やオイルを作り出して，新しい価値を生み出す神山しずくプロジェクトなど，川上発の地域経済循環づくりが具体化している．

　これまで移住者の姿が目立ってきた神山町だが，行政が地方創生総合戦略を「まちを将来世代につなぐプロジェクト」としてデザインすることで，地域住民が町内町民バスツアーに参加して移住者が取り組むお店やプロジェクトについて直に話を聞いたり，住民と移住者が一緒にワークショップでテーブルを囲む機会ができ，双方が交流し理解し合う場も少しずつ生まれている．

　大南は，「地域には足りないものばかりだが，課題として重くは受け止めていない．神山ではアートやワークなど様々なタイプの「レジデンス事業」が展開することで，足りないピースを外から入れて埋めていく発想で，地方に「高度な職」を呼び込んできた．働き方や働く場所の自由度が高まったことで，新たなサービスも生まれている．観光等との連携が図れれば，域外からの適度な外貨も取り込める」と話している．

3　事例が示す農村再生の手順を読み解く

共通するプロセス──基層内部のつなぎ直し，そして基層と上層の
つなぎ直しへ

　長野県飯田市と徳島県神山町の２つの地域づくりの実践から，再生の方向性には一定の順番があり，そこに共通したプロセスを読み取れそうだ．結論を先にまとめてみれば，①地域の人口が減少するだけでなく，住民自身の地域に対するまなざしも薄れ，空洞化しているコミュニティに対してまず手当てを始め〈基層内部のつなぎ直し〉，次いで，②地域に暮らす実感を取り戻すなかで，地域資源を活かして新たな価値を生み出す仕事やビジネスにも関心が及ぶように

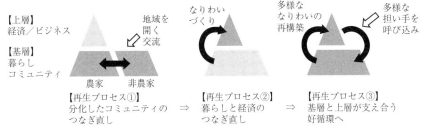

【上層】
経済／ビジネス

【基層】
暮らし
コミュニティ

地域を
開く
交流

農家　非農家

【再生プロセス①】
分化したコミュニティの
つなぎ直し ⇒

なりわい
づくり

【再生プロセス②】
暮らしと経済の
つなぎ直し ⇒

多様な
なりわいの
再構築

多様な
担い手を
呼び込み

【再生プロセス③】
基層と上層が支え合う
好循環へ

図 8-2　農村社会の再生プロセス

なり〈基層から上層への働きかけ〉，その先に，③今の時代に合った地域経済循環〈上層の再構築〉が目指される，という一連の過程であろう(図8-2).

　飯田市の取り組みを振り返れば，①空洞化するコミュニティへの手当て〈基層内部のつなぎ直し〉として，長年の公民館活動の蓄積の上に新たに設けられたまちづくり委員会の動きに注目したい．そこには，個人の生活の質(QOL)だけでなく，地域コミュニティの質(QOC)を上げる「善い地域」を目指し，「環境」が地域の中で共有できる今日的なテーマとして位置づけられることで，地域の様々な主体が参画できるプロジェクトへの入り口となった．②そこから，地域環境権を軸に据えたコミュニティベースでの事業が具体化することで，暮らしから地域経済循環への橋渡しの機会が生まれ〈基層から上層への働きかけ〉，③地域自治で培われた「共創の場」が，地場の中小企業間や異業種連携においてもイノベーションの創発をもたらし，グローバルな視点で競争力を強めた高次の地域経済循環〈上層の再構築〉が実現されつつある．

　他方で，神山町では，①人口減少と高齢化が進み縮小均衡状態にある地域において，様々なタイプのレジデンス事業を通して，多様な人材を外部から呼び込む流れが生まれ，総合戦略策定をきっかけに，移住者のみならず町民同士も相互との交わりを深めるようになり，地域住民自身もコミュニティの変化に気づき，まさに〈基層〉を成す神山に暮らす顔ぶれの〈つなぎ直し〉がなされてきた．そして，②人が人を呼び込むなかから生まれた新たなニーズに対して，若者たちが地元神山の素材を活かしながらサービスや仕事を創出している〈基層から上層への働きかけ〉．③このような仕事を通して，神山の基盤産業である農林業に新たな需要が生まれ，地元産品の価値も高まりつつある．ともすれば人口

減少と高齢化により需要が減退する農村経済は，川下の消費地である都市部のマーケットを意識してブランド化を図り，外貨の呼び込みにばかり注力しがちだが，大南の主眼は，神山に縁のできた若者たちとともに，川上に位置する神山が主導権を握って，地域内での経済循環を形にする自律的発展に置かれている〈上層の再構築〉。

　この一連の過程は，新潟県中越地震の復興過程に関わった稲垣文彦が描き出した「足し算の支援から掛け算の支援へ」という段階的なサポートとも重なり合うところがある。そこには，①過疎化や災害などで縮小均衡状態に陥った集落住民が，まずは外部の人たちから寄り添い型のサポートを得ながら，新たな出会いを楽しんだり，元気づけられたりしながらささやかな動きを始めて，小さな成功体験を積み重ねてみる「足し算」の段階がまずある。②次第に住民の間に現状を見つめ直す気持ちが取り戻され，縁のできた人たちと一緒に前進する活力が生まれ，③そこから新たな挑戦が生まれ，「掛け算」の段階に進んだところで，経済につながる事業導入型のサポートが活きてくる，という再生プロセスである［稲垣ほか 2014］。

基層と上層とをつなぎ直す若者たちのなりわいづくり

　先の２つの事例の中で，長野県飯田市においては「地域環境」の捉え方が，また，徳島県神山町では「外部から関わる若者たち」の居住が，基層のコミュニティづくりと上層の地域経済循環とをつなぎ直す起点となっているようだ。その意味するところは何であろうか。

　これまで若者が流出するばかりの農村において，本書の第７章で詳述したように，2000年代後半あたりから，若者の農山村回帰の動きが顕在化している。地域おこし協力隊をはじめとする地域サポート人材について，拙稿でも実態分析を進める中で，農村の地域住民と良好な関係性を築いている若者たちに，共通する活動プロセスを見出している。それは，普段のお茶飲みや挨拶，声掛けのような「生活支援活動」，そして，集落の共同作業や行事などの「コミュニティ支援活動」に積極的に顔を出すことを通じて，地域住民との信頼関係をまず築いていること。そして，住民との活動や会話の中から自らの経験やネットワークを活かせる場面を探し出し，地域の中で新たな役割や仕事を起こそうと

試みる「価値創造活動」へと展開させていく若者の成長プロセスであった[図司 2014].

　これは第3章で述べている「なりわいづくり」とも重なり合う．筒井一伸はなりわいを，生活の糧を得るための仕事，自己実現に向けたライフスタイル，そして地域資源の活用や課題解決への貢献といった地域とのつながりを足し合わせたものと表現し，「私利私益にとどまらない個人の動機と地域コミュニティとの相互作用の中で地域において共有し得る財やサービスを生み出し，それらを組み合わせて生活の糧を得ていく経済的な活動」と定義づけている．若者たちのなりわいづくりが，基層と上層とを結びつける原動力を生み出している[筒井編 2021].

持続できる里山環境づくりに役割を見出す若者たち

　生活農業論を唱える徳野貞雄は，農業を営んでいる農民の人間としてのあり方や行動様式といった〈ヒト〉の領域と，現代の高度産業社会における消費生活や過疎化・高齢化が進行するなかでの農家・農村の生活様式や暮らしのあり方など〈クラシ〉の領域を連関させた，総合的な分析枠組みから改めて現在の農村を捉え直す視点を投げかけている[徳野 2011].　その考え方を敷衍すれば，地域住民自身が農ある暮らしから離れている今日の農村も農業の営みに基づく資源に囲まれた空間である以上，農業を通してよりよい居住環境が生み出されている実感をコミュニティとしてどう取り戻すかが大事になるだろう．具体的には，農業の持つ楽しさや役割の中に魅力を再発見したり，自分たちの食生活が支えられていることに関心を持てるように，地域住民と農との接点づくりが改めて求められよう．

　その点で象徴的な存在が，有機農業を志す近年の若者たちであり，拙稿では彼らの動きを「なりわい就農」と表現した．彼らは「食べるものには，農薬や化学肥料を使わず育てた方がいい」というシンプルな理由で有機農業を志し，里山資源の積極的な活用を考え，地元集落とも丁寧に関わり合いながら，仲間を増やしていく姿勢が見てとれた．また，「百姓仕事をしなければ山間地に来た意味がない．農業と林業と狩猟の3つの歯車をうまく回して里山を守っていきたい」という声も聞かれ，里山環境の持続性を追求しながら，時間をかけて

地域の自治にも関わり，農村に根づこうとする前向きな姿を見出すことができる［図司 2019 a］．

　筆者が長年現場を見続けている岡山県美作市の上山地区は，棚田再生活動をきっかけに移住者の動きが活発になった地域である．移住者が携わるなりわいも，御用聞き，古民家カフェ，古民家宿泊業，薬草販売，狩猟，鹿革製品製作販売，木工・藁細工，キャンプ場運営，デザインアパレル，医者など多岐にわたり，各々の得意分野を活かした事業が興っているが，その根本には全員が水路掃除や農作業に関わって，上山の棚田再生を目指す構えがあり，自分らしく農あるライフスタイルを創り出そうとしている．

　このような若者たちには，農ある暮らしを広く捉える姿勢が共通し，それは「半農半 X」の本質とも重なり合うところだろう．半農半 X を提唱した塩見直紀は，「持続可能な農ある小さな暮らしをしつつ，天の才（個性や能力，特技など）を社会のために生かし，天職（X）を行う生き方，暮らし方」と定義づけている［塩見 2014］．今日の若者の農山村回帰には，農に軸足を置きながら，農村資源を活かす X を生み出すことで，各々のスタイルで里山に関わり，その場所に根差す意味を実感している様子がうかがえる．

　有機農業の現場を捉えてきた大江正章も，強まる田園回帰の流れとの間にきわめて親和性があり，若者たちの有機農業や半農半 X の挑戦を受け止める地域には有機的感性が共有されている，と指摘する．そして「有機農業に携わる地域のリーダーたちは，自らの理念は曲げないが他者に対して寛容で，農林業であれ地場産業であれ自治体の仕事であれ，まっとうなものをつくり，広めるという倫理観と，適切なビジネス感覚（＝経済的自立）をもちあわせている．それを軟らかく，温かく，潤いをもって地域に埋め込んでいくのは，田園回帰した若者たちの役割であり，彼ら・彼女らの多くは，そうした感性と能力と技をもっている」と述べる．ここで用いる「有機的」という言葉に大江は，「本来，多くのものが集まって全体を構成し，各部分が密接に結びついて影響を及ぼし合い，良い関係性をつくる」という意味を込める［大江 2020］．まさに若者たちが，里山環境がこの先も続くように，地域資源を有機的につながり，また地域住民との間でも有機的な関係性を築きながら，基層と上層とをつなぎ直す役割を担っていると言えよう．

4 新しい再生プロセスに求められる視点

よそ者とともに世代の壁を乗り越える

　全国のまちづくりの現場を捉えてきた岡﨑昌之は，今日の農山村回帰の波
頭となっている団塊世代ジュニアが直面する現実に思いを寄せている．団塊
世代ジュニアは，後期高齢者直前となる自らの親たちを見て，生まれ育った集
落に帰って親と地域社会を守るのか，親を地方都市に呼び寄せて一緒に暮らす
のか，気持ちが大きく揺れるところであり，その判断次第では山間部の集落が
どうなるか，地域社会の命運を分けることにもなる．他方でその世代の中から，
「大都市から地方へという単線的な動きから，地方から地方へ，という錯綜し
た動きと同時に，フットルースで見方によっては，より自由に地域を移動す
る」いわば都市と農村とを対流するような，これまでになかった状況も始まろ
うとしている，と指摘する［岡﨑 2020］．日本の総人口自体が減少局面に入り成
熟した社会の中で，若者たちは，世代交代の場面に直面するが，悩みながらも，
理想的な未来の姿として持続可能な社会を描き出し，今からより良い社会に向
かって切り拓こうとバックキャスティングの発想で自らの将来を見据えている
ところがある．

　他方で，高齢化が進む農村の中心世代は，戦後，科学技術を振興し経済発展
を経験してきた世代であり，地元は都市部と比べて遅れた場所と映り，高齢化
や人口減少が進み縮小局面にある足元の現状に，あきらめ感を抱くケースが少
なくない．政策面では現場でのビジョンづくりを求める場面が増えているが，
現役世代としてはこれまで様々な活動に奮闘し，年を重ねて次第に体力の限界
を感じ取るなかで，状況の改善を図ろうとしても，なかなか見通しが立たない
のが本音であろう．その点で，現場は現状から改善策を積み上げていくような
フォアキャスティングでの議論に行き詰まっているかもしれない．

　そうなると，新しい再生プロセスには，世代間で農村の将来の捉え方に対す
る違いを乗り越えて，現状起点のフォアキャスティングではなく，より良い社
会を望むバックキャスティングの発想への切り替えが求められるが，その橋渡
しはなかなか容易ではないだろう．

それでは世代間の意識の違いをどのように乗り越えればよいだろうか．岡﨑は，「若者の農山漁村志向の気運が高まるこの機会を逃せば，農山漁村にとって地域再生の大切な好機を逸することになる」．そのためにも，「地方への関心をもつ若者の心情や価値観を真摯に受け止め，彼らの能力や意欲をいかに地域の力にしていくかが，農山漁村やそこでのまちづくりを担う自治体職員や地域づくり組織には問われる」と，今が農村再生の大事なタイミングであることを強調する［岡﨑 2020］．また社会空間論を検討する佐藤宏亮も，「地域社会が流動化し，世代を超え，地域を超え，属性を超えた地域社会へと遷移しつつある中で，地域を誰がどのようにマネジメントしていけばよいのか」という問いを発している．それとともに，「もう少し肩の力を抜いて，個々人の思いを共有していくようなコミュニケーションに重点を置いた組織運営も重要になり，地域のさまざまなアクターが，親睦を通じて地域に宿る社会的規範を確認していくような共感をつくるための場づくりという意味合いが重要なのかもしれない」とも述べている［佐藤 2017］．

　筆者も，農村に向かった若者たちの 10 年を見つめるなかで，最初に若者たちが試行錯誤しながら，農村に暮らす人たちに向き合い，そこに培われてきた技術や文化への驚きや尊敬があり〈若者から地域への共感〉，その中から，地域の課題を何とかしようと試みる若者たちの挑戦を地域住民が支え，一緒に活動し始める姿を捉えてきた〈地域から若者への共感〉．このようにして縁あって農村に赴いた若者たちと，そこに住み続けてきた地域住民との間に生まれる交流が，時間をかけて「共感の相互交換」へと育っている．こうして地域住民もまた，外から来た若者たちを介して，地域内外の多様な主体ともつながることで，地域再生に向けた手応えを実感し，彼らにバトンを託すことも考え始めている［図司 2019 b］．

　先に触れたように実際に地域の将来ビジョンを描こうとしても，直面する課題が大きかったら，その担い手が見通せず，議論が進まない場面も少なくない．そのときまずなすべき作業は，見えなくなっている住民の顔ぶれや，関わりが薄れている資源の現状を改めて知って，共通の課題を生み出す場づくりであり，地域の内外の知見に学び，お互いに交流を深め，共感を得ていくステップではないだろうか．まさに，ワークショップや地元学といった場は，参加すること

で「自分ごと」が「家ごと」へ，さらには「地域ごと」へとつながっている気づきを得る場であり，はじめて自分にできる役割をみんなで分かち合う場にもなっている．事例で取り上げた徳島県神山町の大南も，「実は将来のビジョンをあまり描いていない．毎日，現状を最適化し，昨日よりは今日，もっと良くしていこうと続けてきた結果だ」と話す．現役世代がビジョンを描き切れず立ち尽くしてしまうよりは，日々の暮らしをより良い方向に向け，若者たちに期待を寄せてともに一歩ずつ進んだ方が，結果として，地域の未来を切り拓く道筋が得られるということだろう．飯田市の各方面で展開し始めている「共創の場」や，神山町で蓄積されているいくつもの地域づくりのフェーズもそこに通じるものと言えよう．

「生活景」をものさしとして農村の質を高める

このようにして，世代間の風通しが良くなってはじめてバックキャスティングの発想に立ち住民それぞれに見合う時間軸で将来を見据え，図8-2に示した再生プロセスを意識しながらより良い一歩に進み始められるのだろう．その目標像は，農村に向かう若者たちが大事にする里山環境の維持から描き出すことができそうだ．

都市・地域景観から地域計画のあり方を議論する後藤春彦は，地域のひとびとの生活の営みが色濃くにじみ出た景観を「生活景」と呼んでいる．この生活景は，前時代を引き継ぎながら，その上に新たな層が重ねられていくようなシームレスな変化をもたらし，空間的にも時間的にも積層することによってその価値を維持するものだという．しかし，今日の地域は，縮小社会への移行によって「生活景」が変化し，崩壊する局面にある．そのため，「生活景」は単に保全・継承されるものではなく，積極的に「生活景」を育んでいく市民の日常的な努力が試され，身近な生活環境に根差したまちづくりの成果を新しい「生活景」として表現していく取り組みが求められている．地域に息づく「知識」や「価値観」なるものを再発見し，共有し，それが空間に表れるプロセス次第で，結果として生成される場所の質にも大きな違いが生じてくる．それ故に，優れた「生活景」こそが目指すところだ，と指摘する[後藤2015]．

まさに本章の冒頭で問いかけた農村地域の絵の中に描かれる田畑や森林，川

や集落の家屋などから成る里山環境は，後藤の言う生活景と重なり合う．上の世代が育んできた農村のなりわいや暮らしを，神山町や美作市上山地区のように，外部から関わりを持った若者たちが引き継ぎながら，彼らなりの挑戦で新たな層を積み重ね，里山環境が生み出す価値をつないでいこうとしている．加えて，そのプロセス次第では，結果として農村の質にも大きな違いが出てくる点にも注目したい．飯田市では，住民間で共有できるキーワードとして環境を掲げ，個人の QOL を高め，結果としてコミュニティの QOC も高めるような「善い地域」，つまり，質の高い農村づくりが目指されていた．後藤も，まちづくりを「地域で暮らしを営むひとびとが，地域固有の社会関係資本を活かして，地域社会に立脚した豊かな生活(QOL)を追求する活動とその成長過程」と表現する．そこに，地域住民，移住者問わず農村再生の目標を共有することができよう．

　改めて，未来のあるべき農村の姿として質の高い農村を目指すならば，農村の担い手の世代交代，さらには資源の世代継承がクリアすべき課題として視野に入ってくる．農村の主要な資源である農林地や家屋は，これまで家産として家の継承がなされれば自ずとその維持が図られてきた．しかし今日では家の規範が薄れるなかで，相続による資源継承の仕組みが機能不全となり，所有主体である家の血縁関係の範囲では利用や管理の担い手を見出せず，耕作放棄地や空き家などの形で既に遊休化が進んでいる．近年，農村に飛びこむ若者たちは，このような資源を受け継ぐ側に立ち始めており，地域ぐるみで空間の利活用を進めていく必要性を認識し，様々な資源のリノベーションを試みる実践が各地で始まっている．後藤が提起する「土地所有意識」から「空間共用意識」への転換も既に農村再生のプロセスに不可欠な視点となっている[後藤 2015]．

　地理学者の宮口侗廸は，地域づくりを「時代にふさわしい地域の価値を内発的につくり出し，地域に上乗せする作業」と表現するが，本章で捉えてきた世代交代の場面では，とりわけ「時代」というキーワードが要であることに改めて気づかされる．宮口は，農村の本来的な価値は「山・川が織りなす美しい風景が残り，小規模でも手仕事に裏打ちされた農林業の営みが続くよう，人が継承し身につけてきた自然を活用するワザの体系」にあると指摘する．それが集落という生活の拠り所において，暮らしを支える多くの慣習が継承されてきた

が，「その重荷の部分を時代に合わせて軽やかに修正していくことができれば，そこに新しい社会論的価値が上乗せされる．生計が成り立つかどうかとともに，地域社会が暮らしやすい居心地のいい仕組みを作って，いきいきとした関係の中で新しいものが生まれやすい状態であるかを問い，社会論的活性化という発想が必要」と説く［宮口 2020］．つまり，基層であるコミュニティが，時代の変化に合わせて暮らしやすい仕組みを作り出すことができれば，上層にあたる経済的価値も高められる，という見方である．

　宮口は「先進的な少数社会」をつくることにより，「魅力ある低密度居住」の実現を目指すべきと提起するが，今日，住民同士でその志を共有できている地域には多くの若者たちも集まり，世代交代のバトンリレーをうまく運ぶための挑戦，まさに農村発イノベーションの場面が生まれている．世代を超えて老若男女問わず日々できることをひとつひとつ積み上げながら，地域全体で質の高い農村づくりを目指すうねりこそが，まさに新しい再生プロセスと言えよう．

【文献紹介】

稲垣文彦ほか(2014)『震災復興が語る農山村再生――地域づくりの本質』コモンズ
　　新潟県中越地域において，2004 年の中越地震の被災から復興・再生する集落を「足し算・かけ算のプロセス」という 2 段階の変化で示す．その枠組みは，農村再生プロセスを論じる下地として，様々な場面で援用されている．

小田切徳美・平井太郎・図司直也・筒井一伸(2019)『プロセス重視の地方創生――農山村からの展望』筑波書房
　　地域づくりの 3 要素であり，地方創生の 3 要素でもある，コミュニティ(まち)・人材(ひと)・しごとについて，本書の著者らが現場レベルからプロセスを描き出す意義を提示している．

宮口侗廼(2020)『過疎に打ち克つ――先進的な少数社会をめざして』原書房
　　地理学者として国内外の現場を歩き，風土的特性からそこに根差す価値を見出し育てることの大事さを投げかける．過疎地域に対しても，先んじて人口減少局面を経験する地域として志高く豊かな少数社会を目指すべき，と早くから説き，今日の地域づくりの思想的支柱となっている．

【参考文献】

NPO 法人グリーンバレー・信時正人(2016)『神山プロジェクトという可能性――地方創生，循環の未来について』廣済堂出版
大江正章(2020)『有機農業のチカラ――コロナ時代を生きる知恵』コモンズ
岡﨑昌之(2020)『まちづくり再考――現場から学ぶ地域自立への道しるべ』ぎょうせい

神田誠司（2018）『神山進化論──人口減少を可能性に変えるまちづくり』学芸出版社

後藤春彦（2015）「景観と自治」大森彌ほか『人口減少時代の地域づくり読本』公職研

佐藤宏亮（2017）「社会的空間論──遷移する都市のマネジメント」後藤春彦編著『無形学へ
　　──かたちになる前の思考』水曜社

塩見直紀（2014）『半農半Ｘという生き方〔決定版〕』ちくま文庫

生源寺眞一（2011）『日本農業の真実』ちくま新書

図司直也（2014）『地域サポート人材による農山村再生』筑波書房

図司直也（2019ａ）『就村からなりわい就農へ──田園回帰時代の新規就農アプローチ』筑波
　　書房

図司直也（2019ｂ）「プロセス重視の「ひと」づくり──農山村の未来を切り拓くソーシャ
　　ル・イノベーターのへの成長」小田切徳美・平井太郎・図司直也・筒井一伸『プロセス
　　重視の地方創生──農山村からの展望』筑波書房

筒井一伸編（2021）『田園回帰がひらく新しい都市農山村関係──現場から理論まで』ナカニ
　　シヤ出版

徳野貞雄（2011）『生活農業論──現代日本のヒトと「食と農」』学文社

日本村落研究学会編（2007）『むらの社会を研究する──フィールドからの発想』農文協

牧野光朗編著（2016）『円卓の地域主義──共創の場づくりから生まれる善い地域とは』事業
　　構想大学院大学出版部

　　平成の合併と人口小規模自治体

小 野 文 明

　全国の市町村数は, 1718(2022年1月末現在). 市が792, 町が743, 村が183とい う内訳になっている. この数字について, どのような印象を抱くであろうか. この ことを論じる前に, 市町村数の変遷を振り返ってみたい.

　現在の自治制度の基礎となる「市制・町村制」が施行されたのは, 1889年(明治 22年)4月1日で当時の市町村数は1万5859だった. この数は同制度の施行によっ て実施された「明治の合併」によるものである. しかし, それより前の町村数(市 制は未施行)は, 7万1314に上っていた.

　自治体は, その後, 「昭和の合併(1953-61年／自治体数9868→3472)」, 「平成の合 併(1999-2010年／3229→1727)」という大きな再編を経て, その総数を減少させ現在 に至っている.

　それぞれの合併が推進された理由をみてみたい. 総務省の資料によれば, まず, 明治の合併は, 小学校や戸籍の事務処理を行うため, 300-500戸を標準として, 全 国一律に町村合併が実施された. 次に昭和の合併は, 中学校1校を効率的に設置管 理していくため, 人口規模8000人を標準として合併が推進された. そして平成の 合併は, 与党の「市町村合併後の自治体数を1000を目標とする」という方針を踏 まえ, 自主的な市町村合併を推進する, とされた. 明治と昭和の合併では具体的方 針が示されていたのに対し, 平成の合併推進の「背景」として示されていたのは, ①地方分権の推進, ②少子高齢化の進展, ③広域的な行政需要の増大, ④行政改革 の推進, であった. こうした背景を踏まえ, 「基礎自治体である市町村の規模・能 力の充実, 行財政基盤の強化が必要」であるとして市町村合併が進められた.

　しかし, 平成の合併が終わり, 合併した自治体としなかった自治体との間に明確 な差異が生じているとは言い難い. むしろ合併が促進された実質的な理由は, 合併 した自治体に適用された優遇的な特例措置と, 地方交付税の削減など財政見通しの 厳しさが盛んに喧伝された結果である, というのが関係者の共通認識であろう. 自 治体の合併は, 首長や議会がなくなるいわば政治主体の喪失でもある. 自治の根幹 に関わる問題が, 当該地域のみならず国全体として充分に議論され尽くしたといえ るのか. 平成の合併については, 評価が分かれるところであろう.

　こうして進められた平成の合併ではあったが, 市町村数のうち町村の人口区分別 の数に着目してみたい(表-1).

　926ある町村のうち, 人口1万人未満の町村数は515で, 全町村の過半数(55%)

表-1　人口区分別町村数
2020 年 1 月住民基本台帳人口より

人口区分	町村数	割　合	
3 万以上～	64	7%	
2 万以上～ 3 万未満	84	9%	
1 万以上～ 2 万未満	263	28%	
5 千以上～ 1 万未満	245	26%	
3 千以上～ 5 千未満	123	13%	55%
1 千以上～ 3 千未満	116	13%	
1 千未満	31	3%	
計	926	100%	

を占める。この 1 万人未満という人口規模は，住民どうしもしくは町村役場と住民との「顔が見える関係」といわれることがある。その理由は，地理的な範域や集落の数，地域の特質や住民の暮らしなどを比較的把握しやすい規模であるからであろう。市町村合併後もこうした人口の小規模な自治体がなお多く存在していることが確認できる。

　ここで，比較のために市町村の数について欧州の状況をみてみたい。各国ごとに自治制度が異なるが市町村に相当するものの数としては，①英国が約 470，②フランスが約 3 万 5000，③ドイツが約 1 万 1000，④イタリアが約 8100 である。このうち，フランスの自治体は全体の約 97% が人口 1 万人未満である。冒頭の問いに答えるならば，日本の市町村数は，決して多すぎるということはないといえる。むしろ，地域づくりという視点でみるならば，人口規模の小さな自治体は，有利であるともいえる。職員数の少ない町村では，一人でいくつもの分野を担当している。

　地域が抱える様々な課題により早く対応するためには，分野横断的な視点が欠かせない。町村では，こうした対応がむしろ利点となる。また，小ぶりな行政機構は，部署間の連携や迅速な意思決定にもつながりやすい。

　そして住民との顔の見える関係は，地域で起きる変化をつかみやすく，常に地域に向き合う状況をもたらす。町村職員は総じて地域の実情に明るく，話していると，地域全体のことを考えている人が多いと感じる。

　人口が減少する中にあって田園回帰や関係人口など，地域に向かう動きは，持続可能な社会構造を構築する上で，最も重視すべきものといえよう。このことは同時に，地域の多様性がこれまで以上に求められることをも意味する。豊かな社会とは選択肢が多いことであるといえる。それは，数多くの小さな自治体の存在意義が際立つ社会でもある。

第9章 新しい政策をつくる

嶋田暁文

1 本章の課題

　「農村は非効率な存在であり，国全体の財政リソースが減少している以上，たたんでしまった方がよい」という見解がある．いわゆる「農村たたみ論」である．そこまで極端な結論に至らないとしても，「農村は非効率」という見方自体は，国民の中に比較的広範に共有されているように思われる．

　本章の目的は，持続的農村発展にとって障害となるこうした見方に反論を加えた上で，「新しい政策」のあり方を提示することにある．より具体的には，以下のことを主張する．

　第一に，「農村は非効率」という見方は，特定の「政策前提」のもとで成り立っているのであり，それを変えれば成り立たなくなることである．なお，「政策前提」とは，政策に内在された理論的前提や評価のあり方のことを指す．

　第二に，農村の「小規模性」のメリット・強みに着目して「新しい政策」を展開することで農村がイノベーションの場となりうること，「小規模性」のデメリット・弱みに着目して「新しい政策」を展開することで農村が持続可能になることである．

　なお，「農村」とは，非都市地域を意味する広い概念であり，そこには漁村も含まれる．また，農村と言った場合，自治体の一部の地域を指す場合（農村⊂自治体）と，自治体を指す場合（農村＝自治体）とがある．本章では，基本的には，前者の場合を念頭に置くが，必要に応じて後者の場合にも言及したい．加えて，農村の「小規模性」を語る際には，農村の中でも主として「農山村」を念頭に置いていることに予めご留意いただきたい．「農山村」とは，中山間地のみならず，地形的，地理的に相対的に恵まれない，条件不利性を持つ地域全

般を指し，そこには離島や遠隔地の平地農村なども含まれる[小田切 2014].

2 政策と中央地方関係

　読者の中には，政策とは何か，それがいかなる主体によって形成され，実施されるのかについて，必ずしも詳しくない方もおられるであろう．そこで，本章の理解を容易にすべく，簡単な解説をすることから始めることにしたい．

　政策とは，「政府が，その環境諸条件またはその対象集団の行動に何らかの変更を加えようとする意図の下に，これに向けて働きかける活動の案」のことである[西尾 2001].

　国(中央政府)レベルで言えば，法律(国会が制定)，政令(内閣が制定)，府省令(各府省大臣が制定)，通達(各府省の局長，課長等が発出．現在は「通知」と呼ばれる)がそれを構成する最も中核的な要素である．これらのほか，予算(国会の可決で成立)，計画(国のビジョン・目標およびその達成方法を記した文書)や，これらに基づく個別事業もまた政策を構成する重要要素である．

　一方，自治体(地方公共団体)レベルで言えば，条例(地方議会が制定)，規則(首長が制定)，要綱(自治体の基本的もしくは重要な内部事務の取り扱いについて内部で定めたもの)，予算(地方議会の可決で成立)，計画(自治体のビジョン・目標およびその達成方法を記した文書)や，これらに基づく個別事業が政策を構成する要素となる．

　この中で最も中心的な位置を占めるのは，法律である．法律で政策の枠組みや大枠の基準等が設定され，自治体が法律上の事務の実施を担うというのが，日本の政府体系の基本的なスタイルとなっている．ただし，法律で規定された内容が地域の実情に合わなかったり，問題解決に十分役に立たなかったりする場合には，自治体によって独自の条例等が制定・実施されることもある．

　ここで注意が必要なのは，国と自治体は，上下主従関係にはないという点である．つまり，国が自治体を意のままに従わせることは基本的にできない．

　もちろん，自治体も，「国権の最高機関」(日本国憲法 41 条)である国会が定めた法律には従わなければならない．だが，「〜しなければならない」とか「〜するものとする」といった規定の条文であればともかく，たとえば，「市町村

は計画を定めることができる」とか「市町村は計画を定めるよう努めるものとする」といった条文の場合，市町村は当該計画を策定してもよいが，しなくても構わない．

　だが，自治体の任意で取捨選択がなされてしまうというのは，国からすれば，好ましくないだろう．また，そもそも法令(法律・政令・府省令)の規定は抽象的なので，それだけでは広範な裁量の余地が自治体に残ることになり，国の期待する方向とは違った運用・判断がなされてしまうかもしれない．これまた国にとっては困るであろう．

　そこで，そうした不確実性を縮減するための主な手段として用いられたのが，通達であった．これを通じて，国が求める具体的なあり方や運用のためのより詳細な基準等が，自治体に対して示されてきたのである．

　もっとも，通達は，民主的正統性を持たない各府省庁の役人が発出するものであるため，法令とは異なり，対外的な法的拘束力を持たない．あくまで組織内部で通用する規範にとどまる．それゆえ，本来であれば，自治体はこれに従う必要はなかった．にもかかわらず，従前，自治体がこれに従わざるを得なかったのは，主として2つの理由がある(なお，以下のほか，国の官僚による自治体への出向も，コントロール手段として機能してきたと言われる)．

　第一に，「機関委任事務制度」(＝自治体の長等を国の下部機関に位置づけ，これに国の事務を委任し，実施させる仕組み)が存在していたためである．これによって，機関委任事務を実施する場面では，自治体は，国の下部機関として位置づけられるため，組織内部規範たる通達に従わなくてはならないことになっていたのである．国にとって都合がよかったのは，自治体現場では，どの事務が機関委任事務で，どの事務がそうではないのかという区別がついていなかったことであった．それゆえ，あらゆる事務について，通達が尊重されることになっていたのである．

　第二に，補助金もまた国によるコントロールの重要な手段として機能してきた．国の求める基準に従って事業を行えば，事業費の一定割合(場合によっては全額)を国が負担してくれるというのが，補助金の仕組みである．自治体の多くは財政的な余裕がないため，補助金を目の前にぶら下げられると，それに飛びついてしまい，国の求める方向に誘導されてしまうのである．

かくして日本では，長年，中央集権型行政システムが続いてきた．しかし，1990年代に入ると，中央集権のさまざまな弊害が強く認識されるようになり，1995年には地方分権推進法に基づき，地方分権推進委員会が設置され，同委員会を中心に改革が推し進められることになった．その成果は，2000年4月1日に施行された地方分権一括法に集約された．この改革は，「第一次分権改革」と呼ばれている．

　これにより，機関委任事務制度が廃止され，自治体が行う事務のうち自治事務については，国からの通知（従前通達と呼ばれていたもの）に従う必要がなくなった．法令には従わなければならないが，前述の通り，法令の規定は抽象的なので，解釈の余地が必ず残る．従前その解釈の余地を縮減していたのが通達であり，そこから解放されたことで，自治体による法解釈の幅が広がることになったのである．

　そして，地方自治法1条の2第2項では，「国は…（中略）…住民に身近な行政はできる限り地方公共団体にゆだねることを基本として，地方公共団体との間で適切に役割を分担するとともに，地方公共団体に関する制度の策定及び施策の実施に当たつて，地方公共団体の自主性及び自立性が十分に発揮されるようにしなければならない」と規定された．また，「地方公共団体に関する法令の規定は，地方自治の本旨に基づいて，かつ，国と地方公共団体との適切な役割分担を踏まえて，これを解釈し，及び運用するようにしなければならない」（同法2条第12項）とか，「法律又はこれに基づく政令により地方公共団体が処理することとされる事務が自治事務である場合においては，国は，地方公共団体が地域の特性に応じて当該事務を処理することができるよう特に配慮しなければならない」（同法2条第13項）といった規定も設けられた．要するに，自治体独自の判断や独自の政策形成がしやすい制度的条件がかなりの程度調ったのである．

　ただし，補助金の問題をはじめ，残された課題も少なくない．特に近年は，国が計画策定を自治体に求め，そこに財政的コントロールを絡ませることで，自治体を誘導・コントロールするという手法の多用も目立っている．加えて，現行法が，自治体の採りうる行動を限定しているケースも少なくない．要するに，さらなる地方分権改革の必要性は，決して小さくないのである．

以上を踏まえた上で，本章のタイトルである「新しい政策をつくる」という言葉の2つの意味を明らかにしておこう．一つは，「自治体が地域の実情に応じて，自らの判断で国の政策を取捨選択したり，独自の政策を形成したりする」という意味である．もう一つは，「現行法上それが十分できない場合に，それが可能となるように，国の制度を変える（＝地方分権改革）」という意味である．本章では，前者の意味での「新しい政策をつくる」を基軸としつつ，後者の意味でのそれにも適宜言及する形で議論を展開していくことにしたい．

3 「政策前提」を見直す

「規模の経済」の呪縛からの脱却

　いよいよ本論である．まずは，「農村は非効率」という見方に対する反論を行うことから始めることにしたい．すでに触れた通り，こうした見方は，特定の政策前提のもとでは成り立つが，それを変えれば成り立たなくなる．

　「農村は非効率」という見方をもたらしてきた政策前提の一つは，"「規模の経済」（＝生産量が増加することで平均費用が減少するという現象）を機能化させれば，効率的な政策展開を図ることができる"というものである．「平成の大合併」は，そうした発想に基づいて自治体の大規模化を図るものであった．

　個別政策分野で言えば，その典型例は，下水道政策（＝公共下水道による汚水処理施設整備）である．下水道は，対象地域に管渠を張り巡らせ，各家庭等からの汚水等を集め，終末処理場で一括処理するという仕組みである．

　下水道整備には巨額の費用がかかる．たとえば，管渠敷設にかかる費用だけをとっても，管径の大きさや工法にもよるが，その敷設には100メートル当たり500万-3000万円といった額がかかってしまう（ある自治体の例）．人口密度が高いところであれば，一人当たりの費用は小さくなるから問題はない．しかし，人口密度が低い農村にまで下水道を通し，張り巡らせてしまえば，「農村は非効率」という見方がまさに当てはまってしまうことになる．

　しかし，汚水処理には，合併処理浄化槽（個別処理方式）という方式もある．浄化の原理自体は，微生物によって汚水を分解し，きれいになった水を流すというもので，下水道と変わらない．しかし，合併処理浄化槽は，各家庭の建物

の裏側，脇，車庫等に設置される（埋め込まれる）ので，広範に管渠を張り巡らせる必要はなく，費用は格段に小さくなる．この場合，「農村＝非効率」という話にはならないのである．なお，合併処理浄化槽をめぐっては，原則個人管理となるので管理不十分になるという批判があるが，そこは工夫次第（自治体設置型にすることで自治体による管理にしたり，自治会で一括管理したりするなど）で克服可能であるし，実際そのような取り組みがなされている．

　以上のように，政策前提を見直し，その地域の実情に合った政策を取捨選択することが大事なのである．従前，下水道を推進する国土交通省（旧・建設省）の力が大きく，合併処理浄化槽を推進する環境省（以前は旧・厚生省）の力が弱かったこともあって，下水道が適していないようなところでも，「規模の経済」的発想に基づいて下水道整備が進められる傾向があった［嶋田 2008］．だが，近年，ほかならぬ国土交通省自身が政策のあり方を見直してきており，これを受ける形で，合併処理浄化槽による整備の方向に舵を切る動きが全国の自治体で生じている［中川内 2020］．

　将来的には，上水道政策についても，同様の政策前提の転換が生じる可能性がある．敷設された水道管（管路）の老朽化が進んでいるからである．その総延長は，日本全体で約 68 万キロメートルとされる．そのうち法定耐用年数 40 年を超えている水道管の総延長は，2016 年度末で 14.8%，約 10 万キロに及ぶ．地球 1 周が約 4 万キロなので，地球 2 周半相当の長さの水道管が老朽化している計算である．その結果，年間 2 万件を超える数の漏水・破損事故が生じている．水道管の更新が求められるが，山奥の農村などまでその更新をしようとすれば，膨大な費用がかかり，費用対効果は低くならざるを得ない．

　しかし，これも政策前提を変えれば状況は一変する．田舎には良好な水源が少なくないので，そこから水を引き，粗ろ過施設をつくって，住民管理による小規模水道（水道法上の水道ではない）にしてしまうのである．地元・NPO・市が協働で小規模施設を整備する岡山県津山市では，モデル的取り組みの結果，2016 年度までに 5 集落で 6 施設が建設された［保屋野 2017］．岩手中部水道企業団でも，「緩速ろ過」と「上向流式粗ろ過」を組み合わせた小型施設の実証実験が行われている．この場合，行政にとっては，コストがほとんどかからず，住民にとっても，年に数回 10 分程度の簡単なメンテナンスをするだけでよく，

水道料金もタダ同然となる．まさに，Win-Win である．

　以上のような「規模の経済」的発想からの転換は，他の政策分野(たとえば，エネルギー政策，林業政策，農業政策)でも広がってきている．

クロスセクター効果と長期的視点

　「農村は非効率」という見方をもたらしてきた政策前提のもう一つは，“「費用対効果」を，個別政策分野ごとに縦割りに，かつ，相対的に短い時間軸で考える”という評価のあり方である．これを転換し，政策分野横断的かつ長い目で「費用対効果」を考える必要がある．

　そこでまず参考になるのが，公共交通の分野でしばしば語られる「クロスセクター効果」という概念である．これは，①公共交通を廃止したときに追加的に必要となる多様な行政部門の分野別代替費用と，②運行に対して行政が負担している財政支出を比較することにより把握できる公共交通の多面的な効果とを指す[国土交通省 2021]．たとえば，公共交通を廃止してしまうと，タクシーチケットの配付などの追加的代替費用が必要となり，トータルで見ると費用は増大するかもしれない．逆に，公共交通を維持した場合に，それが利用されることで高齢者の外出機会が増えれば，高齢者の健康増進，就労機会，消費活動の増加につながり，結果として，「医療費や介護費の削減」や「税収の確保」に結びつくかもしれない．「元気バス」の導入後，後期高齢者の医療費が2000万円ほど減少した三重県玉城町の事例を想起すると，分かりやすい．公共交通だけで見れば赤字でも，トータルで見れば“オトク”となりうるのである．

　所管事項が各政策分野に限定されている中央省庁とは異なり，自治体は，さまざまな政策分野を内包する形で所管する総合的な主体である．政策分野横断的に「費用対効果」を考えるということは，その強みを活かすこともである．

　政策分野横断的に見るだけでなく，長い目で見ていくことも大事である．たとえば，国全体で見れば，農村に人が住むことで，高齢者が農作業や人間関係等を通じて元気になり，医療費・介護費が低減するだけでなく，自然環境が守られ，食料自給率の維持にもつながる．こうした横断的かつ長期的な効果を念頭に置けば，「農村は非効率」などとは到底言えないであろう．

　ちなみに，内閣官房等による「2040年を見据えた社会保障の将来見通し」

（計画ベース・経済ベースラインケース）（2018年5月）によれば，2025年に見込まれる社会保障給付費のうち介護にかかるのは約15兆3000億円，医療にかかるのは47兆4000億-47兆8000億円ほどになる見込みである．これに対し，公共事業関係費はこのところ6兆-8兆円規模で推移している．今後どこに一番お金がかかるのかといった観点からも，長期的なクロスセクター効果を踏まえた政策展開が求められる．

　以上，本節では，政策前提の見直しを通じて，「農村は非効率」という見方に反論を行った．次節では，農村の「小規模性」に着目し，そのメリット・強みを活かすような政策展開を追求すべきこと，そして，地方分権改革を通じてそうした政策展開の可能性を広げることで，むしろ「農村はイノベーティブ」と言えるような状況を創り出しうることを主張したい．

4 「農村＝小規模」のメリット・強みを活かした政策展開の可能性

「小規模性」のメリット・強みを活かした政策展開

　「規模の経済」的発想からすれば，農村は小規模であるがゆえに，非効率ということになる．しかし，そうした発想からいったん自由になり，農村の「小規模性」という特性を改めて考えてみると，メリット・強みがあることに気づくであろう．人間関係の親密さ（顔の見える関係），小回りの良さ，自己実現のしやすさなどがそれである．それが，長年育まれてきた人々のワザや知恵，非経済的価値の重視といった文化的特性や，豊かな自然が生み出す環境的特性などと相互作用することで，農村には，独特の魅力が生み出されてきた．

　しかしながら，従前，そうした「小規模性」に伴うメリット・強みを活かす形での政策展開は十分なされてこなかった．否，むしろ，暗黙裡に東京を標準とした都市的発想で政策展開がなされることの方が多かったように思われる．

　一例を挙げよう．小中学校の空き教室を地域の方々に利用してもらうために学校開放をしてはどうかという話になると，学校関係者からしばしば反対の声が上がる．その根拠として語られるのが，「学校を開放してしまうと，部外者が入りやすくなるので，セキュリティ面で問題だ」という意見である．

一見首肯しうる意見である．確かに，この意見は都市においては妥当かもしれない．しかし，農村であればどうであろうか．農村では，「小規模性」ゆえに，ほとんどの住民が顔見知りである．農村で，学校開放を通じて「地域住民の目」が入り込めば，部外者の侵入を敏感にキャッチすることにつながり，むしろセキュリティが高まることになるはずである［南 2016］．

　東京標準の都市的発想が農村においても合理的であるとは必ずしも限らない．地域の実情に即した，「小規模性」のメリット・強みを意識した政策展開こそが望まれるのである．

地方分権改革につなげる

　自治体による「小規模性」のメリット・強みを意識した政策展開の可能性を広げていくために，地方分権改革につなげることも重要である．

　ここでは，規制政策を例に考えてみよう．規制政策とは，一定のルールを設け，人々の権利・自由を制限することによって，好ましからざる事態の発生を抑制するものである．たとえば，道路運送法によれば，自家用有償旅客運送団体としての登録を受けずに，自家用車に人を乗せ，対価として金銭を受けとってしまうと「白タク」行為（違法行為）になってしまう．それを避けるには，予め，一定の基準をクリアし，団体登録を受けなければならない．登録団体には，定期的な報告義務が課される．運転講習を受けなければ，運転手にはなれない．

　なぜそのような規制が必要なのかと言えば，“規制しないと，安全性が不十分になる”，“乗客に対して過剰な金銭要求をするような輩が出てきてしまう”といったことが考えられているからである．しかし，前者の危惧については，普段から車に乗っている人が運転するわけで，特段安全性が低いわけではない．75 歳以上の高齢者の運転については考慮する必要があるが，これは，免許更新のハードルが低いことが問題であり，免許制度の改善で対応すべきである．

　一方，後者の危惧（過剰な金銭要求）については，見知らぬ相手を一度切り乗車させることが前提となっている．これに対し，運転手と利用者が互いを見知っていて，繰り返しその利用者を乗車させるような場合，懸念されているような事態は起こり難い．また，「小規模性」を特性とする農村において，仮におかしなことが行われたとしたら，すぐにそれが噂になり，強く非難されること

だろう．皆それが分かっているから，誰もそのようなことはしないのである．

　こうした場合にまで全国画一的な厳しい規制を課す必要はなく，道路運送法上の登録等がなされていなくても，多少の金銭のやり取りを許容するようなあり方があってもよいのではないか．多くの農村では、地域公共交通の衰退により、通院や買い物等のための移動手段の確保が大きな課題となっており，ニーズにもマッチしている．

　制度設計の詳細は詰める必要があるが，たとえば，"「自治体の条例で定めることにより，上記のような場合に当該地域を法非適用地域とすることができる」旨を法律で定める"というような制度設計が考えられる．このように，現行法ではできないことを可能にするには，さらなる地方分権改革が必要なのである．

イノベーション創出の場としての農村の可能性

　規制政策は，基本的に，「不特定多数」の社会(都市型社会)を前提として組み立てられている．そういった社会では，抜け駆け・裏切り行為が生じやすいため，厳格なルール化と罰則あるいは経済的インセンティブの付与が必要とならざるを得ない．しかし，農村は，「特定少数」なのであり，互いの行動が見えやすい．そこに住み続けるという前提がある限りは，他者を裏切るようなことはできない．これはある種の「相互監視社会」であり，良い面ばかりではないが，そこには効用も確かにある．上記の「条例を媒介にした農村限定の規制緩和」(以下，「農村限定規制緩和」と呼ぶ)という構想は，この効用に着目した方策なのである．上から画一的なルールを課すばかりが能ではない．生じうる問題に対しては，自治体ごとに条例で独自対応をすればよい．

　このような農村限定規制緩和は，さまざまな政策分野で考えうる．仮に多様な政策分野でそれが実現すれば，イノベーション創出の場としての農村の可能性は大いに高まることになる．どういうことか．

　まず，農村の中には，すでにイノベーション創出の場となり得ているところがあることを認識する必要がある(例：高齢の生産者がPCやタブレットを駆使して「つまもの」を受注し，出荷する「葉っぱビジネス」(徳島県上勝町)．島をまるごと学びの場とした「高校魅力化プロジェクト」(島根県海士町)など)．その背景には，

次のような理由がある.

　第一に，農村には，都会では失われてしまった「野生の知恵」が今なお息づいているからである．たとえば，都会に住む人間は，車に乗る際にナビに頼ることが多い．すると，道を覚えなくなる．科学的技術に頼るというのは，人間として大事な何かを失うことでもあるのである．これと対照的なのが，氷に覆われた世界に生きるイヌイットたちである．彼らは，夜中に氷上を歩かざるを得ないとき，天気が良ければ，星を見て方向を把握する．問題は悪天候で星が見えないときである．このとき，彼らは，雪の風紋を見て方向を知るのだという．その季節にどの方向から風が吹くのかを知っているから，それで方向が分かるのである[NHK 2018]．厳しい自然の中で生き抜くために発見され，継承されてきた知恵であろう．これこそが「野生の知恵」にほかならない．日本の農村においても，農作物を育てる場面，木を切る場面，料理をする場面など，至る場面で，そうした知恵を垣間見ることができる.

　第二に，今，各地の農村で「にぎやかな過疎」と呼ばれる状況が生じているからである．過疎地域であるにもかかわらず，地域で新しい動きがたくさん起こり，ガヤガヤしているのである．そこでは，①従前からの地域住民のほか，②地域で自ら「しごと」をつくろうとする移住者，③何か地域に関われないかを模索するいわゆる「関係人口」と言われる人たち，④それらをサポートするNPOや大学の関係者，⑤地域に目を向け，社会貢献を目指す企業の関係者など，多彩な人々が交錯・交流している[小田切 2021]．そこには多様性がある.

　異質な世界で育った者同士の交流は相互刺激を生み，それが相互成長とイノベーションをもたらす．前述の「野生の知恵」は，地域に閉ざされた状況では，世間で広く評価されにくい面がある．しかし，センスと能力を持つ都市の人たちが関わることで，そこに世間で広く評価される普遍性が付与されることになる．その結果，イノベーションが生み出されるのである．宮口侗廸は，これを「野生と普遍性のドッキング」と呼んでいる[宮口 2020].

　第三に，人口減少等に苦しむ農村は，追い込まれているからである．「必要は発明の母」と言われるが，立ち行かない状況にあるからこそ，イノベーションが生み出されざるを得ない面がある．もちろん，厳しい状況に直面した住民たちがあきらめてしまっている地域では，イノベーションは生じ得ない．イノ

ベーションが生じうるのは，住民があきらめず，本気になっている地域である．そうした地域の住民は，外部人材を柔軟に受け入れ，懸命に彼(女)らを支え，一丸となって取り組んでいる．そして，外部人材の側もその期待に応えようと懸命に努力している．それがイノベーションに結実するのである．先に触れた海士町の「高校魅力化プロジェクト」などはその典型例と言えよう[嶋田 2016]．

　以上の3つの理由から，農村は，イノベーション創出の場になりうる素地をすでに有している．そこに，さらに加わる形で，農村限定規制緩和が多様な政策分野で実現すれば，より自由で多様な取り組みがなされやすくなり，イノベーション創出の場としての農村の可能性はさらに高まっていくであろう．

　農村限定規制緩和の実現方途については，ここでは詳細を論じられないが，「過疎地域の持続的発展の支援に関する特別措置法」40条がその足掛かりになると思われる．「国は，…(中略)…過疎地域の市町村から提案があったときは，過疎地域の持続的発展を図るため，…(中略)…当該提案に係る規制の見直しについて適切な配慮をするものとする」と定められており，過疎地域(≒農村)の特殊性に鑑みた規制緩和の必要性が正面から規定されているからである．

　以上，本節では，農村の「小規模性」が持つメリット・強みに着目したが，「小規模性」にはデメリット・弱みもある．①市場規模の小ささゆえの生活サービスの存続可能性の低下，②自治体による各種行政サービスの提供困難化，③行政サービス水準の低下可能性，といったものがそれである．農村を持続可能にするためには，これらへの対応が不可欠である．そこで，次節では，各デメリット・弱点に対応した方策を論じることにしたい(なお，「農村には，閉鎖性，排他性といった弱点もある」と思われるかもしれないが，これらは，常に付きまとう弱点というよりも，農村地域が克服すべき課題と考えるべきである．これを克服した地域こそが，「にぎやかな過疎」を実現できている．逆に言えば，これを克服できない地域は，遠からずジリ貧に陥っていくことであろう)．

5 「農村＝小規模」の
デメリット・弱点の克服・緩和方策

小さな拠点づくり——生活サービスの存続可能性の向上

　農村の小規模性に伴うデメリット・弱点は，第一に，市場規模が小さいため，各種生活サービスの存続が容易でないことである．たとえば，買い物をする場所やガソリンスタンドなどが撤退してしまい，生活しにくくなってしまうといったことが生じやすいのである．

　この点，日常生活を支える上で欠かすことができない基礎的な生活サービス（公共交通，買い物，医療，金融など）の存続可能性について，中国地方と四国地方における離島を除いた町村（ただし，人口が多い広島県府中町を除く）を対象として統計に基づく実証的検討を行った研究がある［谷本ほか2020］．これによれば，減少傾向と消滅傾向がともに低い（つまり，なかなか消滅しない）食料，燃料，食堂，郵便といった基礎的な生活サービスの場合であっても，概ね人口1000人が存続と消滅の境界となるのだという．その上で，これらのサービスについては，将来の人口予測に基づいて，人口が概ね1000人になる時期を設定して，それまでに存続支援の取り組みを整備すべきだとする．

　この研究は，実際に存在していたものが消滅していったことを経年的に観察したものではない．ある時点で，各町村の人口規模ごとに，自治体における各サービスの事業所数が存在するかどうかを調べ，影響を与える他の変数をコントロールした上で，人口規模とサービスの事業所の有無との関係を明らかにしたものである．それゆえ，上記基礎的な生活サービスについても，人口1000人というのが本当に存続と消滅の境界となるのかはなお定かではない．

　しかし，そのような一定の留保を伴うとしても，サービスの消滅可能性という「小規模性」に伴うデメリット・弱点を正面から見据え，存続支援方策に取り組むタイムリミットを設定しようとする試みは大いに評価すべきであろう．しばしば「○歳になったら，〜に気を付けよう」といったことが語られるが，ある意味それと同様に，「このくらいの人口規模になることが見えてきたら，先延ばしせず，きちんと取り組もう」という目安・きっかけとすべきである．

では，具体的に存続支援のために何をすべきかと言えば，これについては，すでに，一定の答えが出ているように思われる．「小さな拠点」づくりがそれである．「小さな拠点」とは，「小学校区など，複数の集落が散在する地域（集落生活圏）において，商店，診療所などの日常生活に不可欠な施設・機能や地域活動を行う場所を集約・確保し，周辺集落とコミュニティバス等の交通ネットワークを結ぶことで，人々が集い，交流する機会が広がっていく，集落地域の再生を目指す取り組み」のことである．

　これがなぜ有効な方策と言えるかというと，一つには，これによって「合わせ技」(＝一人の人間が複数の仕事をこなすこと)が可能になるからである．たとえば，島根県雲南市の波多コミュニティ協議会(波多地区：2019 年度現在，人口296 人，高齢化率53.38%)では，地区内唯一の商店が撤退してしまい，買い物ができなくなったことを受け，交流センター(廃校になった小学校を活用)で「はたマーケット」を運営している．なぜこれがやっていけるかと言えば，ベルを鳴らせば，事務所から職員がやってきてレジを打つので，店員の人件費がかからないからである．

　もう一つには，「ついで消費」が期待できるからである．「小さな拠点」に食堂があれば，そこで他の用事を済ませた後，「ついでに食事もして帰ろうか」となることも少なくないであろう．そもそも生活サービスの存続が難しくなっているのは，人口減少に伴って存続に必要な売り上げが得難くなっているためであり，「ついで消費」が増えれば，その分，当該サービスの存続可能性は高まることになる．それは，「地域内経済循環」を高めることにもつながる．

自治体間連携（広域連携）──単独で十分対応できない部分をカバーする

　農村の小規模性に伴うデメリット・弱点は，第二に，自治体による各種行政サービスの提供困難化という問題である．これは，「農村＝自治体」の場合の話となる．小規模自治体は，財政的に厳しく，単独でサービスを提供することが容易でないのである．

　これに対してどのような方策をとるべきかと言うと，これについても，答えはすでに出ている．自治体間連携（広域連携）がそれである．たとえば，単独でごみの焼却場を建設するのは負担が大きい．とはいえ，ごみの焼却ができない

と，住民生活に支障が生じてしまう．そこで，他の自治体と共同でこれを設置するというのが，自治体間連携なのである．

　自治体間連携の重要性はどんなに強調しても足りない．しかし，自治体間連携はいいことずくめではない．迅速な意思決定が難しくなったり，責任の所在が不明確になったりするなど，そこにはさまざまなデメリットもある．最大のデメリットは，"個別自治体の自己決定が損なわれ，住民による民主的コントロールも及びにくくなってしまう"という点にある．

　喩えて言えば，こういうことである．ある家族が家族旅行に行く場合，その行き先は，その家族の話し合いで決定できる．家族一人ひとりの意向も反映しやすい．しかし，複数の家族で一緒に行こうという話になったら，他の家族の意向とのすり合わせが必要となり，自分たちの意向が通るとは限らなくなる．まして，他の家族がお金持ちの有力者の家だったりすると，その意向には従わざるを得ないかもしれない．話し合う当事者のパワーが均等であるとは限らないのである．自治体間連携にもそういう面がある．

　それゆえ，各自治体は，自治体間連携のメリットとデメリットを見定め，どの分野で連携するのか，しないのかを選び取る必要がある．そのような自治体の選択の自由を奪い，自治体間連携を強制するようなあり方(＝「圏域行政のスタンダード化」)を推奨する動き(「自治体戦略2040構想研究会 第二次報告」(2018年))があるが，これは妥当性を著しく欠くものであることを強調しておきたい[嶋田 2019]．

ICT 技術で広がる可能性──メリットを活かし，デメリットを縮減する

　農村の小規模性に伴うデメリット・弱点は，第三に，「サービス水準の低下」につながる場合があることである．学校教育がその典型である．生徒数が一定限度を超えて減少することで，先生や職員の配置数も少なくなり，受けられる教育が不十分になることがあるのである．たとえば，①複式学級になるなど，各教員の専門性を活かした教育を受けられない可能性がある，②多様なものの見方等に触れることが難しくなる，③クラブ活動・部活の種類が限定される，④体育科の球技や音楽科の合唱・合奏のような集団学習の実施に制約が生じる，⑤集団活動・行事の教育効果が下がる，⑥子どもたちの人間関係等が固定しや

すい，⑦学習や進路選択の模範となる先輩の数が少なくなる，などである．

しかし他方で，小規模校にはメリットもある．①きめ細かな指導を行いやすい，②意見や感想を発表できる機会が多くなる，③リーダーを務める機会が多くなる，④年齢間の学習活動を行いやすい，⑤地域の協力が得やすい，⑥地域資源を活かした教育活動を行いやすい，などである［文部科学省 2015］．

したがって，求められる対応は，「小規模性」のメリットを活かし，デメリットを縮減するということになろう．その具体策として，徳島県，宮崎県五ヶ瀬町，兵庫県香美町などで取り組まれているのは，学校間ネットワークを築き，合同授業や合同行事等を行うことでデメリットを縮減する一方，地域と連携するなどしてメリットを発揮するというものである．しかし，従前は，物理的な距離が制約となり，これらの取り組みを機動的に行うことは容易ではなかった．

だが，近年のICT技術の発展は，こうした状況を一変させる可能性を秘めている．ICT技術を活用すれば，合同授業や合同行事などは容易にできるだろう．移動時間も必要なくなる．

おそらく決定的に重要なのは，複数の小規模校をつないで遠隔授業をしてしまえば，複式学級にする必要がなくなるということである．これによって，親の不安はかなり軽減されるのではないか．それどころか，ICT技術を活用し，有名講師によるレベルの高い授業を受けられるようにすれば，オトク感さえ生まれることになるだろう．

もっとも，特に低学年の子どもの場合，画面を見て集中して授業を聞くというのは，容易ではない．そのため，地域の住民がサポートに入るなどの必要性も出てくるかもしれない．しかし，農村では，「小規模性」ゆえにそうした住民の協力を得ることはさほど難しいことではなく，この点は，特段の障害とはなり得ないだろう．

6 2つのタイプの地域づくりと「逆人口ダム論」

筆者は，地域づくりには，「〜でいい」タイプのそれと「〜がいい」タイプのそれとがあると考えている．前者は，「悪くないから，ここでもいい」と思わせる地域づくりである．不便性の解消が基本となる．後者は，「ここがいい」

と思わせる地域づくりである．個性の発揮が基本となる．

　本章で論じた「新しい政策」は，これら2つのタイプの地域づくりを行うための手段にほかならない．重要なのは，「〜でいい」タイプの地域づくりは大事だが，そこにとどまらないことである．地域資源を活かした個性豊かな地域づくりを行わなければ，内外の人々を惹きつける，持続可能な農村にはなり得ないからである．

　このことに関連して，筆者は，「増田レポート」で述べられていた「地方中核都市」への「選択と集中」を目指す"人口ダム論"に対して疑問を抱いている．もし「地方中核都市」が"ミニ東京"（疑似東京）的なものになるとすれば，人口ダム機能（＝東京への人口流出を抑えるという機能）を果たし得ないと考えるからだ．ミニ東京は，「本当は東京の方がいいが，ここもそこそこ都会だから」という消極的な受容をもたらすのみで，その後に東京移住の機会を得た人を引き留めるような力を持たないだろう．東京には必ず負けてしまう．

　人口ダム機能の発揮のためには，「東京にない魅力があるから，ここがいい」という積極的な愛着心をもたらす「〜がいい」タイプの地域づくりが不可欠なのである．筆者は，それを最も実現しやすいのが農村だと考えている．

　他方，「〜でいい」タイプの地域づくりという点では，農村はどうしても都市より不利になる．また，農村は行事等も多い．それが全く苦でない人もいれば，苦になる人もいるだろう．

　そう考えると，一番いいのは，以下の2つの組み合わせなのではないか．一つは，農村に住むことでその魅力を満喫しつつ，近郊都市（同一自治体内の都市部を含む）で一定の利便性を享受するというパターン，もう一つは，都市に住むことで一定の利便性を享受しつつ，近郊農村に通ってその魅力を味わうというパターンである．

　いずれのパターンにおいても，「個性豊かで魅力的な農村」の成否が，人口ダム機能の発揮のカギを握ることには違いがない．これは，「地方中核都市」への「選択と集中」とは全く逆の議論であり，「逆人口ダム論」とでも名づけておきたい．「新しい政策」の創出と実践を通じて，「逆人口ダム」の要としての「個性豊かで魅力的な農村」の実現に結びつけていくことこそが，今求められている．

【文献紹介】

大橋洋一編著(2010)『政策実施』ミネルヴァ書房
　　抽象的な法律が段階的に具体化され，最終的に現場で執行されるまでの広範なプロセスを政策実施ととらえ，行政法学者と行政学者が共同執筆した異色の書．第9章と第10章は拙稿だが，日本の政策実施の全容理解に役立つはず．

西尾勝(2007)『地方分権改革』東京大学出版会
　　日本を代表する行政学者であり，かつ，実践の場においても，日本の地方分権改革を長年リードした著者による「地方分権改革の中間総括」とでも言うべき書籍．これを読まずして，地方分権改革は語れない．

宮﨑雅人(2021)『地域衰退』岩波新書
　　気鋭の財政学者が，地域衰退のメカニズムや衰退に歯止めをかけるための方策を論じた新書．その第4章では，「規模の経済」的政策対応の問題点を指摘しており，本章の問題意識と重なる部分が多い．

【参考文献】

小田切徳美(2014)『農山村は消滅しない』岩波新書
小田切徳美(2021)『農村政策の変貌――その軌跡と新たな構想』農文協
国土交通省(2021)「地域公共交通計画等の作成と運用の手引き　入門編〔第2版〕」
嶋田暁文(2008)「省庁間コンフリクトと下水道行政」『自治総研』7月号
嶋田暁文(2016)「海士町における地域づくりの展開プロセス――「事例」でも「標本」でもなく，実践主体による「反省的対話」の素材として」『自治総研』10月号
嶋田暁文(2019)「小規模自治体と圏域行政――自治と持続可能性の観点から」『地域開発』夏号
嶋田暁文(2020)「地域の支え合い活動と事業者の既得権防御――NPO等による移動サービスの現在」日本地方自治学会編『自治の現場と課題』敬文堂
嶋田暁文(2021)「持続可能な地域公共交通の実現のために――見えてきたさまざまな問題点と自治体に求められる取組み」『自治実務セミナー』710号
谷本圭志・土屋哲・長曽我部まどか(2020)「小規模自治体における生活サービスの存続可能性に関する実証分析」『都市計画論文集』55巻3号
中川内充行(2020)「特集　縮む下水道，広がる浄化槽――人口減少・老朽化で汚水処理行政が様変わり」『日経グローカル』396号
西尾勝(2001)『行政学〔新版〕』有斐閣
保屋野初子(2017)「水道未普及地域――「水道」に大きな問いを投げかける小さな存在」『都市問題』6月号
南学編著(2016)『先進事例から学ぶ――成功する公共施設マネジメント』学陽書房
宮口侗廸(2020)『過疎に打ち克つ――先進的な少数社会をめざして』原書房
文部科学省(2015)「公立小学校・中学校の適正規模・適正配置等に関する手引」
NHK(2018)「ETV特集　極夜　記憶の彼方へ――角幡唯介の旅」4月7日放送

小 野 文 明

「政策」という言葉を辞書で引くと,「政府や政党などの方策や施政の方針など」とある.この政策が確実に実施されるための仕組みとして最も有効なのが,法律の制定と予算措置等による「制度化」である.日本の市町村は,広範囲な行政分野を担当しているが,その大部分は個別の法令に基づいた制度化された業務であるといってよい(例えば,ごみ処理なら廃棄物処理法,保育所運営なら児童福祉法,まちづくりなら都市計画法など).このため,各市町村が独自の判断や裁量で業務を実施する余地は大きくないといえる.地方分権や規制緩和の推進は,このような法令などに基づく国が定める基準による行政から,地域の実情に合わせた行政運営への転換を目指したものである.

こうした法律の制定や予算の議決は,いうまでもなく立法府の役割であり,国の政策の根幹は国会における審議を経て形成されている.

一方,地方公共団体には,法律の範囲内で条例を制定する権利が憲法で保障されている.この制定権の範囲は,2000年に施行された地方分権一括法による地方自治法の改正で拡大され,地方公共団体が実施するすべての事務に及ぶこととなった.その背景には,この改正によっていわゆる機関委任事務が廃止され,地方公共団体の現場から国の事務が皆無となったことが挙げられる.

このように制定権が拡大された条例ではあるが,政策形成との関連では,「委任条例」と「自主条例」という分類に着目してみたい.委任条例は,法律で条例に定めることが委ねられた内容を実現するもので,例えば,公営住宅の管理(公営住宅法),道路構造基準(道路法及び道路構造令),放課後児童クラブの設備・運営基準(児童福祉法)など多数ある.

一方自主条例は,法令に違反しない限り独自の裁量で制定することができる.開発行為や環境規制に関する独自基準の設定や,酒の乾杯条例といった地域振興を図るものなど,様々な内容や性格を有したものがある.

ところで,地域づくり政策の実効性を高めるためのツールとして機能しているのが,自主条例の最たる形態といってよい「自治基本条例」の制定である.

自治基本条例とは,地域における自治の基本原則や理念,政策形成を含めた行政運営のルールを定めるもので,「自治体の憲法」といわれている.「まちづくり基本条例」と称されることの多い自治基本条例は,2021年4月現在,397の道県市町村で制定されている(NPO法人公共政策研究所調べ).その最先発は,2001年4月1日

に施行された北海道ニセコ町の「まちづくり基本条例」である．その「前文」を紹介したい．

「ニセコ町は，先人の労苦の中で歴史を刻み，町を愛する多くの人々の英知に支えられて今日を迎えています．わたしたち町民は，この美しく厳しい自然と相互扶助の中で培われた風土や人の心を守り，育て，「住むことが誇りに思えるまち」をめざします．

まちづくりは，町民一人ひとりが自ら考え，行動することによる「自治」が基本です．わたしたち町民は「情報共有」の実践により，この自治が実現できることを学びました．

わたしたち町民は，ここにニセコ町のまちづくりの理念を明らかにし，日々の暮らしの中でよろこびを実感できるまちをつくるため，この条例を制定します」

自治体が誰のため，何のために存在しているのか，平易な表現の中に政策形成の究極の目的が集約されている．

一般に前文が置かれる法規範は，日本国憲法のほかには，教育基本法や男女共同参画社会基本法などわずかである．各自治体の自治基本条例もこのニセコ形式を踏襲しており，最高規範としての性格を打ち出している．

そして，ニセコ条例の最高規範性を裏付けるものに，町長就任時の宣誓規定がある．同町の片山健也町長は職員時代，条例案策定の中心メンバーの一人だった．しかし，2009年町長に就任し，いざ宣誓する側に立った際には，その重責に「体が震えた」と語っていた．見直し規定も置かれた条例は，2010年に4回目の改正を終え現在に至っている．改正後のまちづくりの基本原則は，「情報共有の原則」，「情報へアクセスする権利」，「行政の説明責任」，「住民参加の原則（町の仕事の企画立案，実施，評価の各過程における町民参加の保障）」を掲げている．民主政治の鑑のような内容である．さらに町では，持ち歩きができるよう条例のポケット版を作成，全世帯への配布や町民講座や懇談会でも配るなど，「情報共有」と「住民参加」を誰もが常に意識できるよう徹底した取り組みを続けている．

自治体の現場では，このような住民のための生きた政策形成が実践されている．まちづくりの成否は，政策形成のあり方がカギを握っている．自治基本条例は，政策形成の目的が何であるかを照らし続け，そのプロセスを導く灯台となっている．

第10章 新しい国土をつくる

中川秀一

1 本章の課題：国土の定義をめぐって

「国土」の歴史性

　1971年に出版された，「国土総合開発」をテーマとした小学生向けの社会科学習の副読本の中に「日本全体を新都市社会へ」というスローガンが示されている．それは全国総合開発計画によって日本全体が密接に結びついたひとつの新しい社会となり，技術開発による各地の産業の創出や，交通通信網の整備によって情報社会化が進み知識交流が実現する国土の未来の姿を意味していた．同時に，当時の日本の総人口1億1000万人のうちの57%が国土の2.2%を占めるに過ぎない都市にひしめきあう過密と，急速に人口減少していく過疎地域の問題を前に，「地域開発はなぜ必要か」，この国土を「うまく利用する方法はないだろうか」と子どもたちに問いかけている．

　半世紀前の子どもたちはその問いかけを前にして，社会科の国土総合開発の授業を通じてこれからの日本がどう変わっていくのか，どう成長・発展していくのかを学び，期待に胸を弾ませていたことだろう．このとき描かれた国土の夢の姿は，現在すでに実現している面もある．例えば，この副読本に掲載されていたイラスト(図10-1)は，「家庭に居ながらテレビを利用して勉強できる放送大学が普及するでしょう」と予言していたが，それは，まるでオンラインで講義が行われるようになった現在の大学の状況のようでもある．むしろ，当時，描かれた未来像のさらにその先の時代を私たちが生きていることさえ意味しているのかもしれない．

　地球や生態系といった環境問題の変化，様々な分野のグローバリゼーション，持続可能な社会に向けた取り組みのような世界の状況変化も，かつての予想を

“たとえば教育にしても，家庭に居ながらテレビを利用して勉強で
きる放送大学が普及するでしょう”

図 10-1
出典：「日本全体がひとつの“新都市社会”に生まれ変わります」梶野豊三『社会科学
習文庫 国土総合開発』国土社，1971 年，31 頁

超えたものだろう．国内では，戦前から戦後復興，経済大国化を経て，21 世
紀になると，長期的に総人口が減少傾向に転じる縮減社会を迎えている．こう
した国内外をめぐる状況変化の中で「国土」の捉え方，考え方も変わってきた．
本章の課題は，「国土計画」に即して，こうした国土の歴史性を踏まえながら
その現在地を明らかにし，未来への展望を検討することである．そこでここで
は，戦前からの国土計画から今日の国土形成計画に至る政府が策定する国土に
関する計画を総称して国土計画としておこう（国土に関連する法律や制度は多岐
にわたり，北海道開発法や沖縄振興特別措置法のような地域開発に関わる制度もあ
る．しかし，いわゆる国土計画は国に策定義務のある全国を対象とした法定総合的
開発計画のことである．国土利用計画法や土地利用規制法，特定地域振興法，過疎
法，都市計画法，農地法，森林法などはその関連法規であり，戦後の国土計画が依
拠する法律は，国土総合開発計画法及びその改正による国土形成計画法が該当する）．

　国土概念の歴史性とはどのようなことだろうか．例えば，三全総（第三次全
国総合開発計画．以下同じ）では「有史以来日本列島に居住してきた日本人は，
およそ延べ 4 億 7000 万人と推計されるが，この 4 億 7000 万人が約 2000 年間
にわたって土に刻み続けてきた総合的な蓄積」［国土庁計画・調整局編 1978］を国
土にみている．国土という語には，単なる領域や空間を指示するにとどまらな
い内容が含まれていることを示唆している．

では，国土に関連する語彙と照らし合わせてみよう．「土」との関連でいえ
ば，領土や風土，郷土という土地との強い関係を想起させる語との連なりが考
えられる．矢野[1989]は，国土計画について，社会の近代化を推進する役割と
同時に，その土着的に固有な性質を発掘，強化させ，永続化させる機能をも果
たすという．矢野はその性質を「国土のプレムプリウム」と呼んだ．それは，
社会がどんなに近代化しても変わらないその土地の生態空間に定着した考え方
のことであり，①伝統的な農家を基盤とする「家」，②土木工事への信頼，③
理想郷イメージとしての「ふるさと」などの7つを挙げた(ほかの4つは④私有
制と結びついた土地への信仰，⑤官の思想としての国土計画，⑥アガタ・ムラの範
囲の呪縛，⑦基幹的な社会資本整備の優先，であった)．また，かつて皇国という
言葉が用いられていたように，天皇と国家との関係を国土の変容から読み解く
試みもみられる．20世紀は天皇の世紀として理解され，戦前戦後では異なる
意味で国土は天皇と重なって意識された．しかし，資本と，それと結びついた
テクノロジーの力はこうした国土の意味を変容させた．天皇の国土としての意
味は失われ，資本による新しい空間が成立していくというのである[内田2002]．
こうした議論は国土が包含する象徴的な意味に関連しているが，それは国土の
実態によって持続され，強化されたりもしてきた．

国土計画のあり方の転換と現在地

　いずれにしても，中央政府が主導してきた国土計画が，今日の日本の国土構
造の構築に果たしてきた役割は非常に大きい．とりわけ戦後日本の高度経済成
長は国土計画による地域開発によって推進されてきたといってよいだろう．し
かし，経済にとどまらない社会に求められていたことが，国土計画では十分に
実現できないばかりか，かえってその実現を阻害する側面があったことも議論
されてきた．そのたびに，中央政府は国土を計画的に改変することで対応を図
ろうとしたため，その時々の日本の置かれたそれぞれの時代状況を反映して国
土計画は変容してきたのである．

　先にみたように，世界の国々との関係，自然環境の保全，持続可能な社会の
実現に向けた取り組みのような新しい時代の潮流や要請とともに，国家だけで
はなく，資本や地域に期待される役割も変わってきた．国土計画の役割や仕組

みも，地方分権や新自由主義的な政策思潮と関連した様々な議論を内包しつつ転換している．

　そこで本章では，戦前から戦後に至る過程を視野に入れることでこうした変遷を長期的に概観し，戦後の全総(全国総合開発計画)以降の変遷については先行研究の枠組みを援用した構造的な分析を試みたい．そのうえで，国土計画の転換と現在地を確認しよう．

2　国土計画の端緒と変遷：戦後国土計画への道程

起源をめぐる2つの議論

　国土という語が単に領域を意味するわけではないように，国土計画という用語を定義することも意外に難しい．海外では，日本の国土計画制度と比較しうるとみなされるものは限られた例しかなく，内容も一様ではない．あえて，「国家の理想と国土の望ましい将来像を確立するために解決すべき課題を克服し，その実現に向けての基本的な考え方と手法を提示する総合的施策の体系」とするならば，ヨーロッパで日本より先または同時期に国土計画を策定していたものは，イギリスにおける「バーロウ委員会報告とそれに端を発する一連施策」及びドイツにおける国土空間整序局の設置が挙げられる程度だという[国土計画協会編 1993]．

　では，日本における国土計画の考え方はどのようにして生まれてきたのだろうか．今日の日本の領土を含む領域を踏まえた国土計画という考え方の潮流は，大きく2つの流れとして捉えられる[川上 1995]．ひとつは，戦前の内務省技師として国土計画において主導的立場にあった石川[1941 a]が唱える，1924(大正13)年にアムステルダムで開催された国際住宅及び都市計画会議をその端緒とする動向である．この会議では，都市計画では処理できない広域的な問題への対応に地方計画やさらには国レベルでの計画 national plan が必要になる可能性があることが議論された．石川は，これを国土計画の起源とみなし「国土の拡がりに於いて土地の秩序をつけること」を国土計画としている．他方，1937(昭和12)年に内閣調査局の後継機関として内閣府に設置された企画院は，徳川時代の経世家，佐藤信淵のいう「国土経緯」を国土計画として取り上げている．

194

佐藤信淵の思想には，幕藩体制の時代に全国を俯瞰して捉えるという統制的な特徴がみられるという．

　これらの差異は，内務省と内閣府企画院という管轄部署の違いにとどまらず，国土計画を地方からの積み上げを調整する上向体系とみなすか，それとも国家の統治の手段である下向体系として位置づけるかという考え方の異なる潮流が，昭和前期の国土計画に対する関心の高まりとともに顕在化したものでもあった［石川 1941 b］．国家による統治の貫徹した戦時体制下では，上向体系は潜伏するしかなかっただろう．しかし，後述するように，この志向体系の差異は今日の論点の伏線ともいうべきものであった．

戦時下の国土計画の関心

　戦前戦中期の国土計画に対する関心の高まりの背景について考えてみよう．ここではそれを2つに整理してみる．ひとつは昭和大恐慌である．資本主義諸国の「市場の失敗」への対応策として，当時のソ連のゴスプランやアメリカのTVA，ドイツにおけるナチスの施策などの海外の国土開発施策が紹介され，検討された．その底流には，内務省によるイギリスの都市計画や地方計画の研究があったとされる．

　もうひとつは，日華事変(1937年)以降の戦時体制下における国家統制の手段としての関心である．その具体化は，まず，満州国における「日滿を一體とせる綜合國力發揮」を目的とした「國防並に資源開發の緊急要請」に応じて満州国総務庁企画処によって始められ(総合立地計画策定要綱 1935年)，その3カ月後には企画院によって日本の「國土計畫設定要綱」が策定された．ここでいう国土には，日本だけではなく，満州，中国および東南アジア諸国やインド，オセアニアの一部を含む外地と呼ばれる地域が包含されていた．それは，いわゆる大東亜共栄圏建設のための調査研究と計画及びその実践のための見取り図であり，そこでの第一の課題は国防にあったのである．

戦後復興に向けた国土計画の出発

　第二次世界大戦の敗戦のあと，当時の内務省は戦後復興に向けた「国土計画基本方針」(1945年9月)を発した．「必需物資ノ生産ト平和的ナル産業ノ維持発

達ヲ助長シ平和的通商ヲ通シテ国民経済ノ充足ヲ計ル」ことを目的とした戦前からの国土計画の転換と，日本政府が主導する国土復興の方針を示したのである（翌年には「復興国土計画要綱案」（1946年9月）も策定され，日本政府が主導する国土の復興が目指された）．しかし，GHQの要請により設置された経済安定本部（1946年8月）が物資の統制などを掌握していたため，日本政府は国土計画策定に関する主導権を失っていった．本格的な国土計画関係の議論は経済安定本部内の国土総合開発審議会において行われ，1950年には国土総合開発法（以下，国総法）が制定された．「終戦後，我が国にとって，狭隘な国土と乏しい資源を活用して増加する人口の生活の維持向上を図ることが最も重要な課題であった．このような観点から，戦後の荒廃した国土の保全を図りまた，国土及び資源の積極的合理的かつ効率的な開発利用を期することが，人口収容力の増大，産業発展の育成及び地域振興を図ることと併せて，緊急の要請であった」といわれている（国土審議会資料による［矢田2017］）．

しかし，実際に全国総合開発計画が策定されるまでには，その後12年を要した．国総法は全国総合開発計画を策定する前に改正され（1952年），河川総合開発を中心とする特定地域総合開発計画が実施された（GHQのもとで，ニューディール政策に範をとって行われた．当初は19地域が指定され，後に3地域が追加されたが，限られた試行的なものであった）．全国総合開発計画が実施されるのはその後，「もはや戦後ではない」（経済白書）と，すでに経済活動が戦前の水準まで復興してからであった．そして今日まで都合7次にわたる国土計画が策定され，実行されてきた．

3 国土計画の捉え方：戦後国土計画の構造的把握

政策と計画の捉え方

それでは今日の日本の国土を方向づけてきた戦後の国土計画について，これまでの研究がどのように捉えてきたかを振り返りつつ概観してみよう．

「国土政策の意図を国土計画にするけれども，結果は意図通りにはならない」［下河辺1994］という．これは，全総から三全総までの経済企画庁及び国土庁の行政官であり，四全総では国土審議会委員，21世紀の国土のグランドデザイ

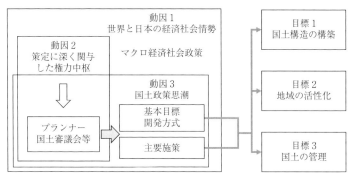

図 10-2 国土計画策定の構図
資料：矢田 [2017, p.5] をもとに加筆

ン(以下, 21GD)では国土審議会会長として, すべての全総計画に関与し大きな
役割を果たした下河辺淳の言葉である[塩谷 2021]. 国土に関わる政府の大局的
な方針としての国土政策と, 「法律や予算などを通じて具体化する, いわゆる
実行計画」としての国土計画とは同一のものではない. こうした国土計画の成
り立ちを, 矢田 [2017] は「動因」と計画策定主体であるプランナー, 計画の
「照準」(本章では目標)の相互関係を示す枠組みによって構造的な観点から分析
した. 以下, この枠組みを参照した図 10-2 に基づいて検討していきたい.

　表 10-1 はそれぞれの時代背景とそれを踏まえた基本目標, その目標実現に
向けた方法である開発方式を整理している. これだけみても, 国土計画がいか
に変遷してきたかを読み取ることができるだろう. 大西 [2010] は, 国土計画を
めぐる経済社会情勢を踏まえて, 高度成長期(全総〜新全総)と低成長期(三全総
以降)に時期区分し, その後, さらに変化があったことも示している(動因1).
また, 「日本列島改造論」(田中角栄)や「田園都市国家構想」(大平正芳), 「土光
臨調」路線での民活利用の首都改造(中曽根康弘)といったその時々の権力者の
考え方が国土計画に与えた影響も無視できない(動因2). 国土計画の変遷を多
様な視点から詳細に検討した川上 [2008] は, 国土計画の歴史的分岐点に存在す
るいくつかの二項対立の視点を提起している. 特に国土政策策定の計画思想と
して「効率主義」と「衡平主義」を読み取ることができ, 戦後の国土計画にお
いて交互に生起してきたとする(動因3).

　次に国土計画において一貫して唱えられていた「格差是正」や「国土の均衡

表 10-1　基本目標と開発方式

	基本目標：上段 時代背景：下段	開発方式：上段 地域(農村)への取り組み：下段
全　総 1962	地域間の均衡ある発展 所得倍増計画(太平洋ベルト地帯構想)	拠点開発方式 生産性の地域格差を国民経済的視点から解決
新全総 1969	豊かな環境の創造 高度経済成長の加速化とオイルショック	大規模プロジェクト構想 基礎条件整備による開発可能性の拡大均衡化
三全総 1977	人間居住の総合的環境の整備 安定成長への移行　「地方の時代」	定住圏構想 地域特注を生かしつつ，歴史的，伝統的文化に根ざし，人間と自然との調和のとれた安定感のある健康で文化的な人間居住
四全総 1987	多極分散型国土の構築 プラザ合意による円高　東京一極集中	交流ネットワーク構想 定住と交流による地域の活性化
21GD 1998	多軸型国土構造形成の基礎づくり グローバリゼーション，高齢化社会	参加と連携 多自然居住地域の創造と地域連携軸
国土形成計画 2008	一極一軸型国土構造の是正 アジアの経済発展とICTの発達，人口減少	広域ブロックの自立的発展 持続可能な地域，災害に強いしなやかな国土，美しい国土,「新たな公」を基軸とする地域づくり
第二次国土形成計画 2015	対流促進型国土の形成 地方消滅論，持続可能な社会，SDGs	コンパクト＋ネットワーク 自立の促進と誇りの持てる地域の創造,「小さな拠点」

ある発展」という理念を，国土計画は地域間格差にどう作用したかという観点から検討しよう．

均衡ある発展や地域間格差をどうみるか

地域間格差や均衡ある発展という語の意味する内容は検討が必要である．例えば，格差にも，機会の格差と結果の格差の違いがあることはよく知られている．所得や生活水準などは結果の格差であり，社会資本の整備水準や雇用は機会の格差にあたる．地域間格差については，これまでは主として所得など結果の格差が取り上げられることが多かった．

大西[2010]は，国土計画が策定された1960年代初めから40年間の都道府県民一人あたり所得の変化を分析し，高度経済成長期を中心に地域間格差は縮小したとしている．その要因は，工場の分散によるものと人口の移動に求められるという．最近のOECDによる日本の国土・地域政策レビュー[OECD 2016]によると，日本はOECD諸国の中で都市と農村の一人あたりGDPの格差がも

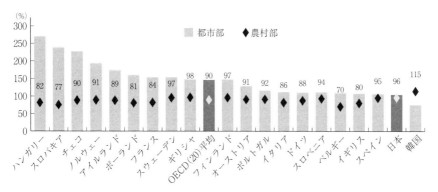

図 10-3 全国平均と比較した都市部及び農村部における国民一人あたりの GDP
出典：OECD（2015），Regional Statistics（database），http://dx.doi.org/10.1787/region-data-en（accessed 10 September 2015）

っとも小さい国とみなされている（図 10-3）．産業の立地分散政策による地域間格差縮小の効果を反映していると考えることもできるだろう．この間，国土計画においては，拠点開発方式や大規模プロジェクト，定住圏構想などの地方への産業立地の分散を促進する開発方式が謳われた．同時に，工業等制限法（首都圏 1959 年，近畿圏 1964 年），新産業都市建設促進法（1962 年），工業整備特別地域整備促進法（1964 年），1980 年代のテクノポリス法（1983 年），頭脳立地法（1988 年），1990 年代の地域産業集積活性化法（1997 年），新事業創出促進法（1998 年）の制定等，地方への工場の分散立地促進を図る施策も継続的に行われてきた．これらは，空間的分業による産業再配置による国土空間の中心—周辺構造を形成し，1990 年代までは地方や農村の一定の存立基盤を構成し[岡橋 1997]，今日の農村をめぐる国土構造上の課題も基本的にこの延長上にあるといえる[中川 2015]．

　しかし，地域間の所得格差の縮小については，この間の人口移動の影響が考慮されるべきだろう．大西[2010]も指摘しているように，所得の地域間格差の拡大を抑制する効果は大都市圏への人口移動によってもたらされている側面もあり，このことは産業配置としての国土計画が人口再配置の面では有効ではなかったことの裏返しでもある．人口減少による地方や農村の疲弊状況は，均衡ある発展が実現に向かってきたとは到底いえないことを明らかにしている．とはいえ，総人口が減少過程にある今後の日本において，人口動向のみを国土計

画の指標とすることも適切ではない．むしろ機会の格差に目を向ける必要がある．

目標の変化とその外的要因について

そこで次に，国土計画がどんな目標に向かっていたかに着目してみよう．国土計画は「国土の構造という骨組み」(目標1)と「「一つ一つの細胞」としての地域の活性化」(目標2)，「人口系と自然系の調和」(目標3)の3つの観点から策定されている[矢田2017](表10-2)．

目標1では，四全総以降の多極・多軸型といった国土構造や地域間の連携を意味するネットワークが強調されるようになる点が注目される．国土形成計画では，全国計画とは別に広域地方計画が設定され，地域ブロックでの計画が制度化された．目標2では，21GD以降には各地域とアジアとの交流や農村の新しい居住地域としての可能性が言及されるようになった．交流を通じた地域の内発性を促す観点や多面的機能に関連した国土管理に果たす役割も重視されるようになっている．このことは，目標3で，地球環境の変動と関連した自然災害への対応が重視されるようになっていることとも関連していよう．

このように21GDを境として，国土計画のあり方が大きく見直された．全国総合開発計画から国土形成計画への移行に象徴されるのは，中央政府による開発を意図した20世紀の国土計画からの転換を図ることであった．

こうした転換は日本に限らず，開発主義的な政策をとってきたアジア諸国においても同様の傾向が認められる（ここでの開発主義は，個人や企業を基礎とした先進資本主義国にみられる経済自由主義に基づくものに対置される，アジアに共通してみられる国家が主導する経済開発のことを指す[瀬田ほか2004]）．すなわち，「製造業を中心に成長を続けてきたアジア諸国の国土・地域政策は，グローバル化・産業構造の変化・地方分権・環境政策といった90年代以降の新たな潮流」の中で，地域格差是正を国民の合意を得るための「タテマエ」としてきた中央集権的な国土開発の基盤がゆらぎ，開発主義からの脱却が迫られているのである．換言すれば，「大競争 Mega Competition」と呼ばれるグローバル化以降の世界での生き残りのために，国家は「経済成長のための集積とアンバランスな国土構造への志向」という「ホンネ」の実現を，「新たな潮流」の中で

表 10-2　国土計画における目標

	目標 1	目標 2	目標 3
	国土構造の構築	地域の活性化	国土の管理
特地総 1950	産業復興(石炭, 鉄鋼, 繊維) 四大工業地帯の復活	都市・農村の再生	大河川の治水, 大規模植林, 発電ダムの建設
全　総 1962	エネルギー革命:素材主導の重化学工業化 太平洋ベルト:一軸の形成	農山村労働力の流出:過疎化の進行 産炭地域の衰退	国内鉱物資源の放棄 大気汚染・水質汚濁
新全総 1969	一極一軸型国土構造 ツリー型都市システム 日本列島改造	大都市圏の過密対策 →革新自治体行政の展開	大気汚染・海洋汚染 地価高騰・土地利用の混乱 輸入材依存→森林の荒廃
三全総 1977	高速道路の着実な整備→高速道路網を利用した機械工業の再配置	農村工業化の進展 →東北 多様な地域おこし: 一村一品運動→九州	地方中小河川の整備 自然保護運動の活発化
四全総 1987	ネットワークの拡大 多核型大都市圏 地方の極の形成─中枢・中核都市	ネットワーク結節都市を核とする広域経済圏の形成 地方圏内地域格差の拡大	リゾート開発による大規模自然破壊
21GD 1998	多極型国土へ ICT 革命の進展 知識産業の成長	多自然居住地域の提唱 大都市中心部の再開発 アジア立地の展開	阪神・淡路大震災 限界集落の増加
国土形成計画 2008	全国計画と広域地方計画の二層の計画体系 国と地方の協働による広域ブロックづくり	東アジアとの交流連携 持続可能な地域の形成 「新たな公」を基軸とする地域づくり	美しい国土の管理・継承
第二次国土形成計画 2015	対流促進型国土 コンパクト＋ネットワーク スーパーメガリージョン 地域発イノベーション	地方創生 「田園回帰」意識の高揚 ちいさな拠点の形成 関係人口・二地域居住	東日本大震災 インフラの老朽化 低・未利用地, 空き家問題 国土強靭化

　の財政的制約のもとで行わなければならない．それが，これまで中央政府が行ってきた公共事業を中心としたプロジェクトを，市場を通じた規制緩和や優遇によって民間の経済活動を誘導したり，地方団体に権限を委譲することで移管する方法が選択されるようになった背景のひとつとなっている．これらは新自由主義的な政策思潮と結びつき，中央政府からみた地方分権推進の誘因となってきた(動因1, 動因2)．目標1が，国家から地方間のネットワークへ，目標2において地方が主体となるアジアの地域との交流に向かう動向を，こうした開発主義からの脱却とみなすこともできよう．それは下向体系の国土計画から上

向体系の国土計画への転換の過程に入ったことをも意味していよう.

目標変化の内的要因──国土計画の意義はどこにあるか

目標の変化は，グローバル化などの外的要因によってのみもたらされたのではない．21GD を境とした変化を理解するうえでの重要な鍵のひとつは，人口に端的に表れる日本社会の構造変化である．第二次世界大戦後，人口増加を続けてきた日本社会が少子高齢化の深化を経て減少局面に入る，その先の将来展望に向けた国土計画の転換が 21GD で示された．それは「参加と連携」という国と地方の役割分担の明確化であり，国土形成計画では，全国計画と広域地方計画の二層の計画制度となり，全国計画では国と都道府県，広域地方計画では都道府県間及び市町村との関係が明示されるようになった．

21GD 以前の全国総合開発計画は外来型開発であり，地方自治を脅かす存在と批判されてきた[宮本 1973]．この文脈での地方分権は，外来型開発に対峙する地域主義や内発的発展に基づく運動の実践的課題でもあった[玉野井 1990]．しかし，先に述べたように，今日の地方分権の動向はこうした運動の成果とは必ずしもいえない．並行して進められた平成の市町村合併や道州制導入の議論，一連の地方創生政策も，地域からの発意で進められてきたわけではない．であるにもかかわらず，自治体や地域住民の創意工夫を求める内発的，上向体系の取り組みの重要性が強調されるようになっている．なぜなら，人口増加局面では下向体系の計画によって空間整備による人口や資源の配分が有効な施策であることが多いのに対し，人口減少局面で空間を制御する計画や方策では，これまで農村で経験されてきた過疎対策のように，課題解決に即効性のある一般的方法はまだ見出されていないからである[瀬田 2016]．あえていえば，それぞれの状況に応じた多様な対応を図ることが求められている状況なのだ．例えば，都市における空き家・空き地対策，農村における耕作放棄地や不十分な森林管理の問題は，人口減少局面における資源の過少利用の問題であり，自治体や住民レベルで把握される個別の状況に応じた対応が重要である．まさにいま，地域ごとの実践を通じた経験を漸進的に蓄積していく段階にある．目標 1 が地方分権を志向し，目標 2 でも自治体や民間企業等の役割が重視されるようになることは，この領域での国家の役割の後退を意味している．他方で国土の課題に

対する国家の役割は，目標3における防災対策など国土管理の問題としてより強く意識されている．河川流域を計画単位とした自然生態系と共生する経済社会を建設していく重要性も増している．国土管理機能と関わる農村の多面的機能や農村空間の商品化の動向の中で，国土における農村の現代的位相も大きく変化してきている．

4 農村はどう描かれるか

国土計画における農村の変遷

では日本の国土において，農村はどのように位置づけられてきたか．戦時下は人口減によって広がる休耕地をいかに活用して食料を増産するかが農村の課題であった．戦後の食料難を過ぎると，高度経済成長によって加速した都市の過密と対比される過疎の克服が全総における農村の課題になった．その位置づけは新全総でも続いたが，三全総では，定住圏構想において都市との一体的圏域として整備することが唱えられた．四全総における農村は，多面的役割，とりわけ都市住民が自然と触れ合う広域的交流の場として位置づけられるようになった．五次の国土計画である21GDでは，4つの戦略の筆頭に多自然居住が挙げられ，21世紀の居住空間として積極的な位置づけが与えられた．

この間にも過疎的状況をさらに深めた農村も少なくなかったが，21GD以降の国土計画における農村には，積極的な位置づけがなされるようになった．今日の国土形成計画では「美しく暮らしやすい農山漁村の形成」として「生産活動や土地利用の状況，住民の生活様式等があいまって，その魅力を創出しており，自然環境と生産基盤，生活環境の調和を図ることが必要」とされている．現代農村は国土をめぐる議論において新たに価値づけられる傾向が認められる．

現代農村の価値づけをめぐる議論

そこで，こうした現代農村の価値づけに関する論点を，「地方消滅論」[増田2014]と「田園回帰論」を対比させながら検討してみよう．

地方消滅論は，日本の総人口が長期的に減少している要因を，人口再生産の地域差と地域間人口移動から明快に説明し，国家戦略による人口減少社会への

対応の必要性を提起した一連の議論である．人口の自然減少によって消滅する可能性がある 896 の地方自治体をリストアップし，地方自治体関係者に危機感と事態の緊急性を喚起する方法は「ショックドクトリン」とも称され，今日の一連の地方創生政策（まち・ひと・しごと創生総合戦略等）の起点となった．地方消滅論は様々な議論を呼び，地域振興や地域活性化というこれまでの用語に代えて地方創生という語を定着させるほどの社会的影響をもたらした．

　田園回帰論[小田切 2014]は，農村志向の社会的高まりや地域づくりへの関心によって地方消滅論に対峙するように唱えられた一連の議論である．地方消滅論以前から，「限界集落」[大野 2005]について集落レベルでの実態から農山村再生のための具体的方策を探り続けていた．その延長上に位置づけられ，都市との交流に農山村再生の可能性を見出す議論である．

　ここでは農村をめぐる人口移動の見方とイノベーションへの考え方の観点から両者を比較，整理してみよう．

　地方消滅論では，これまでのマクロ政策では農村からの人口流出をとどめることはできず，東京一極集中に歯止めをかけるためには地方に着目した国家戦略が必要だとする．具体的には，「若者に魅力のある地方中核都市」を軸とした「新たな集積構造」を人口の「ダム機能」としての「防衛・反転線」として構築することである．そのために投資と施策を集中する「選択と集中」の徹底を強調する．したがって山間居住地のような条件不利な地域は結果として切り捨てられるのはやむを得ないことも言外に示されている．

　田園回帰論では，都市部で生活してきた人々の間，とりわけ 2000 年代になると若者の間で農村への移住志向が高まっており，実際に移住行動も広がっているとみる．こうした動向を軽視しているとして地方消滅論を批判し，まずは移住志向性が実行に移されるようにするための施策を行うことが必要だと考える．この間，全国的に展開してきた関係人口や二地域居住，地域おこし協力隊等の外部サポート人材の導入のような新たな施策の展開は，田園回帰の動向に即したものといえるだろう．

　端的にいえば，地方消滅論では，地方からの人口流出を押しとどめようとするのに対し，田園回帰論はむしろ地方と大都市との間や地方と地方の間の地域間の人口の対流を促そうとする施策である点に大きな違いが認められる．

したがって，地方消滅論では，外資系企業で就業経験のあるビジネスマンを地方大学の教員スタッフとすることや，自動運転車，ドローン，Uber などを地方で活用できる事業として持ち込むことを地域イノベーションと捉えている．それに対し田園回帰論では，移住者と地元住民との関係の中から小さくても新しい事業が立ち上がる可能性に期待を寄せている．対流を促すことに力点があり，新たな関係がイノベーションを生み出すと捉える．

　また，地方消滅論では，都市など外部で生まれたイノベーションを持ち込むことでビジネスチャンスを創出し，農村に新たなマーケットを見出そうとする．地方や農村は都市資本によって活用される資源ストックの宝庫でもあり，農村は都市資本の客体として価値づけられる[増田・冨山 2015]．このような都市資本の営力は，農村での生活そのもの，空間そのものさえも商品にしようとする「農村空間の商品化」の主要な要因である．

　他方，田園回帰論では，移住者や関係人口と地域住民との相互作用から，地域資源を活用したり，地域の需要に対応する事業が創出されたり，既存の事業を発展的に継承することが，事業創出のモデルのひとつになっている．関係人口や二地域居住，田園回帰，外部サポート人材（地域おこし協力隊）といった，国土のグランドデザイン 2050 から第二次国土形成計画へと引き継がれた方策は，この途を切り拓こうとする試みと理解できるだろう．

　もちろん，田園回帰論では新しい技術の導入が敬遠されているとか，地方消滅論ではコミュニティビジネスが想定されていないというわけではない．実際に展開されている事業はどちらかに明確に区分されるものでは必ずしもないことにも注意が必要である．そもそも田園回帰は農村空間の商品化と結びついて生起してきた側面もある．現代農村ではこうした異なる価値づけがせめぎあい，ときには連動しながら展開する状況が生まれている．

　したがって，以上のような対比による整理はやや単純化が過ぎるきらいはあるが，現代の日本農村をめぐる根本的な問いや分岐点を表しているといえるだろう．ひとつの方向性は，農村は都市化の空間的な拡張に包摂されていくか，さもなくば行政サービスや消費機会から切り離され生活機会を奪われて消滅を待つという選択を余儀なくされるというものである．いずれにしても農村は消滅するという想定に立つ，前世紀に根強く存在した考えである．

しかしそれとは別の選択もありうるのではないかというのが，21世紀の新たな生活空間としての多自然型低密度居住地域[宮口2020]という21GD以降に打ち出されてきた選択である．これは農村が示す，人類社会の未来のもうひとつの方向へと歩を進めることができるかどうかという選択でもある．いわばその選択肢を，国家の「選択と集中」によって減らしていくのではなく，地域が主体的に行うことで維持し，増やしていく可能性を追求することが，分権化社会が目指す方向なのではないかと考えられる．

地域主体による選択——国土の管理構想

では，地域が主体となって地域の将来を選択するとはどのようなことを考えればいいのだろうか．国土審議会計画推進部会国土管理専門委員会で5年間にわたって検討されてきた国土の管理構想は，まさに「人口減少下における適切な国土の管理を行いながら，持続可能な地域づくり，国土づくりを進めていく」との観点に立つものであり，示唆に富んでいる．

前述のように現代日本では，人口減少にともなう土地や資源の（過剰利用ではなく）過少利用問題をどう調整するかが大きな課題になっている．国土の管理構想は「国土管理上の課題を解決するため，土地の管理のあり方について地域で話し合い，地域で選択した土地の使い方について地域住民間で認識を共有し合う」ことでこの課題を克服しようとする構想である．すでに長野県長野市中条御山里の伊折区で「いおりのみらいワークショップ」(2019年1月〜2021年3月)が実施され，国土管理の観点から，地域住民が地域の土地利用の状況を把握し，情報を共有して意見交換を行った．住民自ら，地域の現状把握及び将来予測を前提とした地域の将来像を描き，土地の管理のあり方について地域管理構想図として地図化するとともに，管理主体や管理手法を明確にした行動計画を示した．地域の土地利用を集落住民たち自身で集団的に見直す試みであり，その成果は「いおりの地域づくりみらい戦略」としてとりまとめられている（分科会資料より）．各地域において策定された地域管理構想図は，市町村管理構想図の一部として編入される．これは，地域における計画策定の経験蓄積へと続く方法の一例であり，これからの上向体系の計画のあり方を示していよう．

5 多様化する国土，農村化する社会

国土計画の夢

戦中に策定されたものから現在まで，国土計画は様々に変遷してきたが，それは国内外の状況の影響を受けてきたとはいえ，それぞれの時代の政治が国土に描く夢の表れだったということができよう(図10-4)．先の戦時体制下では，資源獲得と国防を主たる目的とした大東亜共栄圏構想が国土計画であり，本土，台湾や朝鮮半島，満州や中国，東南アジア諸国という重層性をもった国土像に政治の夢が反映されていた．

戦後は，国外に資源を求めた戦争の反省から，平和な国家を築くためにも国土の資源を十分に活用することで豊かな社会の建設を目指す国総法が制定された．しかし，国土計画が実際に策定されたのは，すでに戦後復興を遂げたあとであり，高度経済成長下の地域間の不均等発展を是正する「国土の均衡ある発展」が一貫した課題となった(全総)．中央政府による開発主義的な(下向体系)国土計画は外来型開発との批判を受けつつも，状況に応じて集積による国土利用の効率化(ホンネ)と地域間の均衡(タテマエ)の間をゆらぎながら，高度経済成長を促進した．工業化段階では地方への産業の分散立地を図ることで高度経済成長と「国土の均衡ある発展」は矛盾しない夢として捉えられていたのでは

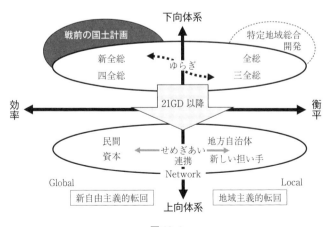

図 10-4

ないか.

こうした下向体系の計画がある程度有効だったのは，人口増加とともに成長する社会だったからである．グローバルな競争環境の深化が国民経済の成長を鈍化させるようになると，地方分権に向けた様々な改革が行われるようになった．外来型開発を批判する運動の視座でもあった内発的発展において，地方分権は地域づくりの実践的課題でもあったが，今日の分権改革は，経済の停滞や人口減少下で新自由主義的な思潮の意図とも結びついており，21GDの「参加と連携」以降の上向体系の国土計画に向けた転換とともに同床異夢ともいうべき状況が生まれている．都市農村関係も地方消滅論と田園回帰では異なる見方がなされており，国土計画においてもせめぎ合う状況が生まれている．

現在地の確認と課題

以上のような状況は，第二次国土形成計画の推進・具体化のために設けられた４つの専門委員会にも認められる．先の図10-2を参照しながら整理すると，これらの委員会は，国土構造の構築（目標1）に対応する「スーパーメガリージョン」，地域の活性化（目標2）には「稼げる国土」「住み続けられる国土」，そして，国土の管理（目標3）は「国土管理」のように分類できる.

リニア新幹線の建設によって，名古屋を含む東京から大阪までの三大都市がひとつの圏域に包摂されるというスーパーメガリージョン構想は，規模は異なるものの，巨大な集積を計画的に整備しようとする，従前の国土計画の発想の延長に立つものといえる．しかし，このような巨大な国家的プロジェクトがこれからも必要とされるかどうかは不明である．目標2では，2つの委員会の並立に前述の農村の課題への視座の対比が端的に表れている．また目標2と目標3では，人口縮小社会という新たな事態への対応が求められている．これらの目標ではすでにこれまでの下向体系から上向体系の計画への移行が進みつつある.

こうした動向は，国土計画における国家の役割が低下していくことを示している．地域の位置づけが相対的に高まっていくだろう．地方自治体が分担する役割はすでに増大しているが，地方分権改革とともに自治体の機能を高めるための施策を併せて推進していく必要がある.

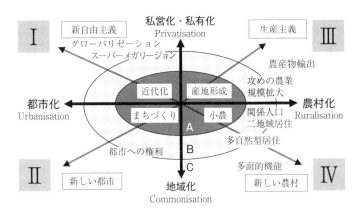

図 10-5　地域の多様化

　国土計画の目的は，先に述べたような国民が共有できる夢を提示することにあった．戦後の日本国民は国土計画を通じて経済成長の夢をみてきた．国土開発にともなう社会資本整備による産業化や近代化が地域の生活や経済を変容させていくのを，人々は多くの場合好ましく眺めつつ，矢野[1989]がいうように，ときには「国土のプレムプリウム」として農村を想起したかもしれない．それは前世紀の都市化に向かう社会変化の中でのものだったといえよう．

　しかし，私たちが立っている現在地は，すでに半世紀前に描かれた国土の理想とは異なる方向性を内包するものとなっている．その新たな方向転換の台頭は今に始まったというよりも，前世紀末から徐々に進行してきたものである．今日の国土計画における国土には，グローバリゼーションや地球レベルでの環境問題の中での位置づけが含意されている．農村はその新しい文脈の中で再定義されつつある．それをここでは前世紀の都市化に対して，農村化と呼びたい．

　そうした動向を含めた状況を整理したのが図 10-5 である．現代の地域変化の多様な方向性の構図を表している．左側は都市化に向かう変化の方向，右側はその逆に都市化ではない方向へ向かう社会変化の方向であり，ここでは，それをあえて「農村化」と呼んでいる．また上半分は，民営化や私有化，下半分は逆に地域での共同管理や共有に向かう動向である[中川 2021]．

　前世紀には，グローバリゼーションと新自由主義的な思潮とがあいまって都市化が社会全体を貫徹するかにみえた(図 10-5 の I)．しかし，資本の力による

市民の排除に対抗して生活世界を奪い返す動きも現れた(図10-5のII). 同時に, 都市化社会に食料を供給する生産機能を強化するだけでなく, 伝統文化や自然環境といった農村空間そのものも都市市場に適合した消費対象となった(図10-5のIII). 田園回帰は農村空間を消費の対象とするだけでなく, 交流や移住によって新たに創造しようとする営為の表れである(図10-5のIV). それは規模の経済を必ずしも追求しない, 食料生産を通じた都市住民との直接間接的な交流であったり, 農耕や森林管理が果たす公益的機能に対する制度的な補償が地域存続の基盤となる農村である. 国土をめぐる議論は, IVのような地域を新しい国土の一部として定置させていくことが重要課題であることをますます明らかにしていくだろう. そこから多様性をもったダイナミックに対流する国土が生まれ, 静態的にみえた地域に創造的な活力がもたらされることが期待できるようになるのではないだろうか.

【文献紹介】

小田切徳美・筒井一伸編著(2016)『田園回帰の過去・現在・未来』農文協
　現代日本農村をめぐる議論の新しい立脚点として,「田園回帰」という新しい視座を分かりやすく提示している. その根拠は, 農村の現場で起きている様々な事象であり, 現地調査をはじめとする様々な手法でその本質と課題を明らかにしている. 田園回帰から日本の国土の将来展望がどう見えるかを説得力ある筆致で描きだしている.

佐藤仁(2011)『「持たざる国」の資源論』東京大学出版会
　資源に関する議論は, 第二次世界大戦前と後とで大きく転換した. そこに民主主義と統治との関係を読み取り, 統合的で実践的な知の役割と可能性を見出す視点は, 日本の国土をめぐる議論に興味深い示唆を与えてくれる.

広井良典(2015)『ポスト資本主義——科学・人間・社会の未来』岩波新書
　科学哲学の専門的な知識と福祉政策の現場の感性から, 人類史的視座で現代資本主義の転換をダイナミックに読み解く(?)という独創的で刺激的な書. 21世紀は「拡大・成長」と「成熟・定常化」がせめぎ合う時代であり, その帰結を「コミュニティ経済」への着陸に求め, 持続可能な福祉社会を展望する.

【参考文献】

石川栄耀(1941 a)『日本国土計画論』八元社
石川栄耀(1941 b)『都市計画及国土計画』工業図書
内田隆三(2002)『国土論』筑摩書房
大西隆編著(2010)『広域計画と地域の持続可能性』学芸出版社
大西隆(2015)「縮小時代の国土政策——地方創生の課題と展望」『土地総合研究』夏号
大野晃(2005)『山村環境社会学序説——現代山村の限界集落化と流域共同管理』農文協

岡橋秀典（1997）『周辺地域の存立構造』大明堂

小田切徳美（2014）『農山村は消滅しない』岩波新書

川上征雄（1995）「戦前から戦後国土総合開発法制定までの国土計画の経緯に関する史的研究」『土木史研究』15

川上征雄（2008）『国土計画の変遷——効率と衡平の計画思想』鹿島出版会

国土計画協会編（1993）『ヨーロッパの国土計画』朝倉書店

国土庁計画・調整局編（1978）『「人と国土」別冊　第三次全国総合開発計画　第 1 巻』国土計画協会

塩谷隆英（2021）『下河辺淳小伝 21 世紀の人と国土』商事法務

下河辺淳（1994）『戦後国土計画への証言』日本経済評論社

瀬田史彦（2016）「人口減少局面の漸進的プランニングと国土計画の役割」『土地総合研究』春号

瀬田史彦・金昶基・頼深江・大西隆（2004）「開発主義に特徴づけられたアジア諸国の国土政策の形成に関する一考察」『都市計画論文集』39(1)

玉野井芳郎（1990）『地域主義からの出発』学陽書房

筒井一伸編（2021）『田園回帰がひらく新しい都市農山村関係』ナカニシヤ出版

中川秀一（2015）「日本の山村に関する研究枠組みの変遷——構造改革期以降の山村研究の視座構築に向けて」『駿台史學』153

中川秀一（2021）「農村空間の商品化からコモンの再創造への「田園回帰」」筒井一伸編『田園回帰がひらく新しい都市農山村関係』

増田寛也編著（2014）『地方消滅』中公新書

増田寛也・冨山和彦（2015）『地方消滅　創生戦略篇』中公新書

宮口侗廸（2020）『過疎に打ち克つ——先進的な少数社会をめざして』原書房

宮本憲一（1973）『地域開発はこれでよいか』岩波新書

矢野暢（1989）『国土計画と国際化』中央公論社

矢田俊文（2017）『国土政策論〈上〉産業基盤整備編』原書房

OECD（2016）"OECD Territorial Reviews: Japan 2016", OECD Publishing, Paris.

コラム 9　市町村役場は地域最大のシンクタンク

小野 文明

　自治体職員の役割とは何であろうか．地方公務員法は第30条で「服務の根本基準」として以下のように定めている．

　「すべて職員は，全体の奉仕者として公共の利益のために勤務し，且つ，職務の遂行に当っては，全力を挙げてこれに専念しなければならない」

　「全力を挙げて」とは，いくぶん強い表現だが，まちづくりの視点から解釈するならば，「地域や世の中の変化に敏感になり，持てる資源や能力をフル活用し実行しなければならない」，というところであろうか．自治体職員は，まちづくりに取り組む権限を，法的にも付与されている特別な存在であるともいえる．

　このような職員集団を抱える組織が市町村役場である．大都市であれ農山村であれ，市町村役場はその地域最大のシンクタンクであり，最強の政策形成集団であることに存在意義がある．

　市町村が担当する業務は，福祉や環境衛生，道路や橋の管理など住民の日々の暮らしを支えるものが大半を占めている．一方，観光や移住・交流の推進，産業振興などのまちづくりは，シンクタンクとしての自治体の真価が問われる分野である．地域の個性やその自治体の魅力は，まちづくりの成果の表れといってよい．そこには，まちづくりを支える自治体職員の存在がある．

　山形県小国町は，県の南西部，新潟県との県境に位置する人口約7000人の小さな自治体である．日本有数の豪雪地帯でもあるこの町は，まちづくりに熱心な役場職員がとても多い．

　「一般行政職員117名のうち，自主的にまちづくりに関わっている職員は，概ね20-30人くらいではないか．役場内には，勉強会やワークショップなど自主的に活動できる雰囲気が結構あり，上司の理解もある」——同町総務課行政管理担当係長の今美穂さんは，役場の様子をこう語る．また，外部との交流については，「とにかく，移住者や関係人口が増えた印象がある．地域おこし協力隊などとは職員も深く関わるが，とても大事なことだと思っている．彼らと一緒になって企画し，現在も続いている行事もある」．

　今さん自身，町営施設の有効活用に取り組んだ経験を持つ．運営状況の芳しくなかった木工体験施設の再生を，もう一人の職員と2人で自主的に始めた．きっかけは，林業の町でありながら住民の意識が希薄な状況を何とか改善したい，という思いだった．2015年，ある人の仲介で東北芸術工科大学(山形市)とつながることがで

き，家具のデザイン演習を町内でやることになった．その後さらに，大学と縁のあった大手家具メーカー，オカムラも加わり，三者での連携が進むこととなった．しかし，自主的に始めた活動であったため，3年間は休暇を取りながら自費で活動を続けた．大学の授業のアドバイザーや町内での学生とのワークショップを続けるうちに，住民や職員が関心を持ち始め，活動はみるみる拡がっていった．このことを知った町長は町の事業として取り組むことを決断，2018年には三者で連携協定を締結し町の一大事業となった．

「いずれは町の事業にしたい」と思っていたという今さんは，「連携から始まった活動の結果に，感慨深い協定締結式だった」と話す．職員の小さな気づきと取組みが大きな成果を生んだ．しかし，今さんはこれまで，まちづくりに関わる業務を担当したことは一度もない．一緒に取組みを始めた職員も別の部署に異動しているが，2人はいまも事業に関わり続けている．

職員が自主的に参加している取組みはまだある．町内唯一の県立小国高校は少子化による生徒の減少対策として，魅力化事業に取り組んでいる．地域との対話プログラム「トークフォークダンス」は，学校関係者以外の大人の参加が必須．SNSの呼びかけに応じた職員が喜んで参加，学校の取組みを盛り上げている．また，2020年度から始めた人材育成事業「小国未来塾」は，時間外や土日に開催，町の若手職員も塾生として参加している．このほか，職員の呼びかけによる不定期の勉強会もある．最近ではオンライン開催となってしまったが，むしろ回数は増えているという．このような勉強会は，今に始まったものではない．副町長の阿部英明さんは，課長だった頃，町を特集したテレビ番組や資料映像の鑑賞会を企画，若い職員にかつての町を知ってもらいたいと，複数回にわたり実施した．往時の姿を目で捉え，積み重ねられてきた地域の価値を，この先さらに上乗せしてほしいと願う，先輩から後輩へのバトンリレーのようだ．

職員たちのこうした活動を支える原動力は何であろうか．人口が減少してゆく中にあっても，将来を決して諦めない．それどころか課題の解決に職員としてのやりがいを見つけ，手触り感のあるまちづくりを続けようとする強い意志を感じる．そういえば，筆者の知る小国町の職員は皆とても快活で明るい．その表情の奥に，まちづくりに関わることへの誇りをいつも感じる．

小国町の職員の活躍は，自ら考え行動するシンクタンクとしての市町村役場の在り方を教えてくれる．

終　章 新しい農村を展望する──本書の総括

小田切徳美

1 農村問題の原型と展開

農村問題の原型──課題地域問題

　本書では「農村問題」を対象として，各章のテーマごとに，新しい農村のあり方とその展望を論じている．最終章となる本章では，持続的発展を意識した農村問題全体の捉え方および各章のテーマの位置づけを明らかにして，本書の総括としたい．

　当然のことながら，「農村問題」の内実は時代とともに変わる．しかし，その原点は，農村の「後進性」であることは，国を問わず普遍的であろう．多くの国々では，経済成長にともない産業間や地域間における発展スピードに格差が生じた．そして，この格差は資本主義の一般的法則であると理解された．

　経済学者の宮本憲一は，資本主義の発達過程で「都市は政治経済学的には農村とくらべて6つの特徴をもっている」[宮本ほか1990]として，①人口と生産手段・生活手段の集中，②社会的分業の進展，③市場の発達，④交通・通信の発展，⑤都市的生活様式の浸透，⑥社会的権力の集中，を挙げる．資本主義はこれらの特徴を持つ都市が農村を取り込むように拡大するが，「現代でも都市と農村が歴史の中でつくりあげた基本的特徴は解消できない」とする．

　その差違は，成長過程で，都市と農村の「地域間格差」あるいは産業間（農工間）格差として認識され，「均衡化」が政治的，経済的課題となる．そこに政策発動の根拠が生まれ，政治経済学では，それを国家独占資本主義の社会的統合機能と呼ぶ（もう一つの機能は資本蓄積促進機能）．

　日本において，これが典型的に表れたのが，1961年に成立した農業基本法をめぐる議論だった．基本法を議論した政府の農林漁業基本問題調査会は，当

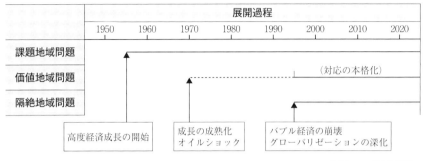

<table>
<tr><th colspan="9">展開過程</th></tr>
</table>

	1950	1960	1970	1980	1990	2000	2010	2020

課題地域問題

価値地域問題

隔絶地域問題

（対応の本格化）

高度経済成長の開始

成長の成熟化
オイルショック

バブル経済の崩壊
グローバリゼーションの深化

図終-1　農村問題の

時の農工間所得格差を「農業の基本問題」と把握し，「民主主義的思潮と相容れ難い社会的政治的問題」という強い危機的な認識を示した．そのため，「農業の向うべき新たなみちを明らかにし，農業に関する政策の目標を示すため」に制定されたのが農業基本法であり，同法は「他産業従事者と農業従事者の所得・生活水準格差」と「他産業と農業の生産性格差」という２つの格差の是正を目的としている．

　この農工間格差を地理的に捉えたのが，基本法の翌年(1962年)に閣議決定された全国総合開発計画(一全総)であった．そこでは，「既成大工業地帯以外の地域は，相対的に生産性の低い産業部門をうけもつ結果となり，高生産性地域の経済活動が活ぱつになればなるほど低生産性地域との間の生産性の開きが大きくなり，いわゆる地域格差の主因を作り出した」という実態認識から，「地域間の均衡ある発展」を目標としたことはよく知られている．

　このように，農村地域は，高度成長期を通じて，「生産性の低い産業部門をうけもつ」ような「問題地域」として，国土の中に位置づけられている．そのため，必然的に「先進地域へのキャッチアップ」が目標となり，「都市化」が政策課題となる．

　例えば，先の農業基本法により閣議決定で義務づけられた「農業白書」は，最初の報告(「農業の動向に関する年次報告」(1962年度版))において，都市と農村の生活を比較して，「医療施設，上下水道，道路，交通機関，教育施設の生活環境の面において，農家の生活も漸次改善されているとはいえ，都市勤労者に比べて，不利な条件におかれている」とその改善を提起している．

216

発現する問題	戦略	農村の対策	基礎理論
地域間格差の拡大	格差是正	（画一的な）都市化	地域開発論
価値発現基盤の脆弱化	内発的発展	（個性的な）地域化	内発的発展論
格差と分断の固定	都市農村共生	（地域間の）連携	連帯経済論

展開

　このような認識は，「窮乏の農村」[猪俣 1934]などのように戦前には既に生ま
れていたが，特に戦後の高度経済成長下において，都市部の著しい成長により，
「課題地域」という農村問題観は急速に広がったのである．

農村問題の展開──価値地域問題

　こうした状況に変化が生まれたのは，1970 年代のオイルショック前後であ
る．その問題提起を早い時期に行ったのは，実は経済企画庁（当時）であった．
経済企画庁「農林漁業の第三次産業化に関する調査研究委員会」（主査・東畑四
郎―元農林省事務次官）による同名の調査研究報告書（1972 年 3 月）である．そこ
では，農林漁業，農林漁業者，農山漁村の持つ機能を，①国民食料等生活物資
の生産および供給，②自然環境の保全培養作用，③自由時間空間の提供，④国
民情操の涵養，⑤他産業の発展のための母胎的機能，⑥社会の安定機能，と認
識したうえで，「国民の自然の喜びを求める需要」の増大に応じて，③④の機
能を農村が発揮するために，「農林漁業の第三次産業化」を推進する必要があ
るとした．

　このような議論が，この時期に生まれてきたのは，経済成長の成熟化にとも
なう国民的価値観の転換という先進国共通の事情に加えて，国内的には当時か
ら始まる米過剰やこれに対する転作政策の本格化による農村の閉塞感の広がり
という日本的事情もある．そのため，政策当局は農業生産以外の「公益的機
能」を積極的に評価しようとしたのである．ヨーロッパでも同様の議論が，
EC（ヨーロッパ共同体）農政の見直しとして進んでおり，後のことにはなるが

1985 年には，EC 委員会「共通農業政策の展望（グリーンペーパー）」により農業構造政策の転換として標榜されることとなる．よく知られているようにこの議論は，農業・農村の多面的機能として国際的な広がりとなり，農業政策の一つの基準として発展することとなる．

　そうした議論における農村問題の位置づけは，先のような「後進性」を問題にするのではなく，現代社会の中で評価されるようになった新たな農村の価値を守り，発展させることがテーマとなる．そのために，価値の基盤となる農業をはじめとする地域産業や地域社会が，人口減少等により持続可能性を低下させていることを問題視するというスタンスに変化する．それは，「課題地域」から持続的農村発展を意識した「価値地域」への転換と言える．

　そして，この問題に対する対策の方向性は，先の図終-1 のように「都市化」ではなく，むしろ「農村らしさ（rurality）」を維持・発展させることであり，「地域化」または「農村化」と表現できるものであろう（rurality についてはコラム 1 を参照）．かつての「課題地域問題」では都市へのキャッチアップが目的であったために，そこでは画一性が重視されるのに対して，「地域化（農村化）」では，地域個性の発揮が求められている点で対照的である．

　なお，日本の農村地理学において，近年，イギリスなどの議論を援用し，「農村空間の商品化」という表現により前述の経済企画庁報告で議論されたようなことが活発に議論されているが［田林 2013］，その淵源は既に半世紀前の国内にある．

政策に見る「問題」の変貌

　国の政策における国内地域の位置づけは，国土計画（全国総合開発計画および国土形成計画）に強く表れる．各時期の国土計画が，経済計画とともに，各省庁の政策に影響を与える政府全体の上位計画としての役割を果たしていたからである．この点は第 10 章により，計画思想における諸要素のバランスを中心に丁寧にまとめられている．ここでは，それを簡潔に見るため，現在までの 7 つの国土計画について，農村問題を象徴するキーワードの出現頻度をまとめている（表終-1）．

　もちろん，国土計画は農村（農山漁村）のみを対象としたものではないが，そ

表終-1 「国土計画」におけるキーワードの登場頻度

用　語	全国総合開発計画					国土形成計画	
	第1次	第2次	第3次	第4次	GD	第1次	第2次
	1962年	1969年	1977年	1987年	1998年	2009年	2016年
格　差	**12**	**12**	13	8	10	15	5
均　衡	**20**	7	**43**	**22**	8	3	3
個　性	0	2	10	**40**	**61**	25	**91**
自　立	1	3	1	8	**58**	**46**	39
持続可能	0	0	0	0	8	29	**52**
競　争	0	1	1	11	40	**73**	**80**

資料：各計画書より作成
注：1 「GD」は「21世紀の国土のグランドデザイン」
　　2 用語頻度には各計画書の「目次」を含む
　　3 太字は各計画書で1位，2位の用語を示す

れを含めた地方部の位置づけは計画のメインテーマであり，キーワードにも傾向が表れていると思われる．それぞれの文書のボリュームが異なる点に注意が必要であるが，これによれば，三全総(1977年)までは「格差」「均衡」という「課題地域」にかかわる用語が多出する．しかし，四全総(1987年)以降は，「個性」「自立」「持続可能」という「価値地域問題」を象徴する言葉の比重が増える．そして，「21世紀の国土のグランドデザイン(五全総)」(1998年)以降になるとその傾向が明確化する．特に，第2次国土形成計画では「個性」が91回も登場するのに対して，「格差」はわずかに5回という状況であり，2つの問題の位置の変化を端的に表現している．先に見たように，農業・農村をめぐっては1970年代初頭から，「価値地域」の議論があったが，その後の経済基調の低成長への転換，バブル経済の発生(1986年)と崩壊(1991年)という激しい変動のなかで，国土計画レベルで定着したのはかなり遅く，90年代後半以降と言えそうである．

　その内容を見れば，「21世紀の国土のグランドデザイン」の「多自然居住地域論」が転換の象徴である．ここでは，計画本文において，「中小都市と中山間地域等を含む農山漁村等の豊かな自然環境に恵まれた地域を，21世紀の新たな生活様式を可能とする国土のフロンティアとして位置付けるとともに，地域内外の連携を進め，都市的なサービスとゆとりある居住環境，豊かな自然を

併せて享受できる誇りの持てる自立的な圏域として，「多自然居住地域」を創造する」とされている．農山村等を「国土のフロンティア」とするような，地域の可能性が論じられており，新しい潮流の明文化として注目される．とはいえ，この頃から始まった，全総それ自体の国政に対する影響力の低下のなかで，多自然居住地域論は新しい政策に収斂することなく終わった．

しかし，同じ時期の過疎法では実効性のある改訂が行われた．2000年の過疎地域自立促進特別措置法(2000年過疎法)では，第1条の目的が，「この法律は，人口の著しい減少に伴って地域社会における活力が低下し，生産機能及び生活環境の整備等が他の地域に比較して低位にある地域について，総合的かつ計画的な対策を実施するために必要な特別措置を講ずることにより，これらの地域の自立促進を図り，もって住民福祉の向上，雇用の増大，地域格差の是正及び美しく風格ある国土の形成に寄与することを目的とする」と規定され，このなかで「美しく風格ある国土の形成」が，旧法(過疎地域活性化特別措置法，1990-99年度)に付加されている．それにともない，第3条の「対策の目標」に，「起業の促進」(第1項)，「情報化」(第2項)，「地域間交流を促進すること」(同)，「美しい景観の整備，地域文化の振興等を図ることにより，個性豊かな地域社会を形成すること」(第4項)が新たに書き込まれている．

議員立法である同法の提案議員は，この部分については，「……これからの過疎地域は，懐深い風格ある国土を形成するとともに，都市地域と相互に補完し合うことで，豊かな国民生活を実現するために重要な役割を担うことが期待されております」(斉藤斗志二議員の発言—衆議院本会議，2000年3月16日)と説明しており，従来とは異なる，積極的な過疎地域の役割が待望している．こうしたことを，学界サイドから早くに主張し，2000年過疎法の議論にかかわった宮口侗廸(地理学)は，「従来の過疎法に比べて現行の過疎法は，よりオリジナルに地域をつくっていくことを支えるものになっていることがわかる」と指摘している[宮口2007]．

過疎地域と農(山漁)村は完全に重なるものではないが，「価値地域としての農村問題」の典型的な問題認識とその政策化を見ることができる．先の「課題地域としての農村問題」への対応が「農村の都市化」であるとすれば，ここで意識されているのは，やはり「農村の農村化」であることも確認できよう．そ

れは，欧州でも共有されている政策的認識であり，イギリス農村地理学の代表的論者であるウッズは，「(現代の)農村地域は，外部の援助を必要とする後れたところとしてはもはや想起されない．「近代的」な工業化した都市的な社会へと開発する軌道に乗せるわけではないのだ」[Woods, 2011]とする．

　なお，「価値地域」の基本となる「地域の価値」については，近年，地域経済学において，その源泉や「意味づけ」が奥深く論じられており，このような農村認識の本質への接近が進んでいる[除本・佐無田 2020].

2 農村地域づくりの定式化——「価値地域問題」下の実践

　「価値地域としての農村問題」認識が広がる一方，地域では依然として人口減少や高齢化が進行するなかで，その地域価値の持続可能化が実践的課題となっていた．その一環として，農村部で生まれたのが「地域づくり」である．

　宮口は，これを「時代にふさわしい地域の価値を内発的に作り出し，地域に上乗せする作業」と定義し，「わが国においても 20 世紀もの終わりになって，ようやく地域の違いを格差と考えるのではなく，地域の価値を見つけ出し，その価値を磨いていこうという，内発的な取り組みがかなり行われるようになった」と，その実践を評価している[宮口 2007].

　先に，「価値地域問題」の認識は，国レベルの政策では1973 年のオイルショック前後に生まれたとしたが，このような問題の捉え方とそれを基礎とする取り組みが，「地域づくり」として地域レベルで顕在化，体系化されたのは，宮口の引用文にあるように，やはり 1990 年代中頃以降である．図終-1 の点線と実線の違いはこれを表現している．

　また，宮口の引用文に「内発的」という表現があるように，地域づくりは，内発的発展論の農村における具体化としての意味を持つ．内発的発展論は，それを定式化した宮本が「このような内発的発展は，国際的には欧米社会に追いつき追いこそうとする従来の経済成長方式とオールタナティブ(代替的)な方式として，発展途上国が模索しているものである」[宮本1989]としたように，「課題地域」とは異なる視点からの地域問題の捉え方であり，この問題把握の基礎理論と言える．宮本は，さらに「(日本における—引用者)内発的発展は高度成

長期の外来型開発から取り残され，あるいはその失敗の影響をうけた地域の中でオールタナティブな方式として始まったのである」[同前]としており，農村における取り組みが早くから注目されていた．

　それを自治体による支援制度を含めて体系化したのは，1990年代後半の鳥取県智頭町だと思われる．その取り組みは「ゼロ分のイチむらおこし運動」というユニークなネーミングを含めて，今も注目されている[寺谷ほか2019]．それ以降，各地で同様の体系的取り組みが積み重ねられているが，自治体レベルでの到達点を示したのが長野県飯田市の地域づくり政策であろう(第8章でも詳細に取り上げられている)．

　飯田市では，市の独自の取り組みとして「人材サイクル」の構築を掲げていた．4年制大学が市内にないこの地域では，高校卒業後に域外へ出る者は約80%に達し，最終的に戻るのは約4割程度にとどまるという現状があった．そのため，飯田市では「持続可能な地域づくりを進めていく上では，若い人たちが一旦は飯田を離れても，ここに戻って安心して子育てができる，いわゆる「人材サイクルの構築」が必要不可欠である」という考えによる地域づくりに取り組んでいた．

　具体的には，①帰ってこられる産業づくり，②帰ってくる人材づくり，③住み続けたいと感じる地域づくり，が地域のテーマとして認識されていた．①に対しては，「外貨獲得・財貨循環」(地域外からの収入を拡大し，その地域外への流出を抑える)をスローガンに地域経済活性化プログラムが実施された．また，②では「飯田の資源を生かして，飯田の価値と独自性に自信と誇りを持つ人を育む力」を「地育力」として，家庭―学校―地域が連携する「体験」や「キャリア教育」を主軸とする教育活動を展開した．そして，③に関しては，地域づくりの「憲法」である自治基本条例を策定し，また従来，当地の地域活動の基本単位となっている公民館ごとに新たに地域運営組織を立ち上げ，その活動を市の職員がサポートする体制を作り出したのである．

　このように，地域づくりは各地で，実践的に鍛えられて今に至っている．そこで，智頭町や飯田市等の各地の事例から一般化して，「地域づくりのフレームワーク」を作成したのが図終-2である．ここにあるように地域づくりは，以下の3つの柱の組み合わせによって成り立っていると考えられる．

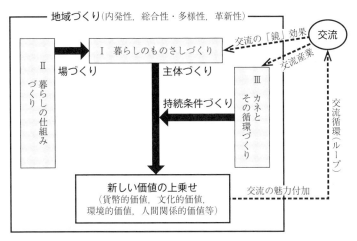

図終-2 農村における「地域づくりのフレームワーク」

　第一は,「暮らしのものさしづくり」であり,地域づくりの〈主体形成〉を意味する.先の飯田市の取り組みでは,「帰ってくる人材づくり」と呼ばれている取り組みである.第二は,「暮らしの仕組みづくり」で,地域づくりの〈場の形成〉である.「住み続けたいと感じる地域づくり」と飯田市で言われているものであり,自治基本条例や地域運営組織の創設が具体策である.第三は「カネとその循環づくり」であり,地域づくりの〈持続条件形成〉に相当する.飯田市では,「帰ってこられる産業づくり」の取り組みであり,「外貨獲得・財貨循環」という言葉で内容が示されている.

　つまり,「主体」「場」「条件」の3要素の意識的な組み立てにより,地域の新しい仕組みが「つくられる」のである.そして,その目的が「新しい価値の上乗せ」である.それは貨幣的な価値に限定されるものではなく,環境,文化,あるいは「社会関係資本(ソーシャル・キャピタル)」なども,地域の重要な価値であろう.

　以上をまとめれば,地域の新しい価値の上乗せを目標としながら,「主体」「場」「条件」の3要素を地域の状況に応じて,巧みに組み合わせる営みが地域づくりである.それは,途上国を含めて世界の各地で模索されている,内発的発展論の日本の現代農村への具体化と言える.

　なお,この3要素は,それぞれ,①人材育成,②コミュニティ再生,③経済

再生と言い換え可能であり，それを一体的に取り組むことが求められている．よりキーワード化すれば，「まち」(②)，「ひと」(①)，「しごと」(③)となり，2014 年より始まる「地方創生(まち・ひと・しごと創生)」そのものである．つまり，少なくとも農村における地方創生とは，図らずも，地域づくりと重なることが確認できる．そして，本書の第 2 章から第 7 章のテーマ別のパートでは，①＝第 2・7 章，②＝第 5・6 章，③＝第 3・4 章という対応関係を意識している．

3 地域づくりの新展開——knowing-how のステージへ

「価値地域問題」への対応としての地域づくりは，その後，各地で前進した．この間，「平成の市町村合併」の政策的促進(1999-2010 年)，東日本大震災(2011 年)，地方消滅論を契機とする地方創生政策のスタート(2014 年)等により，正負両面のインパクトを受けながらも，各地の実践は積み重ねられた．その結果，先にまとめたフレームワークの構図と内容は一層明確化された．そうした実践のフロンティアから学び，農村研究もまた knowing-what (対象知)の段階から，knowing-how (方法知)の段階にシフトしたとも言える[平井 2020]．本書のタイトルである「新しい(地域)」はこのステージを指している．各章では，その段階の方法知を含めた論究が行われている．

ここでは，それぞれの内容を総合化して，全体像をまとめてみよう．この間の実践に関する新しい知見は大きくは，次の 5 点にまとめられる．この 5 点は，近年の地域の実践過程で陶冶され，析出されたものであり，経済—社会—環境の 3 側面が調和する持続的農村発展のための条件でもある．

(1)新しい内発的発展——交流型

前節で見たように，わが国の農村における内発的発展は，地域づくりという形を取り展開した．フレームワークを示した前掲の図終-2 では，右上に交流(都市・農村交流)を位置づけ，地域づくりには不可欠な要素であることを表現した．つまり，内発的発展の道筋は，「内発的」といえども，人的な要素をはじめとする外部アクターの存在とその関与が強調されている．

具体的に見れば，1990年代から本格化する都市・農村交流活動は，意識的に仕組めば，都市住民が「鏡」となり，地元の人々が地域の価値を都市住民の目を通じて見つめ直す効果を持つことが論じられている．それを「交流の「鏡」効果(機能)」[小田切2004]と呼んだ．グリーンツーリズム活動のなかで，農村空間や農村生活，農林業生産活動に対する都市住民の発見や感動が，逆に彼らをゲストとして受け入れる農村住民(ホスト)の地域再評価につながっている．先に触れた，智頭町の「ゼロ分のイチむらおこし運動」では，あえて交流を重視し，「村に誇りをつくるために，意図的に，外の社会との交流を行う」(運動の企画書(1986年))としていた．

　しかも，交流は，直後の「関係人口」で述べるように多様化している．「地域づくり」の定義で引用した宮口は，特に大学生による地域交流にいち早く注目し，そのさきがけである「地域づくりインターン事業」(学生を数週間農山村に派遣し，地域づくりにかかわる事業—1996-98年度に旧国土庁の事業としてスタート)を，交流の一環として，高く評価した．それは，「学生が入ることによって，地元の人だけの時ではうまれない勢いすなわちパワーと感動がうまれることにこそ，インターン事業の本当の意味がある」[宮口・木下ほか2010]からである．本書でも，人口移動の新しい動きを捉える第7章が，このような人々を受け入れる農村の新しい価値について言及している．

　地域づくりインターン事業や新潟県中越地震被災地の復興支援員の設置(「足し算の支援」として後述)を経て，2008年度以降は，集落支援員(総務省)，地域おこし協力隊(同)，田舎で働き隊！(農林水産省)として，国レベルの地域サポート人材派遣政策が導入された．このうち，集落支援員は地元の地域精通者が中心であるが，地域おこし協力隊は，都市圏からの住民票の移動が条件とされているために，多くの隊員が都市部の若者である．

　このように，様々なタイプの外部人材が，集落や地域産業の再生のために，各地で活動している．そして，いまや外部からの働きかけは農村の内発的発展には欠かせない存在となっているのである．もちろん，従来も，内発的発展は「閉ざされた」ものでないことは，多くの論者により強調されている．例えば，宮本の内発的発展論を継承する保母武彦は，「内発的発展論は，地域内の資源，技術，産業，人材などを活かして，産業や文化の振興，景観形成などを自律的

に進めることを基本とするが，地域内だけに閉じこもることは想定していない」[保母 1996]とする．

しかし，単に閉じられた状態を否定するだけでなく，むしろ外との開かれた交流が地域の内発性の増進を強調する点で新しい議論であろう．いわば，「交流を内発性のエネルギーとする新しい内発的発展」（交流型内発的発展論）である[小田切・橋口 2018]．このメカニズムについて，第8章は，外部人材の移住やかかわりのなかで，地域内部での「つなぎ直し」が起こり，さらには内と外の「共感の相互交換」が起こるとリアルに説明している．

(2)関係人口──新しい外部人材

近年では，外部からの「交流」者の一部は，「関係人口」と呼び代えられている．それは「交流人口」が，観光者という意味でも使われ始めたための便宜的な対応であるが，それだけでなく，今まで以上に多様な形で都市に住みながら地域にかかわる人々が増えたことも要因であろう．この言葉の提唱者のひとりである指出一正は，空き家のリノベーションに取り組む若者建築家集団など，地方部では今まで見られないユニークな活動をする人々を例としながら，「関係人口とは，言葉のとおり「地域に関わってくれる人口」のこと．自分のお気に入りの地域に週末ごとに通ってくれたり，頻繁に通わなくても何らかの形でその地域を応援してくれるような人たち」と説明している[指出 2016]．これは，一見すると曖昧な定義であり，それに対する学界からの批判もある．しかし，関係人口は多様な存在であり，また，日々新しい形態が生まれているため，あえて厳密化しないことが意識されているのであろう．

関係人口については，量的把握も進んでいる．国土交通省「地域との関わりについてのアンケート」（2020年実施）では「三大都市圏」と「地方圏」の18歳以上の住民を対象にして，「日常生活圏，通勤圏，業務上の支社・営業所訪問等以外に定期的・継続的に関わりがある地域があり，かつ訪問している人（単なる帰省などの地縁・血縁的な訪問者を除く）」を「訪問型関係人口」として，量や活動内容を調査している．三大都市圏の居住者をめぐり，主に明らかになったのは以下の点である[国土交通省・ライフスタイルの多様化と関係人口に関する懇談会 2021]．

①三大都市圏(18歳以上人口は4678万人)では，約18%(861万人)が関係人口として，特定の地域に継続的に訪問している．

②その内訳は，直接寄与型(地域のプロジェクトの企画・運営，協力・支援等)301万人，趣味・消費型233万人，参加・交流型189万人，テレワーク的就労型88万人等となっている．

③関わる地域は，同じ大都市圏内であるケースが約半数を占め，「都市内関係人口」の存在が浮かび上がってくる．しかし，「三大都市圏の都市部」以外に関わり，訪問する人々は約448万人いる．また，その中で，「農山漁村部」に関わる者は9.9%であり，割合としては多くはないが，実数は44万人にも及ぶ．

　要するに，関係する場所や関与の内容は多様であるが，膨大な関係人口が生まれている．その要因として，第一に，人々のライフスタイルの多様化がある．特に，若者のなかには，生き方や暮らし方において地域との様々な「関係」を求める者が部分的に出てきている．第二に，関係確保の手段となる情報通信技術の進化が挙げられる．地元から多数の地域情報が，日々，SNSを通じて発信されている．例えば，「空き家改修ボランティアの募集」などは地域発情報の定番である．そして，第三に，これら2つの要素を条件として，地域やそこに住む人々との関係を持つことに意義を見いだす人々が生まれている．先の指出は「若者は関係を創るためにお金を使うことが当たり前の時代になっている」と端的に表現している．いわば，「かかわり価値」の発生である．そして，これが，先の農村の新しい内発的発展の基礎的条件となっているのである．

　この関係人口と田園回帰(地方移住)との関連を図終-3に表した(地方移住拡大の経緯は第7章が丁寧に論じている)．ここでは，関係人口の「関係」を分解して，縦軸に地域への「関心」，横軸に「関与」の程度を取っている．このようにすれば，関係人口の存在領域は，図中のグレーの部分となる．関係人口に含まれないのは，原点近傍の「無関係人口」と右上に位置する既に移住した者であるが，両者には大きな距離がある．その間を埋めるのが関係人口である．移住者の実態を見れば，地域へのかかわりは段階的であるケースが多い．図にあるように，例えば，①地域特産品の継続的な購入→②地域への寄付(ふるさと

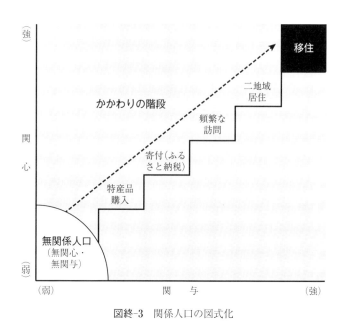

図終-3　関係人口の図式化

納税)→③頻繁な訪問→④二地域居住→⑤移住というプロセス(「かかわりの階段」)を経る人がいる．この階段は一つの例に過ぎないが，多様な経路が見られる地方移住は，こうした関係人口の厚みと広がりの中で生まれた現象であろう．逆に言えば，「かかわりの階段」を登る人々の裾野の広がりがなければ，田園回帰も今ほど活発化していないだろう．

　しかし，実は，関係人口は，移住との関係性を超えたより革新的な存在でもある．特に若者の諸事例を見ると「かかわりの階段」を登ることにこだわりを持たない者も少なくない．同じステップに踏みとどまる人々も立派な関係人口である．田中輝美は，移住への過度の誘導は，逆に「定住しなければ，地域にかかわる資格がない」というメッセージとなると，鋭く批判する［田中 2021］．むしろ，このような人々が，(狭義の)関係人口として，新しい議論の中心となっている．

　この点ともかかわり，本書で人材論を扱う第2章では，地域へのコミットメント(地域にかかわる気持ちの強さ)を指標として，「新しい人材」とする．その場合には，定住しているか否かは問題でなくなる．逆に定住人口におけるコミ

228

ットメントの弱い層（定住人口の中の「無関係人口」）も意識する新しい概念提起であり，注目される．そこでは関係人口とともに，地域の内と外が徐々に連続的でシームレスな状況となり始めていることが前提とされている．現在の農村では，こうした新たな状況が生じているのであろう．そうであれば，地方部への人々の行動の全体像を把握するために，「シームレス地域人材」とも言える関係人口概念はさらに有効性を持っていると言えよう．

(3) 地域内経済循環——新しい地域経済の姿(その1)

この間の農村経済研究の大きな成果の一つは，地域経済の「循環」の視点が具体化されたことであろう．その点は，従来の内発的発展論の要諦をなし，宮本も内発的発展原則の一つとして，「産業開発を特定業種に限定せず複雑な産業部門にわたるようにして，付加価値をあらゆる段階で地元に帰属するような地域産業連関をはかる」としていた[宮本1989]．また，地域経済学研究をリードする岡田知弘は，これを「地域内再投資力」と動態化して，地域の持続的発展の条件としている[岡田2020]．

この課題をメインテーマとしたのが第4章であり，イギリスのシンクタンクであるニュー・エコノミクス・ファンデーション（NEF）による有名な「漏れバケツ」理論が援用され，地域内経済循環の必要性をわかりやすく明らかにしている．わが国では，藤山浩により，精力的な実証が行われている[藤山2015]．例えば，島根県益田圏域では，「商業」「食料品」「電気機械」「石油」などの産業による産品が「取り戻し」の重点分野と分析され，その実践が提起されている．これにより，地域経済の再生のために，漏出する所得の「取り戻し」を行うような産業経済の構築がリアルに論じられ始めたのである．

こうした議論には，自治体レベルからの共感が広がっている．例えば，長野県では，県版の地方創生戦略である「人口定着・確かな暮らし実現総合戦略」（2015年）おいて，食，木材，エネルギーの分野における「地消地産」の推進が位置づけられている．これは，地域の消費実態に応じて，地域内の生産を変えていくことを意味しており，先の「取り戻し」に他ならない．具体的な，食の地消地産の取り組みとしては，宿泊施設や飲食店，学校給食，加工食品等で活用する農畜産物について，県外産から信州産オリジナル食材等への置き換え

が推進されている．同県では食料の他，木材や工業製品についても同様の施策が始まっており，地域経済の方向性が戦略的に明示された点で画期的だと言えよう．

　ただし，このような政策には批判もある．政府の地方創生政策にもかかわる冨山和彦は「「域外経済への富の流出を防ぐために生産性の高低にもかかわらず域内の生産物を買おう」なんていう話は，それこそ重商主義か原始共産主義みたいなナンセンスな議論．これではかえって地域経済は貧しくなります」[増田・冨山 2015]と指摘する．これは，「取り戻し」の政策的な推進が生産性の低い企業を温存する可能性があることから，この方策の機械的な適用を批判しているのであろう．

　これについては，第4章でも指摘され，反論もされているが，それに加えて，「取り戻し」や「地消地産」は，それを担う生産者(企業)の事業革新のチャンスとなっていることにも注意したい．確かに，指摘されるような状況はありうるが，具体的な消費傾向を認識し，現状からの置き換えを意識することで域内供給者(生産者)が事業を見直す刺激となる．身近な消費者との連携が力となる新しい経済への移行が期待されるのである．長野県の戦略が「地産地消」ではなく，「地消地産」としているのはそれを多分に意識しているものであろう．その点で，地域内循環型産業には地元消費との距離の近さを意識した絶えざる革新が求められる．つまり，「新しい内発的発展」は，経済構造面でも新しい要素を伴うものである．

(4) 多業型経済——新しい地域経済の姿(その2)

　地域経済の多業化の実態と理解も進んだ．ここで，「多角化」ではなく「多業化」としたのは，多角化は「単一」を起点として変化するプロセスを表す言葉と考えられる．しかし，農村部，とりわけ山村では，もともと「多業型経済」という構造があり，それに回帰するプロセスを「多業化」と表現したい．

　この点について，日本の山村を記録し続けた地理学研究者・藤田佳久は，次のように表現する．「(山村の農家は)自然的制約による経済的基盤の弱さから，農業あるいは林業だけの収入に依存できず，多くの副業に従事したし，多くの出稼ぎ就業もみられた．このような動きは，戦後の農地改革で農村が短期的で

はあれ，多くの専業農家を生み出した時にも維持された．山村は多様な副業の組み合わせ，つまり農家という視点から見れば，兼業農家としての就業形態が一般的だったのである」[藤田 1981]．

　そして，この「多業型経済」が，貨幣経済の浸透と社会的分業の進展により，さらには，その後の薪炭業や林業の急激な衰退により，最終的には就業の一部であった農業，とりわけ稲作に特化することになる．この結果，「多業型経済」を構成していた一つの要素の農業(稲作)が残されたが，経営規模は，以上のような経緯から，もともと零細だった．その規模の小ささは，農業の衰退の結果ではなく，むしろ他の多様な「業」が存在していたことを背景としていた．

　山村はそもそも本格的な農業地域ではなかったとすれば，農業以外の多様な「業」を含めた「多業型経済」の現代的再生が，山村経済再生の基本線として位置づけられることは自然であろう．それは山村に限らず，農村一般にも適用できる可能性がある．いわゆる「六次産業化」の原理もこのように捉えることができよう．

　それでは，新しい「多業型経済」を構成する「業」には，どのような産業が考えられるのか．これを農村政策として踏み込んだのが，2020 年の食料・農業・農村基本計画である．ここには，「その(六次産業化—引用者)考え方を拡張し，農村が有する地域資源を発掘し，その価値を磨き上げた上で，農業以外も含む他分野と「農村資源×○○」の様々な形で組み合わせることや，地域内外の幅広い関係者との新たな連携，関連産業の技術の活用等により，新たな事業・価値の創出や所得向上を図る取組」を「農山漁村発イノベーション」として定義し，その推進の必要性を唱えている．そして，具体的には，「農泊」「ジビエ」「再生可能エネルギー」「農福連携」等が例示されているが，それらは既に農村で取り組まれている事業であり，「農山漁村発イノベーション」という概念整理により，それらへの取り組みの必然性や重要性が改めて浮き彫りになっている．

　これに加えて，住民への生活サービス事業を含めた多業化も求められている．改めて論じるまでもなく，農村では過疎化・高齢化が進むなかで，民間主体からのサービス供給力が急速に低下し，生活交通，福祉，買い物等の基礎的な生活条件そのものが欠落しつつある地域も少なくない．それらの供給を「業」の

一つとすることも多業化と言える．現実に，住民により組織された地域運営組織がこれらの実践を行っている例も多数ある．そうしたサービス供給はボランティア・ベースになりがちであるが，「業」としての安定化を行政的に支援し，それを「しごと」としていくことも重要であろう．その典型が交通弱者や買物弱者に対する生活交通支援や買物支援である．

　このように多業化の主体は，個人の場合もあれば，地域単位の組織の場合もあり，後者は地域運営組織や集落営農の多機能化として表れる．集落営農については，農業経営の一形態として定着しているが，そこでは農業内での複合化（水田農業＋α）が進むと同時に，非農業分野の多角化が進んでいる．例えば，先発事例である島根県出雲市旧佐田町のグリーンワークでは，農産物の集出荷を含めた農業部門に加えて，中山間地域等直接支払制度の事務作業，冬期の灯油配達，公園管理，高齢者の移送サービスなどを行っている．

　以上のように，個人や地域組織単位での多業化は，歴史的に見ても，必然的に生まれている．部門別に分解して，一つひとつの産業に専門化し，その規模を拡大するという発想ではなく，多業化を前提として，持続可能性を追求することが農村では求められている（その実態はコラム3の北海道における「パラレルノーカー」を参照）．本書の第3章では，こうした形でのしごとづくりを「新しいコミュニティビジネス」として捉えており，新たに創設された特定地域づくり事業協同組合（2019年に法制化）や労働者協同組合（2020年）などの可能性の検討も含めて注目される．

(5) プロセス重視──新しい地域発展原則

　最後に，実践により明らかとなった地域づくり（内発的発展）の新しい原則として，「プロセス重視」を挙げておきたい．これは，むしろ他分野において広がっている考え方でもある．例えば，企業におけるプロジェクトのマネージメントでは，「プロセスデザイン」の重要性が論じられている．プロジェクトの実施にあたって，プロセスを特に重視し，「プロセスそのものに価値を置く」と説明され，「プロセスの品質」という概念も生まれている．また，企業組織内の意識的対話がイノベーションを導くとされている「対話型組織開発」でも，プロセス（人間関係の変化などを含む幅広い概念）が重視されている［Bushe and

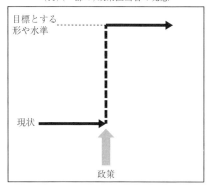
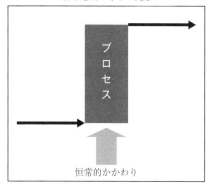

（A）（一部の）政策担当者の発想　　　　　　（B）地域づくりの実際

目標とする
形や水準

プロセス

現状

政策　　　　　　　　　　　　恒常的かかわり

図終-4　地域づくりにおけるプロセスの意味

Marshak 2015].

　他方で，住民が主体となって進められる農村の地域づくりでは，プロセスの重要性は当然のことであり，上記の「プロセスデザイン」「プロセスの質」「対話」の考え方には，もともと親和性がある．しかし，そこに政策がかかわると違う状況が生まれる傾向がある．図終-4 に概念図を示したが，図の(A)のように，政策立案者(地方自治体を含む)は，構想する政策がインパクトとなり，地域の問題状況を瞬時に変えるものと考えてしまうことがある．そのように認識されると，政策はあたかも「打ち出の小槌」のように捉えられ，担当者には予算獲得が最大の関心事となる．そして，いったん予算が確保されると，「量(取り組み箇所等の量的成果)」へのこだわりが生まれ，また短期間で成果が実現するという錯覚も生じやすい．さらに，現実の地域づくりの過程ではいろいろな主体がかかわりを持ち，協働するのが当然であるが，視野に入るのは政策のみとなり，逆に政策への依存傾向が生まれる．

　つまり，政策を一瞬のインパクトとする考え方は，「量的成果(の強調)」「短期的成果(の期待)」「政策依存(の当然視)」という 3 つの傾向につながりやすい．これは，やや極端な説明であろうが，政策担当者が予算取りに一生懸命になった結果，多少なりともこのような意識を持ってしまうことは少なくない．

　しかし，プロセス重視の原則では，地域の段階的な発展過程を認識することが重要になる．その典型が，新潟県中越地方において定式化された，集落再生

支援の「足し算・かけ算」という考え方である．その説明は，当事者により既に詳しく論じられているが[稲垣ほか 2014]，一言で言えば，2004 年の中越地震時の復興過程では，まずは被災した人々に対して，寄り添うような対応(足し算の段階の支援)が重要であり，そうした時間をかけた活動の積み重ねが，経済活動の新設等の事業支援(かけ算の段階の支援)の基盤になるというものであった．

　これは一つの例であるが，地域づくりには，段階的なプロセスがあり，しかもそこには多様なパターンがある．それを意識して，先の図終-4 の(B)ではプロセスを「ブラックボックス」のように描いている．地域や事業ごとに，独自に詳細にデザインされるべきものという意味である．

　最近では，プロセスデザインを意識する取り組みも多く，これも地域づくりの前進面である．本書でも，水路や農地等の地域資源の管理・利用を扱う第 6 章では，管理等の主体の世代交代を意識するような，丁寧なプロセスを重視した取り組みの実態と必要性が詳細に語られている．

　このプロセスの一つである「足し算の段階」は，住民や関係者の「当事者意識」の形成とリンクしている．地域づくりの先発的な事例として取り上げた長野県飯田市の取り組みを推進した元市長の牧野光朗は，著書で「すべては当事者意識から始まる」としている[牧野 2016]．それは，しばしば「自分ごと化」と表現され，地域づくりのフレームワークで指摘した「暮らしのものさしづくり」とも重なる営みである．

　そのプロセスを図式的に示せば，〈①他人ごと(They)〉→〈②自分ごと(I)〉→〈③地域ごと(We)〉という過程として描くことができ，①→②に加えて，②→③が連続的に起こることが求められる(①→③もありうる)．それは，なによりも「自分」だけでは孤立してしまう可能性もあり，当事者意識が地域全体へと広がることが求められている．第 5 章では，このプロセスを「尊重の連鎖」と捉え，地域コミュニティ形成の基礎的過程としている．また，そこでは，行政が「時間を一方的に区切らない」ことの重要性が鋭く論じられており，ここでも「プロセス重視」は共有されている．

　しかし，現実には，政策において，「時間を一方的に区切る」ことはしばしば行われている．例えば，2014 年から始まった国レベルの地方創生は，初期

においては，「地方創生先行型」の交付金を設定し，「地方版総合戦略の早期か・つ・有・効・な・策定・実施には手厚く支援」(傍点筆者)することが明記された．これは総合戦略策定の早さと内容により，地方創生政策の目玉となっていた交付金の有無が決まるものであり，地方自治体は，「できるだけ早く，できるだけ国に気に入られるものを作り，できるだけ多くの金を獲得する」という競争が強いられた．そこでは，いつのまにかプロセスへの配慮が吹き飛んでしまう．

　だが，こうした問題を乗り越え，必要なプロセスデザインを進める地域も存在する．例えば，自治基本条例などの取り組みで有名な北海道ニセコ町では，時間をかけ，中学生や高校生までを巻き込んだ積み上げ型の会議を重ね，地方版総合戦略を策定した(ニセコ町の自治基本条例等の意味についてはコラム8を参照のこと)．町長の片山健也は次のように発言している．

　　　「もちろん1000万円の交付金(前述の「地方創生先行型」―引用者)はのど
　　　から手が出るほどほしい．(中略)　実際，1000万円のために端折って計画
　　　を出すこともできる．だけどそれはまちづくり基本条例や，これまでのニ
　　　セコの歴史，自治体としての矜持としてやるべきではないことであり，そ
　　　れを議会のみなさんにも理解してもらった」(〈インタビュー〉「民主主義は納
　　　得のプロセス」『ガバナンス』2016年11月号)

　このことからわかるのは，地域レベルで認識が広がるプロセス重視の発想は，それが国レベルでも貫徹しなければ，地域づくりの取り組みは阻害される可能性があるということである．本書で，「新しい政策をつくる」ことを地域の視点で鋭く追究した第9章が，随所で地方分権改革を強調する理由はここにある．

4　農村問題の新展開と展望

新たな農村問題——隔絶地域問題

「価値地域としての農村問題」への対応が農村の現場で顕在化したのは，1990年代だったが，その頃グローバリゼーションもまた本格化した．グローバリゼーションは，WTO農業協定や自由貿易協定(FTA)等にともなう関税引

き下げによる輸入農産物・食品の増大という形で，農村部には直接的インパクトを与えている．しかし，それだけでなく，グローバル化による産業構造の変化が地域経済圏を変えつつある点も見逃せない．

この点について，エコノミストの水野和夫は「日本経済には均質性がなくなり，複数の異なった経済圏が誕生しつつある」[水野 2007]ことを指摘した．さらに踏み込んで，前出の冨山和彦(経営コンサルタントとして経済のグローバル化の当事者でもある)も，グローバル経済圏とローカル経済圏の分断を論じ，「グローバル経済圏が好調でも，そう簡単にローカル経済圏が潤わない」として，しばしば言われるいわゆる「トリクルダウン」を否定する[冨山 2014]．この場合の，「ローカル経済圏」は明確な地理的な圏域を示すものではないものの，農村部の多くがローカル経済圏に位置づけられることは明らかであろう．

このような実態認識は，グローバリゼーションの批判者にも共通する．田代洋一は，それを地理的に表現して，「……日本の国土は〈首都圏―太平洋ベルト地帯―その他地域〉に三層化した．このような構造ができあがってしまった下では，経済成長はものづくり的なものであれ(太平洋ベルト地帯)，カネころがし的なものであれ(首都圏)，〈首都圏―太平洋ベルト地帯〉の外には出ない」[田代 2014]として，同様にグローバリゼーション下での地域間のトリクルダウンを実証的に否定している．

立場が異なる論者でも，国内の地方，特に農村が経済的な好循環から遮断，隔絶されていることについては共通する認識を示しており，新たな地域問題の発生が示唆される．それを「隔絶地域としての農村問題」と捉えたい．

この点の認識は，農村問題の位相変化として重要である．かつて，経済地理学においては，大都市と農村を「中心―周辺」という関係性で捉える議論もあったが，それはまがりなりにも両者の連関が前提とされていた[岡橋 1997]．現在の段階では両者の関係が経済構造的に希薄となり，分断されやすい状況を示している．

とはいうものの，「隔絶」は，必ずしも地理的な概念ではなく，グローバリゼーションの拠点となる都市の内部にも同じ問題が生じる可能性がある．同時期に欧州の社会政策で強く意識され始めた「社会的排除」と通じるものであり，個人単位の分断にもつながる．そのため，このような状況下では「地域問題」

が見えづらくなる時代となり，問題の検証自体が課題となっている．

　冒頭に示した図終-1で確認してみよう．「隔絶地域問題」が，第一の「課題地域問題」と異なるのは，「キャッチアップ」により問題解決が期待できない点である．むしろ2つの分断された領域をつなげることが課題となる．つまり，経済だけではなく，社会，防災，文化を含めた「農村なくして都市の安心なし，都市なくして農村の安定なし」という都市農村共生が，隔絶地域問題に対する対抗戦略として位置づけられることとなる．

　その際，戦略の実践化を支える新たなるグランドセオリーが希求されている．図にあるように，「課題地域問題」の時代は地域開発論が，「価値地域問題」では内発的発展論がそれに当てはまる．本書の第1章は，「隔絶地域問題」にある現在のグランドセオリー形成への大きな挑戦であり，欧州やラテンアメリカでも実践的に広がる連帯経済論の可能性を探っている．それは，フランスにおいては政策的にも実践されているものでもあり，図終-1ではそれを表した．

　また，この図で意識しているのは，先行する「課題地域問題」や「価値地域問題」が現在でも継続している点である．つまり，3つの問題が積み重なり，比重を変化させながら，現在に至っている（課題の三重層化）．その結果，現代の農村では，「格差是正」「内発的発展」「都市農村共生」という3つの課題の同時解決が持続的発展のために求められる．言い換えれば，地域間格差が是正され，地域の内発的発展が保障され，都市と農村の共生が図られる中で，農村の持続的発展は実現するのであり，そうした社会形成が今後の目標となる．

新たなインパクトと展望

　このような状況下でさらに世界規模の2つのインパクトが生じている．

（1）ポスト・コロナ社会

　一つは，言うまでもなく，2020年から始まった新型コロナウイルスの感染拡大である．コロナ・ショックの農村に対する影響を見ると，地域づくりの起点となる現場でのワークショップ等の開催が，いわゆる「三密」（密閉，密集，密接）回避のため困難化した．農村に限らず，地域づくりの基礎的プロセスが阻害されていることから，負の影響は長く続くことも予想される．

　しかし，より大きな視野から，それ以上に深刻なことは，感染防止のための

ソーシャルディスタンシングが，感染者と家族—非感染者，医療関係者と家族
—非関係者，若者—高齢者，都市住民—地方住民など，縦横の分断と対立を深
めたことである．極端な事例ではあろうが，感染拡大初期の 2020 年春には，
「コロナ自衛団」による自粛期の開店飲食店への妨害や地方圏への帰省者や県
外ナンバー車へのいやがらせなども報じられていた．このようなことが放置さ
れ，根深くなり，社会が脆くなっている．

　これが，「隔絶地域問題」と結びつき，地域間対立はポスト・コロナ期に続
く可能性もある．したがって，地方サイドには，特に不安が累積する大都市住
民へのメッセージを含めた積極的な対応が求められている．現実にそのような
動きも見られた．例えば，新潟県燕市は，「若者がどこにいても，燕市は，い
つでも笑って帰ってこられる元気な燕市でありたい．「君が育った燕市は，今
も，君たちを応援している」」というメッセージとともに，同市出身の学生に
地元産の米とマスクを送った．2020 年春の感染拡大初期からスタートしたこ
のプロジェクトの利用者は，500 人を超えるという．この動きは，ふるさとか
らの必需品の学生への供給に貢献したのみならず，社会全体に分断・対立では
ない道のありようを示したように思われる．実際，農村からの同様の支援は，
その後各地で見られるようになった．共通しているのは，事業規模は決して大
きくはないが，農産品などの地域の生産物が有効に使われていることである．
これにより，双方が直接結びついているという実感が深まり，小さいながら分
断の拡大への抵抗力となっている．

　また，コロナ禍においては，都市部の農産物直売所が活況を呈し，さらに農
林水産物の EC サイトの利用が拡大する傾向も出現した．EC サイトの一つで
ある「ポケットマルシェ」を主宰する高橋博之は，「食と農の壁をコロナが崩
した」ことを，次のように印象的に語っている．

　　誰も予期せぬコロナ禍で，ポケットマルシェでは多くの生産者と消費者
　がつながった．生産物の行き場を失い途方に暮れる生産者，外出自粛でス
　トレスフルな生活を余儀なくされている消費者．異質な世界を生きる両者
　が出会い，互いに支え合い，生産者の「想い」と消費者の「おいしい」を
　共に分かち合い，想定外の世界を生き生きと楽しんでいた．／この生産者

と消費者が直接つながるプラットフォームでは，意思ある生産者が花開き，そこに意思ある消費者が呼応する．多数の「生産の物語」と多数の「食卓の物語」が地続きとなり，無数の心温まる物語を生み出す．規格にとらわれた既存の流通システムが陥ったコモディティー化とは真逆の，代替不可能な唯一無二の物語を生み出した．それは，人間個々の尊厳が回復した世界でもある．（『毎日フォーラム』2021年6月10日）

このように，都市と農村の関係，その内実の一つとしての食と農の関係において，一方では分断が深まり，他方で連携が強まっている．農村の「隔絶地域問題」の展開のなかで，後者の動きを意識的に支援することが求められている．その際，本章でも新しい地域づくりの一要素として強調した関係人口は連携の担い手として，より大きな視野から位置づけることもできよう．

(2)ゼロ・カーボン社会

2020年に，日本政府は，2050年におけるカーボンニュートラルの実現を宣言した．これは，EUが積極的に取り組む脱炭素の動きに追随したものである．それと関係して食料・農業の分野でも，先行するEUの「Farm to Fork Strategy」(2020年5月)に合わせるように，農林水産省は「みどりの食料システム戦略」を公表した(2021年5月)．この戦略は，農業生産の技術革新が中心であり，生産現場からの内発性を重視したものではない．その点で，農村の地域づくりとの連続性は強くはない．

そうしたなかで，注目されるのは，第4章でも触れられている環境省の「地域循環共生圏」構想である．これは，脱炭素社会，資源循環社会，自然共生社会の統合を地域において目指すものであり，その説明図(図終-5)には，農山漁村と都市の関係性の構築も意識されている．さらに，都市と農村が「隔絶化」されていくなかで，国際的には戦略物資化している，食料，水，自然エネルギー，二酸化炭素吸収源(森林，農地)の国内供給拠点として，農村を国民的観点から位置づける構想(国内戦略地域構想)[小田切2014]とも重なる．

ただし，こうした政策的提案が，人類が生態系や地質にまで影響を与えている「人新世」という時代スケールで求められる「脱成長」，特に「相互扶助と自治に基づいた脱成長コミュニズム」[斎藤2020]の形成を担いうるのかは，今

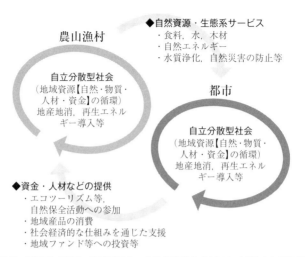

◆自然資源・生態系サービス
・食料，水，木材
・自然エネルギー
・水質浄化，自然災害の防止等

農山漁村

自立分散型社会
（地域資源【自然・物質・
人材・資金】の循環）
地産地消，再生エネル
ギー導入等

都市

自立分散型社会
（地域資源【自然・物質・
人材・資金】の循環）
地産地消，再生エネル
ギー導入等

◆資金・人材などの提供
・エコツーリズム等，
　自然保全活動への参加
・地域産品の消費
・社会経済的な仕組みを通じた支援
・地域ファンド等への投資等

資料：環境省「環境・循環型社会・生物多様性白書」(2021年版)より部分引用

図終-5　「地域循環共生圏」の概念図

後の課題であり，農村の地域づくりの実践も同様に試されている．

　以上のように，近未来のポスト・コロナ社会において，そしてゼロ・カーボン社会においても，隔絶された農村を前提とすることはあり得ない．その点からも，「隔絶地域問題」を乗り越える都市農村共生社会の実現を射程に収める理論と実践の前進が要請されている．持続的農村発展のために本書に残された課題であろう．

【文献紹介】

猪俣津南雄(1934)『踏査報告 窮乏の農村』改造社(その後，岩波文庫，1982年)
　農村問題の古典．本章で論じた「課題地域」としての農村の原点が，1930年代前半の昭和恐慌の影響を受ける農村において「窮乏のさまざまの型」(同書「初編」のタイトル)として活写されている．既に始まっている農村工業導入や本章でも論じた農村の「多業化」の姿も読み取ることができる．

小田切徳美編(2013)『農山村再生に挑む──理論から実践まで』岩波書店
　「はしがき」でも論じたように，同書以降の変化を本書では「新しい地域」として描くことを意図している．したがって，両書を読み比べると，この間の変化がより明確になろう．また，同書には，本書では取り上げていない，森林・林業，農村医療，生活問題も含まれており，その視点からの併読もお勧めしたい．

Woods, Michael (2011) *Rural*, Routledge. (高柳長直・中川秀一監訳『ルーラル──農村と

は何か』農林統計出版，2018年）

イギリスの農村問題研究の標準的テキスト．原著は2011年に出版されており，イギリスをはじめとする欧州等の農村の姿を知ることができる．構成は，「農村を開発する」「農村で生きる」「農村を再構築する」等と体系的である．本書の構成や内容と比較して，農村問題やその体系化における日欧における異同を感じていただきたい．

【文献一覧】

稲垣文彦ほか(2014)『震災復興が語る農山村再生──地域づくりの本質』コモンズ

猪俣津南雄(1934)『踏査報告 窮乏の農村』改造社(その後，岩波文庫，1982年)

岡田知弘(2020)『地域づくりの経済学入門〔増補改訂版〕──地域内再投資力論』自治体研究社

岡橋秀典(1997)『周辺地域の存立構造──現代山村の形成と展開』大明堂

小田切徳美(2004)「自立した農山漁村地域をつくる」大森彌・小田切徳美ほか『自立と協働によるまちづくり読本──自治「再」発見』ぎょうせい

小田切徳美(2014)『農山村は消滅しない』岩波新書

小田切徳美・橋口卓也編著(2018)『内発的農村発展論』農林統計出版

国土交通省・ライフスタイルの多様化と関係人口に関する懇談会(2021)「最終とりまとめ──関係人口の拡大・深化と地域づくり」

斎藤幸平(2020)『人新世の「資本論」』集英社新書

指出一正(2016)『ぼくらは地方で幸せを見つける──ソトコト流ローカル再生論』ポプラ新書

田代洋一(2014)「地域格差と協同の破壊に抗して」農文協編『規制改革会議の「農業改革」──20氏の意見』農文協

田中輝美(2021)『関係人口の社会学──人口減少時代の地域再生』大阪大学出版会

田林明編著(2013)『商品化する日本の農村空間』農林統計出版

寺谷篤志・澤田廉路・平塚伸治編著(2019)『創発的営み──地方創生へのしるべ 鳥取県智頭町発』今井印刷

冨山和彦(2014)『なぜローカル経済から日本は甦るのか──GとLの経済成長戦略』PHP新書

平井太郎(2020)「ワークショップにおける「参加の実質化」をめぐって」『農村計画学会誌』39巻 Special Issue 号

藤田佳久(1981)『日本の山村』地人書房

藤山浩(2015)『田園回帰1%戦略──地元に人と仕事を取り戻す』農文協

保母武彦(1996)『内発的発展論と日本の農山村』岩波書店

牧野光朗編著(2016)『円卓の地域主義』事業構想大学院大学出版部

増田寛也・冨山和彦(2015)『地方消滅 創生戦略篇』中公新書

水野和夫(2007)『人々はなぜグローバル経済の本質を見誤るのか』日本経済新聞出版社

宮口侗廸(2007)『新・地域を活かす──一地理学者の地域づくり論』原書房

宮口侗廸・木下勇ほか編著(2010)『若者と地域をつくる──地域づくりインターンに学ぶ学生と農山村の協働』原書房

宮本憲一（1989）『環境経済学』岩波書店

宮本憲一・横田茂・中村剛治郎編（1990）『地域経済学』有斐閣

除本理史・佐無田光（2020）『きみのまちに未来はあるか？――「根っこ」から地域をつくる』岩波ジュニア新書

Bushe, G. R. and Marshak, R. J. (2015) *Dialogic Organization Development: The Theory and Practice of Transformational Change*, Berrett-Koehler Publishers.（中村和彦訳『対話型組織開発――その理論的系譜と実践』栄治出版，2018 年）

Woods, Michael (2011) *Rural*, Routledge.（高柳長直・中川秀一監訳『ルーラル――農村とは何か』農林統計出版，2018 年）

執筆者紹介

立見淳哉(たてみ・じゅんや)
大阪市立大学大学院経営学研究科教授. 経済地理学

中塚雅也(なかつか・まさや)
神戸大学大学院農学研究科教授. 農業農村経営学

筒井一伸(つつい・かずのぶ)
鳥取大学地域学部教授. 農村地理学・地域経済論

重藤さわ子(しげとう・さわこ)
事業構想大学院大学准教授. 地域環境経済学

平井太郎(ひらい・たろう)
弘前大学大学院地域社会研究科教授. 地域社会学

中島正裕(なかじま・まさひろ)
東京農工大学大学院農学研究院教授. 農業土木学・農村計画学

嵩 和雄(かさみ・かずお)
國學院大學観光まちづくり学部准教授. 地域計画学

図司直也(ずし・なおや)
法政大学現代福祉学部教授. 農政学・地域資源管理論・農業経済学

嶋田暁文(しまだ・あきふみ)
九州大学大学院法学研究院教授. 行政学・地方自治論

中川秀一(なかがわ・しゅういち)
明治大学商学部教授. 経済地理学・山村地域論

橋口卓也(はしぐち・たくや)
明治大学農学部教授. 農政学・条件不利地域農業論

尾原浩子(おはら・ひろこ)
日本農業新聞北海道支所記者

小野文明(おの・ふみあき)
全国町村会経済農林部長

小田切徳美

明治大学農学部教授. 農政学・農村政策論, 地域ガバナンス論. 著書『農山村再生——「限界集落」問題を超えて』(岩波ブックレット),『農山村は消滅しない』(岩波新書),『農山村再生に挑む——理論から実践まで』(編著, 岩波書店),『田園回帰がひらく未来——農山村再生の最前線』(共著, 岩波ブックレット)ほか.

新しい地域をつくる——持続的農村発展論

2022 年 2 月 16 日　第 1 刷発行
2024 年 6 月 5 日　第 3 刷発行

編　者　小田切徳美
　　　　おだぎりとくみ

発行者　坂本政謙

発行所　株式会社 岩波書店
　　　　〒101-8002 東京都千代田区一ツ橋 2-5-5
　　　　電話案内 03-5210-4000
　　　　https://www.iwanami.co.jp/

印刷・三秀舎　製本・松岳社

© 小田切徳美(代表) 2022
ISBN 978-4-00-061517-4　　Printed in Japan

地方創生を超えて	小磯 修二	A5判　184頁
―これからの地域政策―	村上 裕一 著	定価　2090円
	山崎 幹根	
地　域　衰　退	宮﨑 雅人	岩波新書
		定価　880円
地　方　の　論　理	小磯 修二	岩波新書
		定価　924円
田園回帰がひらく未来	小田切徳美 ほか著	岩波ブックレット
―農山村再生の最前線―		定価　638円
農山村は消滅しない	小田切 徳美	岩波新書
		定価　1012円

——— 岩波書店刊 ———

定価は消費税 10% 込です
2024 年 6 月現在